高等教育“新工科”产教融合创新教材

工程估价

王永坤　李　静　主编

中国建筑工业出版社

图书在版编目（CIP）数据

工程估价/王永坤，李静主编．—北京：中国建筑工业出版社，2020.7
高等教育“新工科”产教融合创新教材
ISBN 978-7-112-25127-8

Ⅰ.①工…　Ⅱ.①王…　②李…　Ⅲ.①建筑工程-工程造价-高等学校-教材　Ⅳ.①TU723.3

中国版本图书馆CIP数据核字（2020）第076340号

本书以国家和地方正在实施的工程计量与计价政策、规范和法规为依据，结合工程实际案例，对施工图预算、工程量清单及报价、建筑工程投资估算和设计概算的编制方法进行了系统的介绍。全书共10章，主要内容包括工程造价概述、工程造价基础知识、建设工程计价依据、工程计量、计价定额应用、施工图预算的编制、工程量清单编制及计价、建筑工程投资估算与概算、工程合同价款结算与竣工决算和工程造价信息化。

本书既可以作为高等学校工程管理、工程造价、土木工程等相关专业的教学用书，也可作为工程造价从业人员资格考试指导用书，还可供从事相关专业工程技术人员学习参考使用。

责任编辑：曹丹丹
责任校对：党　蕾

高等教育“新工科”产教融合创新教材
工 程 估 价
王永坤　李　静　主编
*
中国建筑工业出版社出版、发行（北京海淀三里河路9号）
各地新华书店、建筑书店经销
霸州市顺浩图文科技发展有限公司制版
天津安泰印刷有限公司印刷
*
开本：787×1092毫米　1/16　印张：18¾　字数：463千字
2020年9月第一版　2020年9月第一次印刷
定价：**58.00**元
ISBN 978-7-112-25127-8
（35893）

编写委员会

（按姓氏笔画排序）

主审： 齐宝库　　沈阳建筑大学

冯东梅　　辽宁工程技术大学

主编： 王永坤　　辽宁工程技术大学

李　静　　大连理工大学

编委： 王宝昌　　源助教（沈阳）科技有限公司

王乙惠　　源助教（沈阳）科技有限公司

刘　莉　　沈阳建筑大学

刘海芳　　大连理工大学城市学院

刘　瀛　　源助教（沈阳）科技有限公司

刘迎春　　一砖一瓦科技有限公司

陈　洁　　大连理工大学城市学院

杜亚丽　　东北财经大学

杨　帆　　源助教（沈阳）科技有限公司

郝　丽　　大连大学

董慧群　　辽宁工程技术大学

魏春林　　辽宁工程技术大学

前　　言

在国民经济的发展中，建筑业发挥着举足轻重的作用。随着“中国制造 2025”计划的推进，建筑行业也进入了精细化管理的时代，对工程管理及相关专业人才也有了越来越多的需求。“工程估价”是工程管理专业人才必备的基本技能之一，在整个知识结构中起着重要的作用。为切合实际培养出既懂工程技术又懂经济管理的复合型、应用型人才，满足新形势下工程管理及相关专业的教学需要，本教材编写委员会依据工程估价领域最新的法规、规范、政策文件和造价信息，结合多年从事教学和实践研究的成果，特编写此教材。

在编写过程中，力求使本书形式新颖，内容丰富，希望通过教材的学习，使学生能够学以致用，并获得更多的启发及学科前沿信息。本教材内容紧跟行业发展，立足于建筑工程估价的基本方法，以住房城乡建设部颁布的《建筑安装工程费用项目组成》（建标［2013］44 号）、《建设工程工程量清单计价规范》GB 50500—2013、《房屋建筑与装饰工程工程量计算规范》GB 50854—2013、《建筑工程建筑面积计算规范》GB/T 50353—2013 及 2017《辽宁省房屋建筑与装饰工程定额》等最新国家政策、规范和地方文件为依据，系统梳理了工程估价的知识体系，反映了我国在工程造价领域的最新动态和发展方向。

本教材知识结构清晰，全书共分为 10 章，从工程造价的内涵及基础知识入手，以建设工程计价依据及工程计量方法为核心知识，系统介绍了施工图预算、工程量清单、建筑工程投资估算与设计概算的编制方法，并对工程合同价款的结算与竣工决算进行了梳理，最后站在学科发展的前沿，对工程造价的信息化发展及应用进行了介绍，构建了清晰明了的工程估价知识结构体系。

为了培养学生解决复杂工程问题能力和促进自主学习能力，编写委员会结合多年“全过程项目式”教学实践经验，教材中设计了带真实背景的“工程全过程一体化教学案例项目”，包括一体化前导教学案例项目（引导学生在教学前通过实践探索知识引发思考，带着问题来学习）和一体化综合教学案例项目（让学生边学边做和做中学，使学到的知识内化和转化为能力）为促进学生工程计价文件编制能力的形成，教材采用一体化综合教学案例项目——教研办公楼贯穿全书，通过工程计量、定额计价和清单报价等不同章节对同一案例的应用，将不同知识点的学习和应用串联起来形成整体，让学生更系统地理解知识体系，实现了学习内容的科学性、系统性、逻辑性和实用性；通过同一个案例的逐步学习和训练使学生最终获得施工图预算、招标控制价和投标报价文件编制能力。

每章前设置“导学与思考”，引导学生通过实践中探索知识寻找本章内容的工程问题，引发思考。每章后配置综合训练，包括个人作业和小组综合作业，作业中设置了较为活泼的开放式习题及学习活动，为开展项目式和探究式等新的学习方式提供方便，帮助学生增加理解和拓展能力。同时将清单式教学方法融入教材的编写中。每章设有教学知识目标清单、专业能力目标清单和教学目标清单，使学生清晰把握每章学习后应获得的知识与能力，为 OBE 教育理念提供支撑。

为了帮助学生更好地理解知识，形成专业能力，教材编写委员会与源助教（沈阳）科技有限公司共同合作，以“教材＋互联网”模式开发了本书配套丰富的数字化资源，读者可以扫描书中二维码获取资源。本教材数字化资源主要包括三类：①知识点讲解，包括部分难理解和重要的知识点配有讲解，帮助读者更好地理解工程计量计价知识体系；②延展阅读和推荐阅读资料，包括相关的国家规范、规程、文件等，涵盖最前沿、最新颖、最实用的计价依据、方法、工具、理念，帮助读者拓展视野，了解工程造价领域最新发展；③一体化教学案例资料，包括全套建筑和结构图纸、三维模型及文字解析的例题讲解，以及模拟工程真实背景的各类项目资料，便于读者学后训练，将知识转化为能力。

本教材由辽宁工程技术大学王永坤和大连理工大学李静担任主编，由沈阳建筑大学齐宝库和辽宁工程技术大学冯东梅担任主审，主要编写分工为：辽宁工程技术大学冯东梅（第1章）；东北财经大学杜亚丽（第2章）；大连大学郝丽（第3章）；大连理工大学城市学院刘海芳（第4章）；辽宁工程技术大学王永坤（第5章）；大连理工大学城市学院陈洁（第6章）；大连理工大学李静（第7章）；沈阳建筑大学刘莉（第8章）；辽宁工程技术大学董慧群（第9章）；辽宁工程技术大学魏春林（第10章）；另外本教材还将配套出版对应的教师参考书，为课程的教学提供参考与技术支持。

本教材的编写既有我们编写组的努力，也有各位同行的中肯建议，同时非常感谢源助教（沈阳）科技有限公司为本教材的编写与出版提供的大力支持。全书编写过程中也参阅了大量的文献和资料，在此对这些文献的作者深表谢意。由于诸多原因，书中难免存在疏漏和不足之处，恳请读者批评指正。

目　录

第1章

工程造价概述

节 标 题	内 容
工程造价的内涵及知识结构	工程造价和工程计价
	工程造价知识结构与内容
工程造价的发展历史	工程造价的产生与历史沿革
	国内工程造价的发展与改革

知识目标

➢ 掌握工程造价和计价内容、工程项目生命周期和建设程序，熟悉工程造价的相关概念，了解工程造价的产生与发展、国内工程造价的改革过程。

专业能力目标

➢ 具有工程造价专业知识认知的基本能力，训练对工程项目进行合理分解列项的能力。

（1）通过对一体化前导教学案例项目——车棚工程的调查和研究，讨论影响工程造价的因素有哪些？

（2）以一体化综合教学案例项目——教研办公楼为例，根据国内建设项目的多次性计价流程说明教研办公楼项目建设可以分为哪几个工作阶段？不同阶段形成的计价文件的名称是什么？在教研办公楼不同建设阶段的工程计价文件的作用是什么？

（3）工程计价管理发展过程有什么特点？请通过资料检索讨论我国工程造价管理与其他国家有哪些基本区别？这些区别如何形成？未来计价管理的发展如何？

1.1 工程造价的内涵及知识结构

1.1.1 工程造价和工程计价

1. 工程造价

工程造价从字面可以直接解释为工程的建造价格，从专业角度可以被定义为工程的建造费用或工程交易的价格；或者按照《工程造价术语标准》GB/T 50875—2013 中的定义：工程造价是指工程项目在建设期预计或实际支出的建设费用。

工程项目建设顺序

由于工程造价中“工程”一词在这里可以从不同维度进行不同的解释，因此，它在定义中包含多种含义：

（1）从工程造价中工程涵盖的范围看，在工程造价中“工程”既可以指某项建设工程本身，也可以指该建设工程中的一个或几个单项工程、单位工程，还可以是其中的一个或几个分部工程、分项工程，因此，工程造价要看具体的语境确定其内容。

工程造价相关概念

（2）从工程造价计费的阶段看，工程造价的费用计算范围是建设期，是指工程项目从投资决策开始到竣工投产阶段的工程建设期所发生的费用，因此，不包括生产运营期的维护改造等费用，也不包括流动资产投资。

工程项目组成和分类

（3）从工程建设期的参与主体角度看，工程造价从投资角度来说就是工程项目的投资费用（广义的工程造价），是建设工程固定资产总投资，是“购买”工程项目需支付的费用。从工程交易角度来说，它反映的是市场工程某个部分的交易价格或工程建造费用（狭义的工程造价），是工程价值的货币表现，即涵盖建造成本、利润和税金。在工程交易市场上建造成本主要受承包企业的社会平均水平影响，利润更多会受市场供求关系的影响。此时的工程造价是“出售”工程项目时确定价格和衡量投资效益的尺度。

某大学建设工程项目的项目分解结构图

（4）从计费方式看，工程造价在工程交易或工程发承包前均是预期支出的费用，包括：投资决策阶段为投资估算，设计阶段为设计概算、施工图预算，招标阶段为最高投标限价（或招标控制价）。这些均是预计费用，是估算。在工程交易以后则为实际费用，均应是实际核定的费用，该费用的增减一般要依据合同做出，包括工程交易时的合同价、施工阶段的工程结算、竣工阶段的竣工决算。因此，在市场经济体制下，应该把工程交易看成是一个工程价格的博弈时点，通过双方博弈，最终由市场形成工程价格，并以建设工程合同的形式载明合同价及其调整原则与方式。

2. 工程计价

工程计价即工程造价计价，是对工程价值货币表现的测定。《工程造价术语标准》GB/T 50875—2013中定义为：按照法律法规和标准等规定的程序、方法和依据，对工程造价及构成内容进行预测或确定。这里工程计价中的预测或确定与工程造价的预计或实际的含义是一致的。

工程造价管理的内容和组织系统

由于工程在建设过程中是一个动态复杂的系统，在建设期不同阶段的工程造价受设计深度和市场资源价格等影响会有不同，而不同参与建设主体在工程计价中如果采用不同的依据和方法容易导致工程交易市场混乱，因此，工程建设期各参与主体不仅需要进行多次计价，而且计价的程序、方法和依据必须符合法律、法规和标准的要求。这里的工程计价依据，一般是指在工程计价活动中所要依据的与工程计价内容、工程计价方法和要素价格相关的工程计量计价标准、工程计价定额及工程计价信息等，广义的工程计价依据还包括工程的设计、施工组织设计等。

由于工程项目全过程中需要多次进行工程造价计价，而国外基本建设程序中，可行性研究阶段、方案设计阶段、基础设计阶段、详细设计阶段以及开标前阶段对建设项目投资所做的测算统称为工程估价；我国习惯上将投资估算、设计概算和施工图预算统称为工程估价。

在我国，工程计价针对国有和私人资金投资管理方式的不同，一般分为两个体系。一种是由国家或地区主管基本建设的有关部门制定和颁发标准规定的程序、方法和依据（包括定额、估算指标和规定价格信息）等，由造价人员依据有关技术资料和图纸，并结合过程项目的具体情况，套用估算指标和定额，按照规定的计算程序，计算出工程项目不同阶段所需的工程造价。另一种是依据大量已建成类似工程的技术经济指标和实际造价资料（包括企业定额等）、当时当地的市场价格信息和供求关系、工程具体情况、设计资料和图纸等，在充分运用造价工程师经验和技巧的基础上，计算出工程项目不同阶段所需的工程造价。

工程计价的作用表现在：

（1）工程计价结果反映了工程的货币价值。工程计价是按照规定计算程序和方法，用货币的数量表示工程项目（包括拟建、在建和已建的项目）的价值。

（2）工程计价是投资控制的依据。工程项目的投资计划一般按照建设工期、工程进度和建设价格等逐年分月制定，正确的投资计划有助于合理有效地使用资金。工程建设期不同阶段的每次工程计价成果都可以成为对下个阶段计价成果的约束目标。具体说，后一次估算不能超过前一次估算的额度，这种控制是在投资者财务能力限度内为取得既定的投资效益所必需的。工程计价的结果也为筹集资金提供了比较准确的依据。当建设资金来源于金融机构的贷款时，金融机构在对项目的偿贷能力进行评估的基础上，也需要依据工程计价结果来确定借与投资者的贷款数额。

（3）工程计价是合同价款管理的基础。合同价款是发承包双方在工程合同中约定的工程造价，在工程建设中发包人按照合同约定的计算方法，管理合同约定金额、变更金额、调整金额、索赔金额等各工程款额，在这个过程中要不断地进行工程计价。

3. 工程计价的特性和内容

工程项目是一次性定制产品，多数是大型复杂项目式产品。产品的单件性和组合性特点决定了每个工程项目都需要通过逐步组合过程单独计算造价。工程项目在建造全过程中的不同时间阶段和对应不同参与主体的建造价格具有不相同和不固定性而导致不易计价，使得工程项目造价不确定性增加。

工程造价的不确定性主要表现在三个方面：一是工程自身条件，包括使用功能和外观的各种差别、地质条件和自然环境的影响等；二是管理因素，包括实施过程中采用不同的工程管理模式对管理效率的影响、选择不同模式组合时交易费用的不同和实施过程中很多细节对整体效率的影响等；三是市场因素，包括资金筹措方式的不同、使用各类新型的技术和方法、不确定的市场资源价格等。以上三个方面共同造成了工程造价的不易确定性和复杂性。应当说工程造价既不是一个静态的数字，也不是一个数字区间，而是在工程项目全过程中不同阶段，根据计价的目的，由专业人员遵循计价原则和采用科学计价方法，对工程项目最可能实现的合理价格做出推理和判断的结果。所以，工程造价的影响因素是一个动态开放的复杂系统，研究工程造价的组成和确定工程造价的过程（工程计价）应当被视为解决复杂工程问题。建设工程项目在生命周期中不同阶段都需要分阶段进行多次计价，以保证工程造价计价的准确性和控制的有效性，而多次计价过程也是一个逐步深入和细化、不断接近实际造价的过程。

依据我国的基本建设程序的要求和国家有关文件规定，工程项目多次计价过程和编制的不同计价文件见图 1-1。

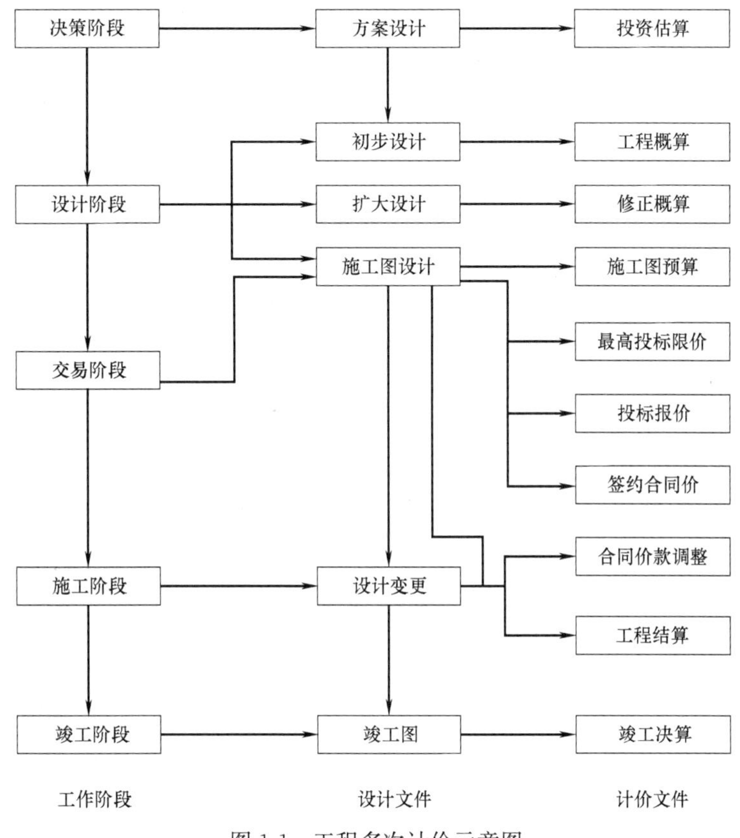

图 1-1　工程多次计价示意图

（1）**投资估算**：以方案设计或可行性研究文件为依据，按照规定的程序、方法和依据，对拟建项目所需要总投资及其构成进行预测和估算。投资估算是项目建议书和可行性研究阶段编制的工程计价文件，是进行项目决策、筹集资金和合理控制造价的主要依据。

（2）**工程概算**：以初步设计文件为依据，按照规定的程序、方法和依据，对建设总投资及其构成进行的概略计算。设计概算是初步设计阶段编制的工程计价文件，与投资估算相比，工程概算的准确性有所提高，一般要求受投资估算的控制。工程概算又可以根据工程项目对象的不同分为：建设项目总概算、单项工程综合概算、单位工程概算。

（3）**修正概算**：是指在技术设计阶段，根据技术设计要求编制的工程计价文件。修正概算是对初步设计概算的修正和调整，比工程概算准确，但受工程概算控制。

（4）**施工图预算**：以施工图设计文件为依据，按照规定的程序、方法和依据，在工程施工前对工程项目的费用进行的预测与计算。施工图预算比工程概算或修正概算更为详尽和准确。根据工程造价管理要求，施工图预算也应当受前一阶段工程造价的控制。

（5）**最高投标限价**：是指在招标投标中，招标人在招标文件中明确的投标人的最高报价，投标价高于该价格的投标文件将被否决。在《建设工程工程量清单计价规范》GB 50500—2013 中规定了招标控制价，指招标人根据国家或省级建设行政主管部门颁发的有关计价依据和办法，依据拟定的招标文件和招标工程量清单，结合工程具体情况发布的招标工程的最高投标限价。并要求国有资金投资的建设工程招标，应当没有最高投标限价。

（6）**投标报价**：投标人投标时响应招标文件要求，结合自身能力计算和确定承包该工程的投标总价。

（7）**签约合同价**：是指工程发承包双方通过签订合同所确定的价格。在建筑市场通过承发包交易（多数为招标投标），根据市场行情，由需求主体（投资者或建设单位）和供给主体（承包商）共同认可的价格。签约合同价并不一定等同于最终结算的实际工程造价，由于计价方式不同，合同价内涵也会有所不同。

（8）**合同价款调整**：工程施工阶段，在合同价款调整因素出现后，承发包双方根据合同约定，对合同价款进行变动地提出、计算和确认。

（9）**工程结算**：承发包双方根据国家有关法律、法规规定和合同约定，对合同工程在实施中、终止时、已完工后进行的合同价款计算、调整和确认。包括中间结算、终止结算和竣工结算。工程结算需要按实际完成的合同范围内合格工程量考虑，同时按合同调价范围和调价方法，对实际发生的工程量增减、设备和材料价差等进行调整后确定结算价格。工程结算反映的是工程项目实际造价。

（10）**竣工决算**：是以实物数量和货币指标为计价单位，综合反映竣工建设项目全部建设费用、建设成果和财务状况的总结性文件。竣工决算是正确核定新增固定资产价值，考核分析投资效果，建立健全经济责任制的依据，是反映建设项目实际造价和投资效果的文件。

1.1.2 工程造价知识结构与内容

本课程的知识体系如图 1-2 所示。

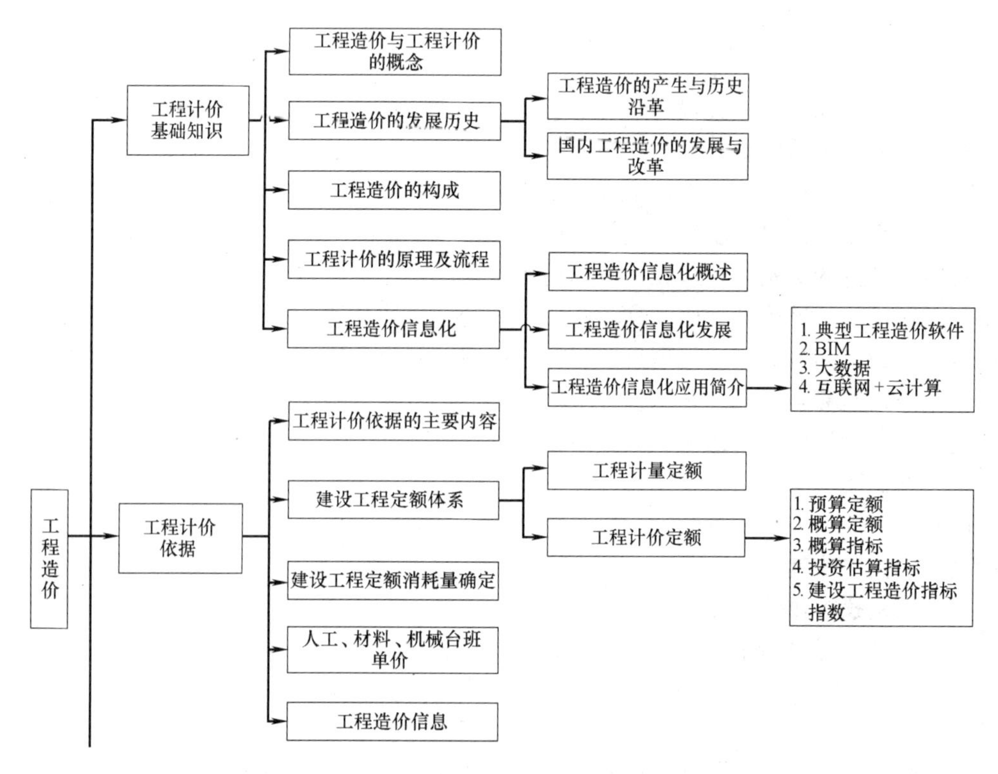

图 1-2 工程造价知识结构与内容

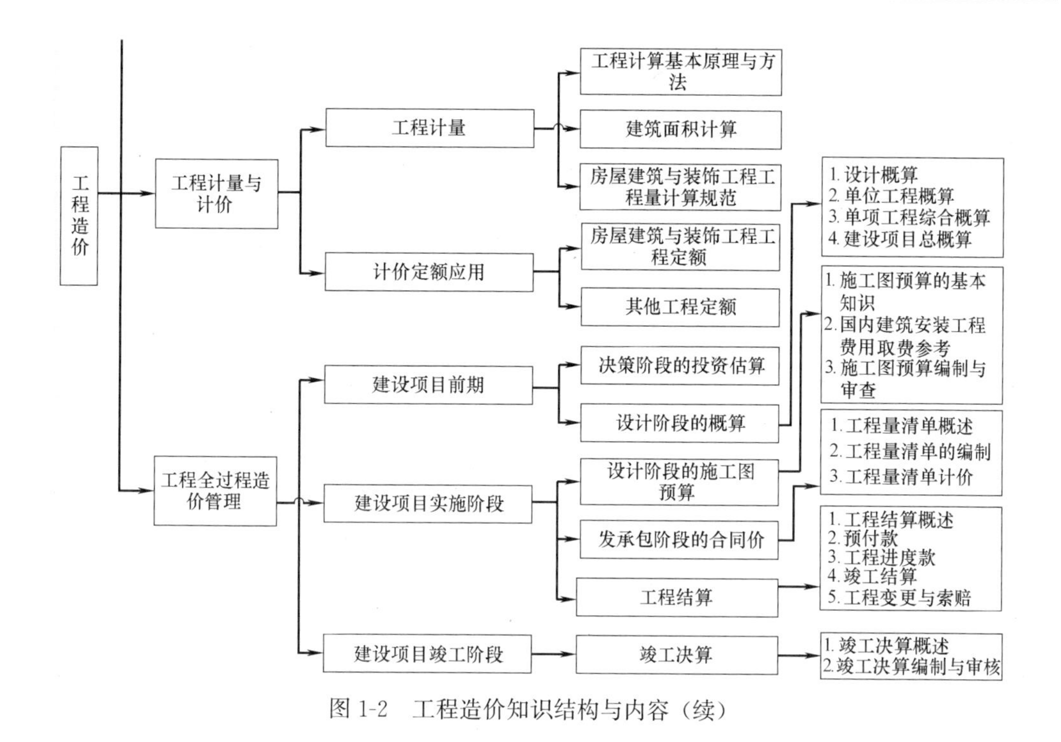

图 1-2　工程造价知识结构与内容（续）

1.2　工程造价的发展历史

1.2.1　工程造价的产生与历史沿革

工程造价的发展是伴随着人类社会的发展和人们对工程项目建造价格管理的认识逐步发展成熟的。在生产规模小、技术水平低的生产条件下，生产者在长期的土木工程建造中积累起生产所需的知识和技能，也逐步获得了生产需要投入的劳动时间和材料的经验。这种生产管理的经验常运用于宫殿等组织规模宏大的生产活动之中。例如我国北宋时期李诫编修的《营造法式》，它不仅是土木建筑工程技术的巨著，也是工料计算方面的巨著。《营造法式》共有三十四卷，分为释名、各作制度、功限、料例和图样 5 个部分。第十六卷至二十五卷是各工种计算用工量的规定，第二十六卷至二十八卷是各工程计算用料的规定，这可以看作是古代的工料定额。

国外工程计价的历史起源可追溯到中世纪，当时大多数建筑都比较简单，业主一般请当地的工匠来负责房屋的设计和建造。工程完成后按双方事先协商好的总价支付，或者先确定单价，然后按照实际完成的工程量进行结算。15 世纪左右，随着人们对建筑要求的日益提高，建筑师开始逐渐成为一种独立的职业，工匠们则负责建造工作。由于建筑师往往受过较好的教育，因此在与其协商造价时，为避免自己处于劣势地位，工匠们常雇佣其他受过教育、有技术的人替他们计算工程量并与建筑师协商单价。

现代意义上的工程计价产生于资本主义社会化大生产的出现，最先产生的是现代工业发展最早的英国。16 世纪至 18 世纪，社会生产力和技术的发展促进了大批的工业厂房建设，也需要为产业工人提供大量住房，建筑业逐渐发展，设计和施工逐步分离并各自形成一个独立的专业。此时，工匠需要有人帮助他们对已完成的工程量进行测量和计价，以确定应得的报酬，因此，从事这些工作的人员逐步专门化，并被称为工料测量师。他们以工匠小组的名义与工程委托人和建筑师洽商，计算工程量和确定工程价款。由于在当时工料测量师是在工程完工以后才去测量工程量和结算工程造价，他们仅对已完工程进行实物消耗量的测定，而不能对设计与施工施加任何影响，也不能在工程前期介入工程的造价管理。

19 世纪 20 年代，英国在经历多年战争后，国家负债严重。当时英国军队需要大量的军营，为了节约成本，在军营工程数量多，又要满足建造速度快、价格便宜的要求情况下，军营筹建办公室开始实施竞争性招标。竞争性招标需要每个承包商在工程开始前根据图纸计算工程量，然后根据工程情况做出计价。开始时，每个参与投标的承包商各自雇佣估价师来计算工程量，后来，为了避免重复地对同一工程进行工程量计算，参与投标的承包商联合起来雇佣一个估价师。建筑师为了保护业主和自己的利益再另行雇佣自己的估价师计算拟建工程的工程量，为承包商提供工程量清单。这样在计价领域里有了受雇于业主（或建筑师）的估价师和受雇于承包商的两种类型的估价师。工程计价逐渐形成了独立的专业。到了 19 世纪 30 年代，所有的投标都以业主提供的工程量清单为基础，从而使投标结果具有可比性。招标承包制的实行更加强化了工料测量师的地位和作用。

1881 年，英国皇家特许测量师协会（RICS）成立。这一工程造价管理专业协会的创立使工程造价管理人士开始了有组织的相关理论和方法的研究，标志着现代工程造价管理专业的正式诞生，这个时期完成了工程计价的第一次飞跃。至此，工程委托人能够做到在工程开工之前，预先了解到需要支付的投资额，但是他还不能做到在设计阶段就对工程项目所需的投资进行准确预计，并对设计进行有效的监督、控制。业主为了更恰当和高效地运用投资和利用各种资源，迫切要求在设计的早期阶段乃至在作投资决策时，就开始进行投资估算，并对设计进行控制。

1922 年，工程造价领域出版了第一本标准工程量计算规则，使得工程量计算有了统一的标准和基础，加强了工程量清单的使用，进一步促进了竞争性投标的发展。

从 20 世纪 40 年代开始，由于资本主义经济学的发展，许多经济学的原理被应用到工程造价管理领域。工程造价管理从简单的工程造价的确定和控制开始向重视投资效益的评估、重视工程项目的经济与财务分析等方向发展。20 世纪 50 年代，英国皇家特许测量师学会的成本研究小组修改并发展了成本规划法。成本规划法的提出将计价工作从被动转变成主动，使计价工作可以与设计工作同时进行。甚至在设计之前即可做出估算，并可根据工程委托人的要求使工程造价控制在限额以内。这样，“投资计划和控制制度”就在英国等经济发达的国家应运而生，也促成了工程计价的第二次飞跃。承包商为适应市场的需要，也强化了自身的计价管理和成本控制。

1964 年，RICS 的成本信息服务部门（简称 BCIS）颁布了划分建筑工程分部工程的标准，这样使得每个工程的成本可以按相同的方法分摊到各分部中，从而方便了不同工程的成本比较和成本信息资料的储存。

20 世纪 70 年代后期，建筑业有了一种普遍的认识，认为在对各种可选方案进行估价时仅考虑初始成本是不够的，还应考虑到工程交付使用后的维修和运行成本，即应以“总成本”作为方案投资的控制目标。这种“总成本论”进一步拓宽了工程估价的含义，使工程计价贯穿于项目的全生命周期。这一时期，英国提出了“全生命周期造价管理”；美国稍后提出了“全面造价管理”，包括全过程、全要素、全风险、全团队的造价管理；我国在 20 世纪 80 年代末和 90 年代初提出了“全过程造价管理”。而后又出现多种具有时代特征的工程造价管理模式，如全过程工程造价管理、全生命周期工程造价管理、全面工程造价管理、集成工程造价管理和工程造价管理信息化等模式，这些工程造价管理理论和模式的提出和发展，使建筑业对工程计量与计价有了新的认识，工程造价理论和实践的研究开始进入一个全新的综合与集成阶段，标志着工程计量与计价发展的第三次飞跃。

总结上述国际工程计价的发展简史，该过程显著地表现出以下特点：

（1）从事后算账发展到事先算账。

从最初只是消极地测量实物消耗量、反映已完工程量的价格，逐步发展到在设计完成后施工开始前进行工程量的计算和计价，进而发展到在可行性研究时提出投资估算，在初步设计时提出概算，成为业主作出投资决策的重要依据。

（2）从被动地反映设计和施工发展到主动地影响设计和施工。

从最初施工阶段工程造价的确定和结算，逐步发展到在投资决策阶段、设计阶段对工程造价作出预测，并对设计和施工过程投资的支出进行监督和控制，进行工程建设全过程的造价计算和管理。

（3）计价的理论和方法更加科学和多样化。

借助于其他领域理论和方法上的发展，首先是管理理论、经济学理论、成本控制理论，然后是计算机技术、供应链集成等思想和方法的应用，工程计价在理论和方法两方面都形成了新范式，较之前具有更大的优越性。

（4）科学共同体的形成。

所谓科学共同体，是指某一特定研究领域中持有共同观点、理论和方法的科学家集团。现代工程计价的真正产生正是由于出现了一批专门从事这一行业的专业人员（工料测量师或造价工程师），从依附于施工者或建筑师到发展成一个独立的专业。因此，英国皇家特许测量师协会的成立被视为工程计价发展的一次重要飞跃。现在很多国家都有自己的专业学会，甚至有统一的业务职称评定和职业守则；我国在 1990 年 7 月成立了中国建设工程造价管理协会，1996 年建立了造价工程师执业资格制度，与此同时，国内的许多高等院校也开设有工程造价相关专业，培养专业人才。

1.2.2　国内工程造价的发展与改革

我国现代意义上的工程造价的产生应追溯到 19 世纪末至 20 世纪上半叶。当时在外国资本进入的一些口岸和沿海城市，工程投资的规模有所扩大，出现了招标投标承包方式，建筑市场初见雏形，国外工程计价方法和经验也逐步深入。但是，由于受历史条件的限制，特别是受到经济发展水平的限制，工程计价及招标投标只能在狭小的地区和少量的工程建设中采用。

1949 年中华人民共和国成立以后，全国面临着大规模的恢复重建工作。为合理确定工程造价，我国借鉴了苏联的工程建设经验和管理方法，建立了以工程定额为基础的概预算制度。学习苏联的预算做法，即先按图纸和工程定额的工程量计算规则计算分部分项工程量，套用相应分项工程的定额单价，计算出人、材、机等直接费，再以直接费（或直接费中的某部分）为基数，按一定费率计算间接费、利润、税金等有关造价组成费用，汇总得到建筑产品的价格。这种适应计划经济体制的概预算制度的建立，有效地促进了建设资金的合理使用，为国民经济恢复和第一个五年计划的顺利完成起到积极的作用。

20世纪50年代中期到20世纪70年代中期，由于历史原因导致概预算制度基本处于瘫痪状态，设计无概算、施工无预算、竣工无决算、投资大敞口，这种状况持续了近20年。20世纪70年代后期，我国开始恢复重建工程造价管理机构。1984年以后，建筑业作为城市改革的突破口，率先进行管理体制的改革，其中以推行工程招标承包制度尤为关键，招标投标制的建立和活动的开展改革了建筑业的计划经济体制，使供求关系及价格确定均迈向市场化。1988年建设部增设了标准定额司，各省市、各部委建立了定额管理站，全国颁布了一系列推动概预算管理和定额管理发展的文件以及大量的预算定额、概算定额、估算指标。1993年国家明确提出“我国经济改革的目标是建立市场经济体制”，从此建筑企业全面启动了市场体制的建设。随着建筑业逐步市场化，传统的与计划经济相适应的概预算定额管理弊端逐步暴露出来。采用建设工程的定额计价办法，即“定额＋费用＋文件规定”的模式，也就是依据定额计算直接费，按取费标准计算间接费、利润、税金、再依据有关文件规定进行调整、补充，最后得到工程造价。这里直接费与间接费的计算依据，分别参照定额和取费标准。定额既包括生产过程中的实物与物化劳动的消耗量，同时还包括各项消耗指标所对应的单价，属“量价合一”式的定额；取费标准是依据施工企业的资质等级由国家确定的。从20世纪90年代开始，我国工程造价管理进行了一系列重大变革。为了适应社会主义市场经济体制的要求，在计价依据方面，首次提出了“量”“价”分离的新思想，改变了国家对定额的管理方式，提出了“控制量”“指导价”“竞争费”的改革思路，成为我国工程造价管理体制改革过渡时期的基本方针。2003年《建设工程工程量清单计价规范》GB 50500的颁布实施，标志着我国工程造价管理体制改革——“建立以市场为主导的价格机制”最终目标的实现，初步实现了从传统的定额计价模式到工程量清单计价模式的转变，同时也进一步确立了建设工程计价依据的法律地位，这标志着我国的工程计价开始进入国际计价惯例的轨道，工程造价管理由“量价合一”的计划经济模式向“量价分离”的市场经济模式转变，并为我国工程造价行业的发展带来了历史性的机遇。2008年、2013年又修订和颁布了新的《建设工程工程量清单计价规范》GB 50500及《建筑与装饰工程工程量计算规范》GB 50854—2013等系列工程量计算规范。与原计价规范相比，新规范修订了原有规范中不尽合理、操作性不强的条款和表格格式，同时配套了不同专业性质的工程量计算规范，对工程造价管理的专业划分越来越细，对争议的处理也越来越明确，并将规范的内容从招标投标阶段延伸到项目造价管理的全过程，为工程计价提供更加有效的依据。

我国虽然已经制定并推广了工程量清单计价，由于各地实际情况的差异，目前的工程造价计价方式不可避免地出现了双轨并行的局面——在保留传统定额计价方式的基础上，又参照国际惯例引入了工程量清单计价方式。目前，我国的建设工程定额还是工程造价管理的重要手段。随着我国工程造价管理体制改革的不断深入、相应的法律规范的建立，工程造价信息的收集、整理和发布的加强，以及工程造价信息化技术的应用和对国际工程管理的深入了解，市场自主定价模式必将逐渐占据主导地位。

本章综合训练

（1）个人作业：

① 如果你们学校需要建新校区，教研办公楼是其中的一栋建筑物，请对新校区的建设工程项目组成进行分解，并将教研办公楼工程分解到分部工程（图纸见教研办公楼）。

② 什么是工程造价？结合教研办公楼讨论：为什么说工程造价是一个动态的？影响它变化的因素有哪些？

③ 什么是全生命周期造价管理？什么是全面造价管理？

（2）小组作业：

① 检索资料研讨我国工程造价未来的发展趋势。

② 运用车棚工程分析：如果你投资建造车棚工程，你在建设过程中需要进行几次计价？需要编制哪些计价文件？在计价过程中哪些因素会影响工程造价的准确性，关键因素是什么？

③ 通过对车棚工程工程进行检索资料和调查研究，画出工程计价的流程。

④ 运用教研办公楼案例分析工程建设过程中应当进行几次计价？编制哪些计价文件？思考学校建设教研办公楼与自家建设车棚工程的根本有何不同？

本章总结与思考

通过回顾本章内容和教学目标，结合个人学习情况，思考下述目标你都实现了吗？

第 1 章　教学目标清单

类别	教学目标	是否实现 （实现打√，没有打×）	未实现原因
知识目标	掌握工程造价和计价内容		
	掌握工程项目生命周期和建设程序		
	熟悉工程造价的相关概念		
	了解工程造价的产生与发展		
	了解国内工程造价的改革过程		
专业能力目标	具有工程造价专业知识认知的基本能力		
	具有工程项目合理分解列项的能力		
其他	自行填写自己认为获得的其他知识、能力		

（注：填写的教学目标清单扫码获取）

教学目标

第2章

工程造价基础知识

节 标 题	内　容
工程造价的构成	国内建设项目总投资和工程造价的组成
	建筑安装工程费的构成
	设备及工器具购置费的构成
	工程建设其他费的构成
	预备费、建设期利息和流动资金
工程计价的原理及流程	工程计价的原理
	工程计价的流程

知识目标

➢ 掌握建设项目总投资和工程造价的组成，建筑安装工程费的构成，工程建设其他费的构成以及预备费、建设期利息的计算；

➢ 熟悉设备及工器具购置费的构成，工程计价的流程；

➢ 了解流动资金及其估算方法。

专业能力目标

➢ 具有分析工程造价及项目总投资构成的能力；

➢ 具有工程计价原理简单应用的能力；

➢ 具有分解工程费用组成和估算的能力。

导学与思考

（1）以车棚工程为例，说明工程造价由哪些部分组成？

（2）以车棚工程为例，说明适合采用何种计价方式确定工程造价？工程计价流程应该是怎样的？

2.1　工程造价的构成

工程造价的构成是进行工程计价的基础。在正确进行工程计价之前，需要对工程造价的构成以及具体内容进行深刻地理解。本节对我国建设项目总投资和工程造价的组成、建筑安装工程费的构成、设备及工器具购置费的构成以及预备费和建设期利息等内容进行介绍及分析，为后续工程计价奠定基础。

2.1.1 国内建设项目总投资和工程造价的组成

建设项目总投资是为完成工程项目建设并达到使用要求或生产条件，在建设期内预计或实际投入的全部费用总和。生产性建设项目总投资包括建设投资、建设期利息和流动资金三部分；非生产性建设项目总投资包括建设投资和建设期利息两部分。其中建设投资和建设期利息之和对应于固定资产投资，固定资产投资与建设项目的工程造价在量上相等。工程造价是建设项目总投资的重要组成，基本构成包括用于购买和安装工程项目所需各种设备的费用，用于建筑施工所需支出的费用，用于委托工程勘察设计应支付的费用，用于购置土地所需的费用，也包括用于建设单位自身进行项目筹建和项目管理所花费的费用等。总之，工程造价是指在建设期预计或实际支出的建设费用。

工程造价中的主要构成部分是建设投资，建设投资是为完成工程项目建设，在建设期内投入且形成现金流出的全部费用。根据 2006 年国家发展改革委和建设部发布的《建设项目经济评价方法与参数（第三版）》（发改投资［2006］1325 号）的规定，建设投资包括工程费用、工程建设其他费用和预备费三部分。工程费用是指建设期内直接用于工程建造、设备购置及其安装的建设投资，可以分为建筑安装工程费和设备及工器具购置费；工程建设其他费用是指建设期发生的与土地使用权取得、整个工程项目建设以及与未来生产经营有关的构成建设投资但不包括在工程费用中的费用。预备费是在建设期内因各种不可预见因素的变化而预留的可能增加的费用，包括基本预备费和价差预备费。建设项目总投资的具体构成内容如图 2-1 所示。

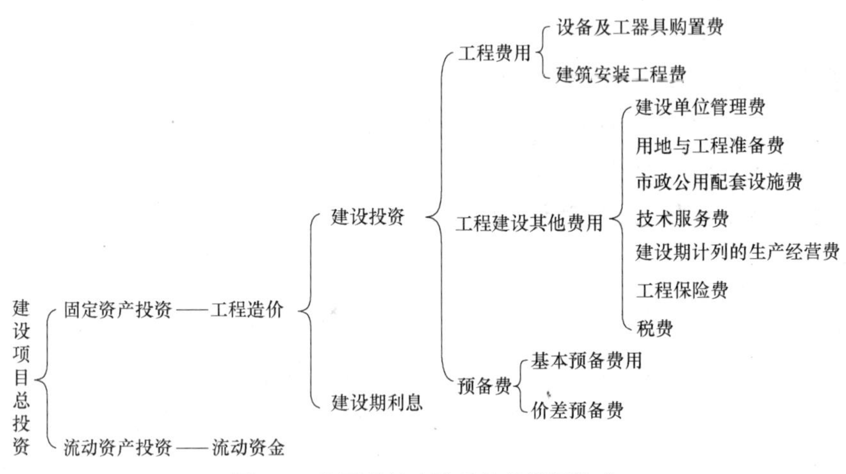

图 2-1 我国现行建设项目总投资构成

2.1.2 建筑安装工程费的构成

1. 建筑安装工程费用内容

建筑安装工程费是指为完成工程项目建造、生产性设备及配套工程安装所需的费用。

（1）建筑工程费用内容

① 各类房屋建筑工程和列入房屋建筑工程预算的供水、供暖、卫生、通风、煤气等

设备费用及其装饰、油饰工程的费用，列入建筑工程预算的各种管道、电力、电信和电缆导线敷设工程的费用。

② 设备基础、支柱、工作台、烟囱、水塔、水池、灰塔等建筑工程以及各种炉窑的砌筑工程和金属结构工程的费用。

③ 为施工而进行的场地平整，工程和水文地质勘察，原有建筑物和障碍物的拆除以及施工临时用水、电、暖、气、路、通信和完工后的场地清理，环境绿化、美化等工作的费用。

④ 矿井开凿、井巷延伸、露天矿剥离，石油、天然气钻井，修建铁路、公路、桥梁、水库、堤坝、灌渠及防洪等工程的费用。

（2）安装工程费用内容

① 生产、动力、起重、运输、传动和医疗、实验等各种需要安装的机械设备的装配费用，与设备相连的工作台、梯子、栏杆等设施的工程费用，附属于被安装设备的管线敷设工程费用，以及被安装设备的绝缘、防腐、保温、油漆等工作的材料费和安装费。

② 为测定安装工程质量，对单台设备进行单机试运转、对系统设备进行系统联动无负荷试运转工作的调试费。

2. 我国现行建筑安装工程费用项目组成

根据住房城乡建设部、财政部颁布的“关于印发《建筑安装工程费用项目组成》的通知”（建标［2013］44 号），我国现行建筑安装工程费用项目按两种不同的方式划分，即按费用构成要素划分和按造价形成划分，其具体构成如图 2-2 所示。

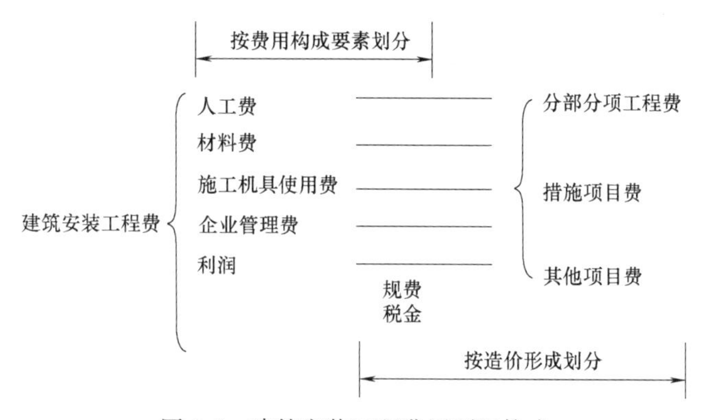

图 2-2　建筑安装工程费用项目构成

3. 按费用构成要素划分的建筑安装工程费用项目构成

按照费用构成要素划分，建筑安装工程费包括：人工费、材料费（包含工程设备，下同）、施工机具使用费、企业管理费、利润、规费和税金。

（1）人工费

建筑安装工程费中的人工费，是指支付给直接从事建筑安装工程施工作业的生产工人的各项费用。计算人工费的基本要素有两个，即人工工日消耗量和人工日工资单价。

① 人工工日消耗量。人工工日消耗量是指在正常施工生产条件下，完成规定计量单位的建筑安装产品所消耗的生产工人的工日数量。它由分项工程所综合的各个工序劳动定额包括的基本用工、其他用工两部分组成。

② 人工日工资单价。人工日工资单价是指直接从事建筑安装工程施工的生产工人在

每个法定工作日的工资、津贴及奖金等。

人工费的基本计算公式为：

人工费＝∑(工日消耗量×日工资单价) (2-1)

(2) 材料费

建筑安装工程费中的材料费，是指工程施工过程中耗费的各种原材料、半成品、构配件、工程设备等的费用，以及周转材料等的摊销、租赁费用。计算材料费的基本要素是材料消耗量和材料单价。

① 材料消耗量。材料消耗量是指在正常施工生产条件下，完成规定计量单位的建筑安装产品所消耗的各类材料的净用量和不可避免的损耗量。

② 材料单价。材料单价是指建筑材料从其来源地运到施工工地仓库直至出库形成的综合平均单价。由材料原价、运杂费、运输损耗费、采购及保管费组成。当一般纳税人采用一般计税方法时，材料单价中的材料原价、运杂费等均应扣除增值税进项税额。

材料费的基本计算公式为：

材料费＝∑(材料消耗量×材料单价) (2-2)

③ 工程设备。工程设备是指构成或计划构成永久工程一部分的机电设备、金属结构设备、仪器装置及其他类似的设备和装置。

(3) 施工机具使用费

建筑安装工程费中的施工机具使用费，是指施工作业所发生的施工机械、仪器仪表使用费或其租赁费。

① 施工机械使用费。施工机械使用费是指施工机械作业发生的使用费或租赁费。构成施工机械使用费的基本要素是施工机械台班消耗量和机械台班单价。施工机械台班消耗量是指在正常施工生产条件下，完成规定计量单位的建筑安装产品所消耗的施工机械台班的数量。施工机械台班单价是指折合到每台班的施工机械使用费。施工机械使用费的基本计算公式为：

施工机械使用费＝∑(施工机械台班消耗量×机械台班单价) (2-3)

施工机械台班单价通常由折旧费、检修费、维护费、安拆费及场外运费、人工费、燃料动力费和其他费用组成。

② 仪器仪表使用费。仪器仪表使用费是指工程施工所需使用的仪器仪表的摊销及维修费用。与施工机械使用费类似，仪器仪表使用费的基本计算公式为：

仪器仪表使用费＝∑(仪器仪表台班消耗量×仪器仪表台班单价) (2-4)

仪器仪表台班单价通常由折旧费、维护费、校验费和动力费组成。

当一般纳税人采用一般计税方法时，施工机械台班单价和仪器仪表台班单价中的相关子项均需扣除增值税进项税额。

(4) 企业管理费

1) 企业管理费的内容

企业管理费是指施工单位组织施工生产和经营管理所发生的费用。内容包括：

① 管理人员工资。管理人员工资是指按规定支付给管理人员的计时工资、奖金、津贴补贴、加班加点工资及特殊情况下支付的工资等。

② 办公费。办公费是指企业管理办公用的文具、纸张、账簿、印刷、邮电、书报、

办公软件、现场监控、会议、水电、烧水和集体取暖降温（包括现场临时宿舍取暖降温）等费用。当一般纳税人采用一般计税方法时，办公费中增值税进项税额的抵扣原则：以购进货物适用的相应税率扣减。

③ 差旅交通费。差旅交通费是指职工因公出差、调动工作的差旅费、住勤补助费，市内交通费和误餐补助费，职工探亲路费，劳动力招募费，职工退休、退职一次性路费，工伤人员就医路费，工地转移费以及管理部门使用的交通工具的油料、燃料等费用。

④ 固定资产使用费。固定资产使用费是指管理和试验部门及附属生产单位使用的属于固定资产的房屋、设备、仪器等的折旧、大修、维修或租赁费。

⑤ 工具用具使用费。工具用具使用费是指企业施工生产和管理使用的不属于固定资产的工具、器具、家具、交通工具和检验、试验、测绘、消防用具等的购置、维修和摊销费。

⑥ 劳动保险和职工福利费。劳动保险和职工福利费是指由企业支付的职工退职金、按规定支付给离休干部的经费，集体福利费、夏季防暑降温、冬季取暖补贴、上下班交通补贴等。

⑦ 劳动保护费。劳动保护费是企业按规定发放的劳动保护用品的支出。如工作服、手套、防暑降温饮料以及在有碍身体健康的环境中施工的保健费用等。

⑧ 检验试验费。检验试验费是指施工企业按照有关标准规定，对建筑以及材料、构件和建筑安装物进行一般鉴定、检查所发生的费用，包括自设试验室进行试验所耗用的材料等费用。不包括新结构、新材料的试验费，对构件做破坏性试验及其他特殊要求检验试验的费用和建设单位委托检测机构进行检测的费用，对此类检测发生的费用，由建设单位在工程建设其他费用中列支。但对施工企业提供的具有合格证明的材料进行检测不合格的，该检测费用由施工企业支付。

⑨ 工会经费。工会经费是指企业按《中华人民共和国工会法》（以下简称《工会法》）规定的全部职工工资总额比例计提的工会经费。

⑩ 职工教育经费。职工教育经费是指按职工工资总额的规定比例计提，企业为职工进行专业技术和职业技能培训，专业技术人员继续教育、职工职业技能鉴定、职业资格认定以及根据需要对职工进行各类文化教育所发生的费用。

⑪ 财产保险费。财产保险费是指施工管理用财产、车辆等的保险费用。

⑫ 财务费。财务费是指企业为施工生产筹集资金或提供预付款担保、履约担保、职工工资支付担保等所发生的各种费用。

⑬ 税金。税金是指企业按规定缴纳的房产税、非生产性车船使用税、土地使用税、印花税、城市维护建设税、教育费附加、地方教育附加等各项税费。

⑭ 其他。包括技术转让费、技术开发费、投标费、业务招待费、绿化费、广告费、公证费、法律顾问费、审计费、咨询费、保险费等。

2）企业管理费的计算方法

企业管理费一般采用取费基数乘以费率的方法计算，取费基数有三种，分别是：以直接费（人工费、材料费和施工机具使用费之和）为计算基础、以人工费和施工机具使用费合计为计算基础及以人工费为计算基础。企业管理费费率计算方法如下：

① 以直接费为计算基础。

$$企业管理费费用(\%)=\frac{生产工人年平均管理费}{年有效施工天数\times人工单价}\times人工费占直接费的比例(\%) \tag{2-5}$$

② 以人工费和施工机具使用费合计为计算基础。

$$企业管理费费用(\%)=\frac{生产工人年平均管理费}{年有效施工天数\times(人工单价+每一台班施工机具使用费)}\times100\% \tag{2-6}$$

③ 以人工费为计算基础。

工程造价管理机构在确定计价定额中的企业管理费时，应以定额人工费或定额人工费与施工机具使用费之和作为计算基数，其费率根据历年积累的工程造价资料，辅以调查数据确定。

$$企业管理费费用(\%)=\frac{生产工人年平均管理费}{年有效施工天数\times人工单价}\times100\% \tag{2-7}$$

（5）利润

利润是指施工单位从事建筑安装工程施工所获得的盈利，由施工企业根据企业自身需求并结合建筑市场实际自主确定。工程造价管理机构在确定计价定额中利润时，应以定额人工费或定额人工费与施工机具使用费之和作为计算基数，其费率根据历年积累的工程造价资料，并结合建筑市场实际确定，以单位（单项）工程测算。

（6）规费

1）规费的内容

规费是指按国家法律、法规规定，由省级政府和省级有关权力部门规定施工单位必须缴纳或计取，应计入建筑安装工程造价的费用。主要包括：

① 社会保险费。包括：

a. 养老保险费：企业按规定标准为职工缴纳的基本养老保险费。

b. 失业保险费：企业按照国家规定标准为职工缴纳的失业保险费。

c. 医疗保险费：企业按照规定标准为职工缴纳的基本医疗保险费。

d. 工伤保险费：企业按照国务院制定的行业费率为职工缴纳的工伤保险费。

e. 生育保险费：企业按照国家规定为职工缴纳的生育保险。根据“十三五”规划纲要，生育保险与基本医疗保险合并的实施方案已在12个试点城市行政区域进行试点。

② 住房公积金：是指企业按规定标准为职工缴纳的住房公积金。

③ 工程排污费：是指企业按规定缴纳的施工现场工程排污费［从2018年1月起国家停止征收工程排污费（财税〔2018〕4号)］。

其他应列而未列入的规费，按实际发生计取。

2）规费的计算

社会保险费和住房公积金。社会保险费和住房公积金应以定额人工费为计算基础，根据工程所在地省、自治区、直辖市或行业建设主管部门规定费率计算。

$$社会保险费和住房公积金=\sum(工程定额人工费\times社会保险费和住房公积金费率) \tag{2-8}$$

社会保险费和住房公积金费率可以每万元发承包价的生产工人人工费和管理人员工资含量与工程所在地规定的缴纳标准综合分析取定。

（7）税金

建筑安装工程费用中的税金是指按照国家税法规定的应计入建筑安装工程造价内的增值税额，按税前造价乘以增值税税率确定。

1）采用一般计税方法时增值税的计算

当采用一般计税方法时，建筑业增值税税率为 9%。计算公式为：

$$增值税=税前造价\times 9\% \quad (2-9)$$

税前造价为人工费、材料费、施工机具使用费、企业管理费、利润和规费之和，各费用项目均以不包含增值税可抵扣进项税额的价格计算。

2）采用简易计税方法时增值税的计算

① 简易计税的适用范围。根据《营业税改征增值税试点实施办法》以及《营业税改征增值税试点有关事项的规定》的规定，简易计税方法主要适用于以下几种情况：

a. 小规模纳税人发生应税行为适用简易计税方法计税。小规模纳税人通常是指纳税人提供建筑服务的年应征增值税销售额未超过 500 万元，并且会计核算不健全，不能按规定报送有关税务资料的增值税纳税人。年应税销售额超过 500 万元，但不经常发生应税行为的单位也可选择按照小规模纳税人计税。

b. 一般纳税人以清包工方式提供的建筑服务，可以选择适用简易计税方法计税。以清包工方式提供建筑服务，是指施工方不采购建筑工程所需的材料或只采购辅助材料，并收取人工费、管理费或者其他费用的建筑服务。

c. 一般纳税人为甲供工程提供的建筑服务，就可以选择适用简易计税方法计税。甲供工程，是指全部或部分设备、材料、动力由工程发包方自行采购的建筑工程。

d. 一般纳税人为建筑工程老项目提供的建筑服务，可以选择适用简易计税方法计税。建筑工程老项目：第一，《建筑工程施工许可证》注明的合同开工日期在 2016 年 4 月 30 日前的建筑工程项目；第二，未取得《建筑工程施工许可证》的，建筑工程承包合同注明的开工日期在 2016 年 4 月 30 日前的建筑工程项目。

② 简易计税的计算方法。当采用简易计税方法时，建筑业增值税税率为 3%。计算公式为：

$$增值税=税前造价\times 3\% \quad (2-10)$$

税前造价为人工费、材料费、施工机具使用费、企业管理费、利润和规费之和，各费用项目均以包含增值税进项税额的含税价格计算。

4. 按造价形成划分的建筑安装工程费用项目构成

建筑安装工程费按照工程造价形成由分部分项工程费、措施项目费、其他项目费、规费和税金组成。

（1）分部分项工程费

分部分项工程费是指各专业工程的分部分项工程应予列支的各项费用。各类专业工程的分部分项工程划分遵循国家或行业工程量计算规范的规定。分部分项工程费通常用分部分项工程量乘以综合单价进行计算。

$$分部分项工程费=\sum(分部分项工程量\times 综合单价) \quad (2-11)$$

综合单价包括人工费、材料费、施工机具使用费、企业管理费和利润，以及一定范围的风险费用。

（2）措施项目费

1）措施项目费的构成

措施项目费是指为完成建设工程施工，发生于该工程施工准备和施工过程中的技术、生活、安全、环境保护等方面的费用。措施项目及其包含的内容应遵循各类专业工程的现行国家或行业工程量计算规范。以《房屋建筑与装饰工程工程量计算规范》GB 50854—2013（以下简称《13 房建计量规范》）中的规定为例，措施项目费可以归纳为以下几项：

① 安全文明施工费。安全文明施工费是指工程项目施工期间，施工单位为保证安全施工、文明施工和保护现场内外环境等所发生的措施项目费用。通常由环境保护费、文明施工费、安全施工费、临时设施费组成。

a. 环境保护费：施工现场为达到环保部门要求所需要的各项费用。

b. 文明施工费：施工现场文明施工所需要的各项费用。

c. 安全施工费：施工现场安全施工所需要的各项费用。

d. 临时设施费：施工企业为进行建设工程施工所必须搭设的生活和生产用的临时建筑物、构筑物和其他临时设施费用。包括临时设施的搭设、维修、拆除、清理费或摊销费等。

各项安全文明施工费的具体内容如表 2-1 所示。

安全文明措施费的主要内容　　表 2-1

项目名称	工作内容及包含范围
环境保护	现场施工机械设备降低噪声、防扰民措施费用
	水泥和其他易飞扬颗粒建筑材料密闭存放或采取覆盖措施等费用
	工程防扬尘洒水费用
	土石方、建筑弃渣外运车辆防护措施费用
	现场污染源的控制、生活垃圾清理外运、场地排水排污措施费用
	其他环境保护措施费用
文明施工	“五牌二图”费用
	现场围挡的墙面美化(包括内外墙粉刷、刷白、标语等)、压顶装饰费用
	现场厕所便槽刷白、贴面砖，水泥砂浆地面或地砖铺砌，建筑物内临时便溺设施费用
	其他施工现场临时设施的装饰装修、美化措施费用
	现场生活卫生设施费用
	符合卫生要求的饮水设备、淋浴、消毒等设施费用
	生活用洁净燃料费用
	防煤气中毒、防蚊虫叮咬等措施费用
	施工现场操作场地的硬化费用
	现场绿化费用、治安综合治理费用
	现场配备医药保健器材、物品费用和急救人员培训费用
	现场工人的防暑降温、电风扇、空调等设备及用电费用
	其他文明施工措施费用

续表

项目名称	工作内容及包含范围
安全施工	安全资料、特殊作用专项方案的编制、安全施工标志的购置及安全宣传费用
	"三宝"(安全帽、安全带、安全网)、四口(楼梯口、电梯井口、通道口、预留洞口)、"五临边"(阳台围边、模板围边、屋面围边、槽坑围边、卸料平台两侧),水平防护架、垂直防护架、外架封闭等防护费用
	施工安全用电的费用,包括配电箱三级配电、两级保护装置要求、外电防护措施费用
	起重机、塔式起重机等起重设备(含井架、门架)及外用电梯的安全防护措施(含警示标志)及卸料平台的临边防护、层间安全门、防护棚等设施费用
	建筑工地起重机械的检验检测费用
	施工机具防护棚及其围栏的安全保护设施费用
	施工安全防护通道费用
	工人的安全防护用品、用具购置费用
	消防设施与消防器材的配置费用
	电气保护、安全照明设施费
	其他安全防护措施费用
临时设施	施工现场采用彩色、定型钢板,砖、混凝土砌块等围挡的安砌、维修、拆除费用
	施工现场临时建筑物、构筑物的搭设、维修、拆除,如临时宿舍、办公室、食堂、厨房、厕所、诊疗所、临时文化福利用房、临时仓库、加工场、搅拌台、临时简易水塔、水池等费用
	施工现场临时设施的搭设、维修、拆除,如临时供水管道、临时供电管线、小型临时设施等费用
	施工现场规定范围内临时简易道路铺设,临时排水沟、排水设施安砌、维修、拆除费用
	其他临时设施搭设、维修、拆除费用

② 夜间施工增加费。夜间施工增加费是指因夜间施工所发生的夜班补助费、夜间施工降效、夜间施工照明设备摊销及照明用电等措施费用。内容由以下各项组成：

a. 夜间固定照明灯具和临时可移动照明灯具的设置、拆除费用；

b. 夜间施工时，施工现场交通标志、安全标牌、警示灯的设置、移动、拆除费用；

c. 夜间照明设备摊销及照明用电、施工人员夜班补助、夜间施工劳动效率降低等费用。

③ 非夜间施工照明费。非夜间施工照明费是指为保证工程施工正常进行，在地下室特殊施工部位施工时所采用的照明设备的安拆、维护及照明用电等费用。

④ 二次搬运费。二次搬运费是指因施工管理需要或因场地狭小等原因，导致建筑材料设备等不能一次搬运到位，必须发生的二次或以上搬运所需的费用。

⑤ 冬雨期施工增加费。冬雨期施工增加费是指因冬雨期天气原因导致施工效率降低、加大投入而增加的费用，以及为确保冬雨期施工质量和安全而采取的保温、防雨等措施所需的费用。内容由以下各项组成：

a. 冬雨（风）期施工时增加的临时设施（防寒保温、防雨、防风设施）的搭设、拆除费用；

b. 冬雨（风）期施工时，对砌体、混凝土等采用的特殊加温、保温和养护措施费用；

c. 冬雨（风）期施工时，施工现场的防滑处理、对影响施工的雨雪的清除费用；

d. 冬雨（风）期施工时增加的临时设施、施工人员的劳动保护用品、冬雨（风）期施工劳动效率降低等费用。

⑥ 地上、地下设施和建筑物的临时保护设施费。在工程施工过程中，对已建成的地上、地下设施和建筑物进行的遮盖、封闭、隔离等必要保护措施所发生的费用。

⑦ 已完工程及设备保护费。竣工验收前，对已完工程及设备采取的覆盖、包裹、封闭、隔离等必要保护措施所发生的费用。

⑧ 脚手架费。脚手架费是指施工需要的各种脚手架搭、拆、运输费用以及脚手架购置费的摊销（或租赁）费用。通常包括以下内容：

a. 施工时可能发生的场内、场外材料搬运费用；

b. 搭、拆脚手架、斜道、上料平台费用；

c. 安全网的铺设费用；

d. 拆除脚手架后材料的堆放费用。

⑨混凝土模板及支架（撑）费。混凝土施工过程中需要的各种钢模板、木模板、支架等的支拆、运输费用及模板、支架的摊销（或租赁）费用。内容由以下各项组成：

a. 混凝土施工过程中需要的各种模板制作费用；

b. 模板安装、拆除、整理堆放及场内外运输费用；

c. 清理模板粘结物及模内杂物、刷隔离剂等费用。

⑩ 垂直运输费。垂直运输费是指现场所用材料、机具从地面运至相应高度以及职工人员上下工作面等所发生的运输费用。内容由以下各项组成：

a. 垂直运输机械的固定装置、基础制作、安装费；

b. 行走式垂直运输机械轨道的铺设、拆除、摊销费。

⑪ 超高施工增加费。当单层建筑物檐口高度超过 20m，多层建筑物超过 6 层时，可计算超高施工增加费，内容由以下各项组成：

a. 建筑物超高引起的人工工效降低以及由于人工工效降低引起的机械降效费；

b. 高层施工用水加压水泵的安装、拆除及工作台班费；

c. 通信联络设备的使用及摊销费。

⑫ 大型机械设备进出场及安拆费。机械整体或分体自停放场地运至施工现场或由一个施工地点运至另一个施工地点，所发生的机械进出场运输和转移费用及机械在施工现场进行安装、拆卸所需的人工费、材料费、机具费、试运转费和安装所需的辅助设施的费用。内容由安拆费和进出场费组成。

a. 安拆费包括施工机械、设备在现场进行安装拆卸所需人工、材料、机具和试运转费用以及机械辅助设施的折旧、搭设、拆除等费用；

b. 进出场费包括施工机械、设备整体或分体自停放地点运至施工现场或由一个施工地点运至另一个施工地点所发生的运输、装卸、辅助材料等费用。

⑬ 施工排水、降水费。施工排水、降水费是指将施工期间有碍施工作业和影响工程质量的水排到施工场地以外，以及防止在地下水位较高的地区开挖深基坑出现基坑浸水，地基承载力下降，在动水压力作用下还可能引起流沙、管涌和边坡失稳等现象而必须采取有效的降水和排水措施费用。该项费用由成井和排水、降水两个独立的费用项目组成：

a. 成井。成井的费用主要包括：第一，准备钻孔机械、埋设护筒、钻机就位、泥浆制作、固壁，成孔、出渣、清孔等费用；第二，对接上、下井管（滤管），焊接，安防，下滤料，洗井，连接试抽等费用。

b. 排水、降水。排水、降水的费用主要包括：第一，管道安装、拆除，场内搬运等费用；第二，抽水、值班、降水设备维修等费用。

⑭ 其他。根据项目的专业特点或所在地区不同，可能会出现其他的措施项目。如工程定位复测费和特殊地区施工增加费等。

2）措施项目费的计算

按照有关专业工程量计算规范规定，措施项目分为应予计量的措施项目和不宜计量的措施项目两类。

① 应予计量的措施项目。基本与分部分项工程费的计算方法基本相同，公式为：

$$措施项目费=\sum(措施项目工程量\times综合单价) \tag{2-12}$$

不同的措施项目其工程量的计算单位是不同的，分列如下：

a. 脚手架费通常按建筑面积或垂直投影面积按“m^2”计算；

b. 混凝土模板及支架（撑）费通常按照模板与现浇混凝土构件的接触面积以“m^2”计算；

c. 垂直运输费可根据不同情况用两种方法进行计算：第一种，按照建筑面积以“m^2”为单位计算；第二种，按照施工工期日历天数以“天”为单位计算；

d. 超高施工增加费通常按照建筑物超高部分的建筑面积以“m^2”为单位计算；

e. 大型机械设备进出场及安拆费通常按照机械设备的使用数量以“台次”为单位计算；

f. 施工排水、降水费分两个不同的独立部分计算：第一，成井费用通常按照设计图示尺寸以钻孔深度按“m”计算；第二，排水、降水费用通常按照排、降水日历天数按“昼夜”计算。

② 不宜计量的措施项目。对于不宜计量的措施项目，通常用计算基数乘以费率的方法予以计算。

a. 安全文明施工费。计算公式为：

$$安全文明施工费=计算基数\times安全文明施工费费率(\%) \tag{2-13}$$

计算基数应为定额基价（定额分部分项工程费+定额中可以计量的措施项目费）、定额人工费或定额人工费与施工机具使用费之和，其费率由工程造价管理机构根据各专业工程的特点综合确定。

b. 其余不宜计量的措施项目。包括夜间施工增加费，非夜间施工照明费，二次搬运费，冬雨期施工增加费，地上、地下设施和建筑物的临时保护设施费，已完工程及设备保护费等。计算公式为：

$$措施项目费=计算基数\times措施项目费费率(\%) \tag{2-14}$$

式（2-14）中的计算基数应为定额人工费或定额人工费与定额施工机具使用费之和，其费率由工程造价管理机构根据各专业工程特点和调查资料综合分析后确定。

（3）其他项目费

1）暂列金额

暂列金额是指建设单位在工程量清单中暂定并包括在工程合同价款中的一笔款项。用于施工合同签订时尚未确定或者不可预见的材料、工程设备、服务的采购，施工中可能发生的工程变更、合同约定调整因素出现时的工程价款调整以及发生的索赔、现场签证确认等的费用。

暂列金额由建设单位根据工程特点，按有关计价规定估算，施工过程中由建设单位掌握使用、扣除合同价款调整后如有余额，归建设单位。

2）计日工

计日工是指在施工过程中，施工单位完成建设单位提出的工程合同范围以外的零星项目或工作，按照合同中约定的单价计价形成的费用。

计日工由建设单位和施工单位按施工过程中形成的有效签证计价。

3）总承包服务费

总承包服务费是指总承包人为配合、协调建设单位进行的专业工程发包，对建设单位自行采购的材料、工程设备等进行保管以及施工现场管理、竣工资料汇总整理等服务所需的费用。

总承包服务费由建设单位在招标控制价中根据总包范围和有关计价规定编制，施工单位投标时自主报价，施工过程中按签约合同价执行。

4）规费和税金

规费和税金的构成和计算与按费用构成要素划分建筑安装工程费用项目组成部分是相同的。

2.1.3 设备及工器具购置费的构成

设备及工、器具购置费用是由设备购置费和工具、器具及生产家具购置费组成的，它是固定资产投资中的积极部分。在生产性工程建设中，设备及工、器具购置费用占工程造价比重的增大，意味着生产技术的进步和资本有机构成的提高。

1. 设备购置费的构成和计算

设备购置费是指购置或自制的达到固定资产标准的设备、工器具及生产家具等所需的费用。它由设备原价和设备运杂费构成。

$$设备购置费=设备原价+设备运杂费 \tag{2-15}$$

式（2-15）中，设备原价指国内采购设备的出厂（场）价格，或国外采购设备的抵岸价格，设备原价通常包含备品备件费在内；设备运杂费指除设备原价之外的关于设备采购、运输、途中包装及仓库保管等方面支出费用的总和。

（1）国产设备原价的构成及计算

国产设备原价一般指的是设备制造厂的交货价或订货合同价，即出厂（场）价格。它一般根据生产厂或供应商的询价、报价、合同价确定，或采用一定的方法计算确定。国产设备原价分为国产标准设备原价和国产非标准设备原价。

1）国产标准设备原价

国产标准设备是指按照主管部门颁布的标准图纸和技术要求，由国内设备生产厂批量生产的，符合国家质量检测标准的设备。国产标准设备一般有完善的设备交易市场，因此可通过查询相关交易市场价格或向设备生产厂家询价得到国产标准设备原价。

2）国产非标准设备原价

国产非标准设备是指国家尚无定型标准，各设备生产厂不可能在工艺过程中采用批量生产，只能按订货要求并根据具体的设计图纸制造的设备。非标准设备由于单件生产、无定型标准，所以无法获取市场交易价格，只能按其成本构成或相关技术参数估算其价格。非标准设备原价有多种不同的计算方法，如成本计算估价法、系列设备插入估价法、分部组合估价法、定额估价法等。但无论采用哪种方法都应该使非标准设备计价接近实际出厂价，并且计算方法要简便。成本计算估价法是一种比较常用的估算非标准设备原价的方法。按成本计算估价法，非标准设备的原价由以下各项组成：

① 材料费。其计算公式为：

材料费＝材料净重×(1＋加工损耗系数)×每吨材料综合价　　(2-16)

② 加工费。包括生产工人工资和工资附加费、燃料动力费、设备折旧费、车间经费等。其计算公式为：

加工费＝设备总重量(吨)×设备每吨加工费　　(2-17)

③ 辅助材料费（简称辅材费）。包括焊条、焊丝、氧气、氢气、氮气、油漆、电石等费用。其计算公式为：

辅助材料费＝设备总重量×辅助材料费指标　　(2-18)

④ 专用工具费。按①～③项之和乘以一定百分比计算。

⑤ 废品损失费。按①～④项之和乘以一定百分比计算。

⑥ 外购配套件费。按设备设计图纸所列的外购配套件的名称、型号、规格、数量、重量，根据相应的价格加运杂费计算。

⑦ 包装费。按①～⑥项之和乘以一定百分比计算。

⑧利润。可按①～⑤项加第⑦项之和乘以一定利润率计算。

⑨ 税金。主要指增值税，通常是指设备制造厂销售设备时向购入设备方收取的销项税额。计算公式为：

当期销项税额＝销售额×适用增值税率　　(2-19)

其中，销售额为①～⑧项之和。

⑩ 非标准设备设计费：按国家规定的设计费收费标准计算。

综上所述，单台非标准设备原价可用公式（2-20）表达：

单台非标准设备原价＝{[(材料费＋加工费＋辅助材料费)×(1＋专用工具费率)×(1＋废品损失费率)＋外购配套件费]×(1＋包装费率)－外购配套件费}×(1＋利润率)＋外购配套件费＋项税额＋非标准设备设计费　　(2-20)

【例 2-1】 根据教研办公楼背景，会议室需要采购双系统多媒体智能会议一体机一台，制造厂生产该台设备所用材料费 30 万元，加工费 3 万元，辅助材料费 6000 元。专用工具费率 1.5%，废品损失费率 8%，外购配套件费 5 万元，包装费率 1%，利润率为 6%，增值税率为 16%，非标准设备设计费 2 万元，求该国产非标准设备的原价。

解： 该国产非标准设备的原价＝30＋3＋0.6＋0.504＋2.728＋5＋0.42＋2.235＋7.118＋2＋5
＝58.605（万元）。

其中：专用工具费＝(30＋3＋0.6)×1.5％＝0.504（万元）；

废品损失费＝(30＋3＋0.6＋0.504)×8％＝2.728（万元）；

包装费＝(30＋3＋0.6＋0.504＋2.728＋5)×1％＝0.42（万元）；

利润＝(30＋3＋0.6＋0.504＋2.728＋0.42)×6％＝2.235（万元）；

销项税额＝(30＋3＋0.6＋0.504＋2.728＋5＋0.42＋2.235)×16％＝7.118（万元）。

(2) 进口设备原价的构成及计算

进口设备的原价是指进口设备的抵岸价，即设备抵达买方边境、港口或车站，交纳各种手续费、税费后形成的价格。抵岸价通常是由进口设备到岸价（CIF）和进口从属费构成。进口设备的到岸价，即设备抵达买方边境港口或边境车站所形成的价格。在国际贸易中，交易双方所使用的交货类别不同，则交易价格的构成内容也有所差异。进口设备从属费用是指进口设备在办理进口手续过程中发生的应计入设备原价的银行财务费、外贸手续费、进口关税、消费税、进口环节增值税及进口车辆的车辆购置税等。

1) 进口设备的交易价格

在国际贸易中，较为广泛使用的交易价格术语有 FOB、CFR 和 CIF。

① FOB（free on board），意为装运港船上交货，亦称为离岸价格。FOB 术语是指当货物在装运港被装上指定船时，卖方即完成交货义务。风险转移，以在指定的装运港货物被装上指定船时为分界点。费用划分与风险转移的分界点相一致。

在 FOB 交货方式下，卖方的基本义务有：在合同规定的时间或期限内，在装运港按照习惯方式将货物交到买方指派的船上，并及时通知买方；自负风险和费用，取得出口许可证或其他官方批准证件，在需要办理海关手续时，办理货物出口所需的一切海关手续；负担货物在装运港至装上船为止的一切费用和风险；自付费用，提供证明货物已交至船上的通常单据或具有同等效力的电子单证。买方的基本义务有：自负风险和费用，取得进口许可证或其他官方批准的证件，在需要办理海关手续时，办理货物进口以及经由他国过境的一切海关手续，并支付有关费用及过境费；负责租船或订舱，支付运费，并给予卖方关于船名、装船地点和要求交货时间的充分的通知；负担货物在装运港装上船后的一切费用和风险；接受卖方提供的有关单据，受领货物，并按合同规定支付货款。

② CFR（cost and freight），意为成本加运费，或称为运费在内价。CFR 是指在装运港货物在装运港被装上指定船时卖方即完成交货，卖方必须支付将货物运至指定的目的港所需的运费和费用，但交货后货物灭失或损坏的风险，以及由于各种事件造成的任何额外费用，即由卖方转移到买方。与 FOB 价格相比，CFR 的费用划分与风险转移的分界点是不一致的。

在 CFR 交货方式下，卖方的基本义务有：自负风险和费用，取得出口许可证或其他官方批准的证件，在需要办理海关手续时，办理货物出口所需的一切海关手续；签订从指定装运港承运货物运往指定目的港的运输合同；在买卖合同规定的时间和港口，将货物装上船并支付至目的港的运费，装船后及时通知买方；负担货物在装运港在装上船为止的一切费用和风险；向买方提供通常的运输单据或具有同等效力的电子单证。买方的基本义务有：自负风险和费用，取得进口许可证或其他官方批准的证件，在需要办理海关手续时，办理货物进口以及必要时经由另一国过境的一切海关手续，并支付有关费用及过境费；负担货物在装运港装上船后的一切费用和风险；接受卖方提供的有关单据，受领货物，并按合同规定支付货款；支付除通常运费以外的有关货物在运输途中所产生的各项费用以及包括驳运费和码头费在内的卸货费。

③ CIF（cost insurance and freight），意为成本加保险费、运费，习惯称为到岸价格。在 CIF 术语中，卖方除负有与 CFR 相同的义务外，还应办理货物在运输途中最低险别的海运保险，并应支付保险费。如买方需要更高的保险险别，则需要与卖方明确地达成协议，或者自行做出额外的保险安排。除保险这项义务之外，买方的义务与 CFR 相同。

2）进口设备到岸价的构成及计算

进口设备到岸价(CIF)＝离岸价格(FOB)＋国际运费＋运输保险－运费在内价(CFR)＋运输保险费　(2-21)

① 货价。一般指装运港船上交货价（FOB）。设备货价分为原币货价和人民币货价，原币货价一律折算为美元表示，人民币货价按原币货价乘以外汇市场美元兑换人民币汇率中间价确定。进口设备货价按有关生产厂商询价、报价、订货合同价计算。

② 国际运费。即从装运港（站）到达我国目的港（站）的运费。我国进口设备大部分采用海洋运输，小部分采用铁路运输，个别采用航空运输。进口设备国际运费计算公式有两个：

国际运费(海、陆、空)＝原币货价(FOB)×运费率　(2-22)

国际运费(海、陆、空)＝单位运价×运量　(2-23)

其中，运费率或单位运价参照有关部门或进出口公司的规定执行。

③ 运输保险费。对外贸易货物运输保险是由保险人（保险公司）与被保险人（出口人或进口人）订立保险契约，在被保险人交付议定的保险费后，保险人根据保险契约的规定对货物在运输过程中发生的承保责任范围内的损失给予经济上的补偿。这是一种财产保险。计算公式为：

运输保险费＝[(原币货价(FOB)＋国际运费)/(1－保险费率)]×保险费率　(2-24)

其中，保险费率按保险公司规定的进口货物保险费率计算。

3）进口从属费的构成及计算

进口从属费＝银行财务费＋外贸手续费＋关税＋消费税＋进口环节增值税＋车辆购置税　(2-25)

① 银行财务费。一般是指在国际贸易结算中，中国银行为进出口商提供金融结算服务所收取的费用，可按式（2-26）简化计算：

银行财务费＝离岸价格(FOB)×人民币外汇汇率×银行财务费率　(2-26)

② 外贸手续费。指按对外经济贸易部门规定的外贸手续费率计取的费用，外贸手续费率一般取 1.5%。计算公式为：

外贸手续费＝到岸价格(CIF)×人民币外汇汇率×外贸手续费率　(2-27)

③ 关税。由海关对进出国境或关境的货物和物品征收的一种税。计算公式为：

关税＝到岸价格(CIF)×人民币外汇汇率×进口关税税率　(2-28)

到岸价格作为关税的计征基数时，通常又可称为关税完税价格。进口关税税率分为优惠和普通两种。优惠税率适用于与我国签订关税互惠条款的贸易条约或协定的国家的进口设备；普通税率适用于与我国未签订关税互惠条款的贸易条约或协定的国家的进口设备。进口关税税率按我国海关总署发布的进口关税税率计算。

④ 消费税。仅对部分进口设备（如轿车、摩托车等）征收，一般计算公式为：

应纳消费税税额＝{[到岸价格(CIF)×人民币外汇汇率＋关税]/(1－消费税税率)}×消费税税率 (2-29)

其中，消费税税率根据规定的税率计算。

⑤ 进口环节增值税。是对从事进口贸易的单位和个人，在进口商品报关进口后征收的税种。我国增值税征收条例规定，进口应税产品均按组成计税价格和增值税税率直接计算应纳税额。即：

进口环节增值税额＝组成计税价格×增值税税率 (2-30)

组成计税价格＝关税完税价格＋关税＋消费税 (2-31)

增值税税率根据规定的税率计算。

⑥ 车辆购置税。进口车辆需缴进口车辆购置税。其公式为：

进口车辆购置税＝(关税完税价格＋关税＋消费税)×车辆购置税率 (2-32)

【例 2-2】 根据教研办公楼背景，实验室需采购一套设备，重量10t，装运港船上交货价为20万美元，如果国际运费标准为300美元，海上运输保险费率为3‰，银行财务费率为5‰，外贸手续费率为1.5%，关税税率为22%，增值税的税率为16%，消费税税率10%，银行外汇牌价为1美元＝6.9元人民币，对该设备的原价进行估算。

解： 进口设备FOB＝20×6.9＝138（万元）；

国际运费＝300×100×6.9/10000＝20.7（万元）；

海运保险费＝(138＋20.7)/(1－0.3%)×0.3%＝0.478（万元）；

CIF＝138＋20.7＋0.478＝159.178（万元）；

银行财务费＝138×5‰＝0.69（万元）；

外贸手续费＝159.178×1.5%＝2.388（万元）；

关税＝1404.915×22%＝35.019（万元）；

消费税＝(159.178＋35.019)/(1－10%)×10%＝21.577（万元）；

增值税＝(159.178＋35.019＋21.577)×16%＝34.524（万元）；

进口从属费＝0.69＋2.388＋35.019＋21.577＋34.524＝97.198（万元）；

进口设备原价＝159.178＋97.198＝256.376（万元）。

（3）设备运杂费的构成及计算

1）设备运杂费的构成

设备运杂费是指国内采购设备自来源地、国外采购设备自到岸港运至工地仓库或指定堆放地点发生的采购、运输、运输保险、保管、装卸等费用。通常由下列各项构成：

① 运费和装卸费。国产设备由设备制造厂交货地点起至工地仓库（或施工组织设计指定的需要安装设备的堆放地点）止所发生的运费和装卸费；进口设备由我国到岸港口或边境车站起至工地仓库（或施工组织设计指定的需安装设备的堆放地点）止所发生的运费和装卸费。

② 包装费。在设备原价中没有包含的，为运输而进行的包装支出的各种费用。

③ 设备供销部门的手续费。按有关部门规定的统一费率计算。

④ 采购与仓库保管费。采购与仓库保管费指采购、验收、保管和收发设备所发生的各种费用，包括设备采购人员、保管人员和管理人员的工资、工资附加费、办公费、差旅交通费，设备供应部门办公和仓库所占固定资产使用费、工具用具使用费、劳动保护费、检验试验费等。这些费用可按主管部门规定的采购与保管费费率计算。

2）设备运杂费的计算

设备运杂费按设备原价乘以设备运杂费率计算，其公式为：

设备运杂费＝设备原价×设备运杂费率　　(2-33)

其中，设备运杂费率按各部门及省、市有关规定计取。

2. 工具、器具及生产家具购置费的构成和计算

工具、器具及生产家具购置费，是指新建或扩建项目初步设计规定的，保证初期正常生产必须购置的没有达到固定资产标准的设备、仪器、工卡模具、器具、生产家具和备品备件的购置费用。一般以设备购置费为计算基数，按照部门或行业规定的工具、器具及生产家具费率计算。计算公式为：

工具、器具及生产家具购置费＝设备购置费×定额费率　　(2-34)

2.1.4 工程建设其他费的构成

工程建设其他费用是指建设期发生的与土地使用权取得、全部工程项目建设以及与未来生产经营有关的，除工程费用、预备费、增值税、建设期融资费用、流动资金以外的费用。

政府有关部门对建设项目管理监督所发生的，并由其部门财政支出的费用，不得列入相应建设项目的工程造价。

1. 建设单位管理费

(1) 建设单位管理费的内容

建设单位管理费是指项目建设单位从项目筹建之日起至办理竣工财务决算之日止发生的管理性质的支出。包括工作人员薪酬及相关费用、办公费、办公场地租用费、差旅交通费、劳动保护费、工具用具使用费、固定资产使用费、招募生产工人费、技术图书资料费（含软件）、业务招待费、竣工验收费和其他管理性质开支。

(2) 建设单位管理费的计算

建设单位管理费按照工程费用之和（包括设备工器具购置费和建筑安装工程费用）乘以建设单位管理费费率计算。

建设单位管理费＝工程费用×建设单位管理费费率　　(2-35)

实行代建制管理的项目，计列代建管理费等同建设单位管理费，不得同时计列建设单位管理费。委托第三方行使部分管理职能的，其技术服务费列入技术服务费项目。

2. 用地与工程准备费

用地与工程准备费是指取得土地与工程建设施工准备所发生的费用。包括土地使用费和补偿费、场地准备费、临时设施费等。

(1) 土地使用费和补偿费

土地使用费和补偿费

建设用地的取得，实质是依法获取国有土地的使用权。根据《中华人民共和国土地管理法》《中华人民共和国土地管理法实施条例》《中华人民共和国城市房地产管理法》规定，获取国有土地使用权的基本方法有两种：一是出让方式，二是划拨方式。建设土地取得的基本方式还包括租赁和转让方式。

建设用地如通过行政划拨方式取得，则须承担征地补偿费用或对原用地单位或个人的拆迁补偿费用；若通过市场机制取得，则不但承担以上费用，还须向土地所有者支付有偿使用费，即土地出让金。

1）征地补偿费

① 土地补偿费。土地补偿费是对农村集体经济组织因土地被征用而造成的经济损失的一种补偿。征用耕地的补偿费，为该耕地被征用前三年平均年产值的 6～10 倍。征用其他土地的补偿费标准，由省、自治区、直辖市参照征用耕地的土地补偿费标准制定。土地补偿费归农村集体经济组织所有。

② 青苗补偿费和地上附着物补偿费。青苗补偿费是因征地时对其正在生长的农作物受到损害而做出的一种赔偿。在农村实行承包责任制后，农民自行承包土地的青苗补偿费应付给本人，属于集体种植的青苗补偿费可纳入当年集体收益。凡在协商征地方案后抢种的农作物、树木等，一律不予补偿。地上附着物是指房屋、水井、树木、涵洞、桥梁、公路、水利设施、林木等地面建筑物、构筑物、附着物等。视协商征地方案前地上附着物价值与折旧情况确定，应根据“拆什么、补什么；拆多少，补多少，不低于原来水平”的原则确定。如附着物产权属个人，则该项补助费付给个人。地上附着物的补偿标准，由省、自治区、直辖市规定。

③ 安置补助费。安置补助费应支付给被征地单位和安置劳动力的单位，作为劳动力安置与培训的支出，以及作为不能就业人员的生活补助。征收耕地的安置补助费，按照需要安置的农业人口数计算。需要安置的农业人口数，按照被征收的耕地数量除以征地前被征收单位平均每人占有耕地的数量计算。每一个需要安置的农业人口的安置补助费标准，为该耕地被征收前三年平均年产值的 4～6 倍。但是，每公顷被征收耕地的安置补助费，最高不得超过被征收前三年平均年产值的 15 倍。土地补偿费和安置补助费，尚不能使需要安置的农民保持原有生活水平的，经省、自治区、直辖市人民政府批准，可以增加安置补助费。但是，土地补偿费和安置补助费的总和不得超过土地被征收前三年平均年产值的 30 倍。另外，对于失去土地的农民，还需要支付养老保险补偿。

④ 新菜地开发建设基金。新菜地开发建设基金指征用城市郊区商品菜地时支付的费用。这项费用交给地方财政，作为开发建设新菜地的投资。菜地是指城市郊区为供应城市居民蔬菜，连续三年以上常年种菜地或者养殖鱼、虾等的商品菜地和精养鱼塘。一年只种一茬或因调整茬口安排种植蔬菜的，均不作为需要收取开发基金的菜地。征用尚未开发的规划菜地，不缴纳新菜地开发建设基金。在蔬菜产销放开口，能够满足供应，不再需要开发新菜地的城市，不收取新菜地开发基金。

⑤ 耕地开垦费和森林植被恢复费。征用耕地的包括耕地开垦费用、涉及森林草原的包括森林植被恢复费用等。

⑥ 生态补偿与压覆矿产资源补偿费。水土保持等生态补偿费是指建设项目对水土保持等生态造成影响所发生的除工程费之外补救或者补偿费用；压覆矿产资源补偿费是指项目工程对被其压覆的矿产资源利用造成影响所发生的补偿费用。

⑦ 其他补偿费。其他补偿费是指建设项目涉及的对房屋、市政、铁路、公路、管道、

通信、电力、河道、水利、厂区、林区、保护区、矿区等不附属于建设用地但与建设项目相关的建筑物、构筑物或设施的拆除、迁建补偿、搬迁运输补偿等费用。

⑧ 土地管理费。土地管理费主要作为征地工作中所发生的办公、会议、培训、宣传、差旅、借用人员工资等必要的费用。土地管理费的收取标准，一般是在土地补偿费、青苗补偿费和地上附着物补偿费、安置补助费四项费用之和的基础上提取 2%～4%。如果是征地，还应在四项费用之和后再加上粮食价差、副食补贴、不可预见费等费用，在此基础上提取 2%～4%作为土地管理费。

2）拆迁补偿费用

在城市规划区内国有土地上实施房屋拆迁，拆迁人应当对被拆迁人给予补偿、安置。

拆迁补偿金，补偿方式可以实行货币补偿，也可以实行房屋产权调换。

货币补偿的金额，根据被拆迁房屋的区位、用途、建筑面积等因素，以房地产市场评估价格确定。具体办法由省、自治区、直辖市人民政府制定。

实行房屋产权调换的，拆迁人与被拆迁人按照计算得到的被拆迁房屋的补偿金额和所调换房屋的价格，结清产权调换的差价。

迁移补偿费。包括征用土地上的房屋及附属构筑物、城市公共设施等拆除、迁建补偿费、搬迁运输费，企业单位因搬迁造成的减产、停工损失补贴费，拆迁管理费等。

拆迁人应当对被拆迁人或者房屋承租人支付搬迁补助费，对于在规定的搬迁期限届满前搬迁的，拆迁人可以付给提前搬家奖励费；在过渡期限内，被拆迁人或者房屋承租人自行安排住处的，拆迁人应当支付临时安置补助费；被拆迁人或者房屋承租人使用拆迁人提供的周转房的，拆迁人不支付临时安置补助费。

迁移补偿费的标准，由省、自治区、直辖市人民政府规定。

3）出让金、土地转让金

土地使用权出让金为用地单位向国家支付的土地所有权收益，出让金标准一般参考城市基准地价并结合其他因素制定。基准地价由市土地管理局会同市物价局、市国有资产管理局、市房地产管理局等部门综合平衡后报市级人民政府审定通过，它以城市土地综合定级为基础，用某一地价或地价幅度表示某一类别用地在某一土地级别范围的地价，以此作为土地使用权出让价格的基础。

在有偿出让和转让土地时，政府对地价不作统一规定，但应坚持以下原则：即地价对目前的投资环境不产生大的影响；地价与当地的社会经济承受能力相适应；地价要考虑已投入的土地开发费用、土地市场供求关系、土地用途、所在区类、容积率和使用年限等。

有偿出让和转让使用权，要向土地受让者征收契税；转让土地如有增值，要向转让者征收土地增值税；土地使用者每年应按规定的标准缴纳土地使用费。土地使用权出让或转让，由地价评估机构进行价格评估后，再签订土地使用权出让和转让合同。

土地使用权出让合同约定的使用年限届满，土地使用者需要继续使用土地的，应当至迟于届满前一年申请续期，除根据社会公共利益需要收回该幅土地的，应当予以批准。经批准准予续期的，应当重新签订土地使用权出让合同，依照规定支付土地使用权出让金。

场地准备及临时设施费

（2）场地准备及临时设施费

1）场地准备及临时设施费的内容

① 建设项目场地准备费是指为使工程项目的建设场地达到开工条件，由建设单位组织进行的场地平整等准备工作而发生的费用。

② 建设单位临时设施费是指建设单位为满足施工建设需要而提供的未列入工程费用的临时水、电、路、信、气、热等工程和临时仓库等建（构）筑物的建设、维修、拆除、摊销费用或租赁费用，以及货场、码头租赁等费用。

2）场地准备及临时设施费的计算

① 场地准备及临时设施应尽量与永久性工程统一考虑。建设场地的大型土石方工程应进入工程费用中的总图运输费用中。

② 新建项目的场地准备和临时设施费应根据实际工程量估算，或按工程费用的比例计算。改扩建项目一般只计列拆除清理费。

$$场地准备和临时设施费=工程费用\times费率+拆除清理费 \tag{2-36}$$

③ 发生拆除清理费时可按新建同类工程造价或主材费、设备费的比例计算。凡可回收材料的拆除工程采用以料抵工方式冲抵拆除清理费。

④ 此项费用不包括已列入建筑安装工程费用中的施工单位临时设施费用。

3. 市政公用配套设施费

市政公用配套设施费是指使用市政公用设施的工程项目，按照项目所在地政府有关规定建设或缴纳的市政公用设施建设配套费用。

市政公用配套设施可以是界区外配套的水、电、路、信等，包括绿化、人防等配套设施。

4. 技术服务费

技术服务费是指在项目建设全过程中委托第三方提供项目策划、技术咨询、勘察设计、项目管理和跟踪验收评估等技术服务发生的费用。技术服务费包括可行性研究费、专项评价费、勘察设计费、监理费、项目管理费、研究试验费、特殊设备安全监督检验费、监造费、招标费、设计评审费、技术经济标准使用费、工程造价咨询费及其他咨询费。按照国家发展改革委关于《进一步放开建设项目专业服务价格的通知》（发改价格〔2015〕299号）的规定，技术服务费应实行市场调节价。

（1）可行性研究费

可行性研究费是指在工程项目投资决策阶段，对有关建设方案、技术方案或生产经营方案进行的技术经济论证，以及编制、评审可行性研究报告等所需的费用。包括项目建议书、预可行性研究、可行性研究费等。

（2）专项评价费

专项评价费是指建设单位按照国家规定委托相关单位开展专项评价及有关验收工作发生的费用。

专项评价费包括环境影响评价费、安全预评价费、职业病危害预评价费、地震安全性评价费、地质灾害危险性评价费、水土保持评价费、压覆矿产资源评价费、节能评估费、危险与可操作性分析及安全完整性评价费以及其他专项评价费。

1）环境影响评价费

环境影响评价费是指在工程项目投资决策过程中，对其进行环境污染或影响评价所需的费用。包括编制环境影响报告书（含大纲）、环境影响报告表和评估等所需的费用，以及建设项目竣工验收阶段环境保护验收调查和环境监测、编制环境保护验收报告的费用。

2）安全预评价费

安全预评价费是指为预测和分析建设项目存在的危害因素种类和危险危害程度，提出先进、科学、合理可行的安全技术和管理对策，而编制评价大纲、编写安全评价报告书和评估等所需的费用。

3）职业病危害预评价费

职业病危害预评价费是指建设项目因可能产生职业病危害，而编制职业病危害预评价书、职业病危害控制效果评价书和评估所需的费用。

4）地震安全性评价费

地震安全性评价费是指通过对建设场地和场地周围的地震活动与地震、地质环境的分析，而进行的地震活动环境评价、地震地质构造评价、地震地质灾害评价，编制地震安全评价报告书和评估所需的费用。

5）地质灾害危险性评价费

地质灾害危险性评价费是指在灾害易发区对建设项目可能诱发的地质灾害和建设项目本身可能遭受的地质灾害危险程度的预测评价，编制评价报告书和评估所需的费用。

6）水土保持评价费

水土保持评价费是指对建设项目在生产建设过程中可能造成水土流失进行预测，编制水土保持方案和评估所需的费用。

7）压覆矿产资源评价费

压覆矿产资源评价费是指对需要压覆重要矿产资源的建设项目，编制压覆重要矿床评价和评估所需的费用。

8）节能评估费

节能评估费是指对建设项目的能源利用是否科学合理进行分析评估，并编制节能评估报告以及评估所发生的费用。

9）危险与可操作性分析及安全完整性评价费

危险与可操作性分析及安全完整性评价费是指对应用于生产具有流程性工艺特征的新建、改建、扩建项目进行工艺危害分析和对安全仪表系统的设置水平及可常性进行定量评估所发生的费用。

10）其他专项评价及验收费

根据国家法律法规、建设项目所在省、直辖市、自治区人民政府有关规定，以及行业规定需进行的其他专项评价、评估、咨询所需的费用。如重大投资项目社会稳定风险评估、防洪评价、交通影响评价费等。

（3）勘察设计费

1）勘察费

勘察费是指勘察人根据发包人的委托，收集已有资料、现场踏勘、制定勘察纲要，进行勘察作业，以及编制工程勘察文件和岩土工程设计文件等收取的费用。

2）设计费

设计费是指设计人根据发包人的委托，提供编制建设项目初步设计文件、施工图设计文件、非标准设备设计文件、竣工图文件等服务所收取的费用。

(4) 监理费和项目管理费

监理费是指受建设单位委托，工程监理单位为工程建设提供监理服务所发生的费用。

项目管理费是指建设单位委托项目管理单位实施项目管理的费用。

(5) 研究试验费

研究试验费是指为建设项目提供或验证设计参数、数据、资料等进行必要的研究试验，以及设计规定在建设过程中必须进行试验、验证所需的费用。包括自行或委托其他部门的专题研究、试验所需人工费、材料费、试验设备及仪器使用费等。这项费用按照设计单位根据本工程项目的需要提出的研究试验内容和要求计算。计算时要注意不应包括以下项目：

1) 应由科技三项费用（即新产品试制费、中间试验费和重要科学研究补助费）开支的项目。

2) 应在建筑安装费用中列支的施工企业对建筑材料、构件和建筑物进行一般鉴定、检查所发生的费用及技术革新的研究试验费。

3) 应由勘察设计费或工程费用中开支的项目。

(6) 特殊设备安全监督检验费

特殊设备安全监督检验费是指对在施工现场安装的列入国家特种设备范围内的设备（设施）检验检测和监督检查所发生的应列入项目开支的费用。

(7) 监造费

监造费是指对项目所需设备材料制造过程、质量进行驻厂监督所发生的费用。设备材料监造是指承担设备监造工作的单位受项目法人或建设单位的委托，按照设备、材料供货合同的要求，坚持客观公正、诚信科学的原则，对工程项目所需设备、材料在制造和生产过程中的工艺流程、制造质量等进行监督，并对委托人（项日法人或建设单位）负责的服务。

(8) 招标费

招标费是指建设单位委托招标代理机构进行招标服务所发生的费用。

(9) 设计评审费

设计评审费是指建设单位委托有资质的机构对设计文件进行评审的费用。设计文件包括初步设计文件和施工图设计文件等。

(10) 技术经济标准使用费

技术经济标准使用费是指建设项目投资确定与计价、费用控制过程中使用相关技术经济标准使所发生的费用。

(11) 工程造价咨询费

工程造价咨询费是指建设单位委托造价咨询机构进行各阶段相关造价业务工作所发生的费用。

5. 建设期计列的生产经营费

建设期计列的生产经营费是指为达到生产经营条件在建设期发生或将要发生的费用。包括专利及专有技术使用费、联合试运转费、生产准备费等。

(1) 专利及专有技术使用费

专利及专有技术使用费是指在建设期内为取得专利、专有技术、商标权、商誉、特许经营权等发生的费用。

1）专利及专有技术使用费的主要内容

① 工艺包费、设计及技术资料费、有效专利、专有技术使用费、技术保密费和技术服务费等。

② 商标权、商誉和特许经营权费。

③ 软件费等。

2）专利及专有技术使用费的计算

在专利及专有技术使用费的计算时应注意以下问题：

① 按专利使用许可协议和专有技术使用合同的规定计列。

② 专有技术的界定应以省、部级鉴定批准为依据。

③ 项目投资中只计列需在建设期支付的专利及专有技术使用费。协议或合同规定在生产期支付的使用费应在生产成本中核算。

④ 一次性支付的商标权、商誉及特许经营权费按协议或合同规定计列。协议或合同规定在生产期支付的商标权或特许经营权费应在生产成本中核算。

⑤ 为项目配套的专用设施投资，包括专用铁路线、专用公路、专用通信设施、送变电站、地下管道、专用码头等，如由项目建设单位负责投资但产权不归属本单位的，应作无形资产处理。

（2）联合试运转费

联合试运转费是指新建或新增加生产能力的工程项目，在交付生产前按照设计文件规定的工程质量标准和技术要求，对整个生产线或装置进行负荷联合试运转所发生的费用净支出（试运转支出大于收入的差额部分费用）。试运转支出包括试运转所需原材料、燃料及动力消耗、低值易耗品、其他物料消耗、工具用具使用费、机械使用费、联合试运转人员工资、施工单位参加试运转人员工资、专家指导费，以及必要的工业炉烘炉费等；试运转收入包括试运转期间的产品销售收入和其他收入。联合试运转费不包括应由设备安装工程费用开支的调试及试车费用，以及在试运转中暴露出来的因施工原因或设备缺陷等发生的处理费用。

（3）生产准备费

1）生产准备费的内容

在建设期内，建设单位为保证项目正常生产所做的提前准备工作发生的费用，包括人员培训、提前进厂费，以及投产使用必备的办公、生活家具用具及工器具等的购置费用。包括：

① 人员培训及提前进厂费。包括自行组织培训或委托其他单位培训的人员工资、工资性补贴、职工福利费、差旅交通费、劳动保护费、学习资料费等。

② 为保证初期正常生产（或营业、使用）所必需的生产办公、生活家具用具购置费。

2）生产准备费的计算

新建项目按设计定员为基数计算，改扩建项目按新增设计定员为基数计算：

$$生产准备费=设计定员\times生产准备费指标(元/人) \tag{2-37}$$

可采用综合的生产准备费指标进行计算，也可以按费用内容的分类指标计算。

6. 工程保险费

工程保险费是指为转移工程项目建设的意外风险，在建设期内对建筑工程、安装工程、机械设备和人身安全进行投保而发生的费用。包括建筑安装工程一切险、引进设备财产保险和人身意外伤害险等。不同的建设项目可根据工程特点选择投保险种。

根据不同的工程类别，分别以其建筑、安装工程费乘以建筑、安装工程保险费率计算。民用建筑（住宅楼、综合性大楼、商场、旅馆、医院、学校）占建筑工程费的2%～4%；其他建筑（工业厂房、仓库、道路、码头、水坝、隧道、桥梁、管道等）占建筑工程费的3%～6%；安装工程（农业、工业、机械、电子、电器、纺织、矿山、石油、化学及钢铁工业、钢结构桥梁）占建筑工程费的3%～6%。

7. 税费

财政部《基本建设项目建设成本管理规定》（财建〔2016〕504号）工程其他费中的有关规定，税费统一归纳计列，是指耕地占用税、城镇土地使用税、印花税、车船使用税等和行政性收费，不包括增值税。

2.1.5 预备费、建设期利息和流动资金

1. 预备费

预备费是指在建设期内因各种不可预见因素的变化而预留的可能增加的费用，包括基本预备费和价差预备费。

（1）基本预备费

1）基本预备费的内容

基本预备费是指投资估算或工程概算阶段预留的，由于工程实施中不可预见的工程变更及洽商、一般自然灾害处理、地下障碍物处理、超规超限设备运输等而可能增加的费用，亦可称为工程建设不可预见费。基本预备费一般由以下四部分构成：

① 工程变更及洽商。在批准的初步设计范围内，技术设计、施工图设计及施工过程中所增加的工程费用；设计变更、工程变更、材料代用、局部地基处理等增加的费用。

② 一般自然灾害处理。一般自然灾害造成的损失和预防自然灾害所采取的措施费用。实行工程保险的工程项目，该费用应适当降低。

③ 不可预见的地下障碍物处理的费用。

④ 超规超限设备运输增加的费用。

2）基本预备费的计算

基本预备费是按工程费用和工程建设其他费用二者之和为计取基础，乘以基本预备费费率进行计算。

基本预备费=（工程费用+工程建设其他费用）×基本预备费费率　　(2-38)

基本预备费费率的取值应执行国家及部门的有关规定。

（2）价差预备费

1）价差预备费的内容

价差预备费是指为在建设期内利率、汇率或价格等因素的变化而预留的可能增加的费用，亦称为价格变动不可预见费。价差预备费的内容包括：人工、设备、材料、施工机具的价差费，建筑安装工程费及工程建设其他费用调整，利率、汇率调整等增加的费用。

2）价差预备费的测算方法

价差预备费一般根据国家规定的投资综合价格指数，按估算年份价格水平的投资额为

基数，采用复利方法计算。计算公式为：

$$PE=\sum_{t=1}^{n} I_t[(1+f)^m(1+f)^{0.5}(1+f)^{t-1}-1] \tag{2-39}$$

式中　PE——价差预备费；

n——建设期年份数；

I_t——建设期中第 t 年的静态投资计划额，包括工程费用、工程建设其他费用及基本预备费；

f——年涨价率；

m——建设前期年限（从编制估算到开工建设）。

年涨价率，政府部门有规定的按规定执行，没有规定的由可行性研究人员预测。

【例 2-3】 根据教研办公楼背景，该项目的建安工程费为 3000 万元，设备购置费 300 万元，工程建设其他费用 500 万元，已知基本预备费率 5%，项目建设前期年限为 1 年，建设期为 3 年，各年投资计划额为：第一年完成投资 30%，第二年 60%，第三年 10%。年均投资价格上涨率为 6%，求建设项目建设期间价差预备费。

解：

基本预备费＝(3000＋300＋500)×5%＝190（万元）；

静态投资＝3000＋300＋500＋190＝3990（万元）；

建设期第一年完成投资＝3990×30%＝1197（万元）。

第一年涨价预备费：

$PF_1=I_1[(1+f)(1+f)\times^{0.5}-1]=1197\times[(1+6\%)(1+6\%)\times^{0.5}-1]=109.88$（万元）。

第二年完成投资＝3990×60%＝2394（万元）。

第二年涨价预备费：

$PF_2=I_2[(1+f)(1+f)\times^{0.5}\times(1+f)-1]=2394\times[(1+6\%)(1+6\%)\times^{0.5}\times(1+6\%)-1]=376.6$（万元）。

第三年完成投资＝3990×10%＝399（万元）。

第三年涨价预备费为：

$PF_3=I_3[(1+f)(1+f)\times^{0.5}\times(1+f)\times 2-1]=399\times[(1+6\%)(1+6\%)\times^{0.5}\times(1+6\%)\times 2-1]=90.47$（万元）。

所以，建设期的涨价预备费为：$PF=109.88+376.6+90.47=576.95$（万元）。

2. 建设期利息

建设期利息主要是指在建设期内发生的为工程项目筹措资金的融资费用及债务资金利息。

建设期利息的计算，根据建设期资金用款计划，在总贷款分年均衡发放前提下，可按当年借款在年中支用考虑，即当年借款按半年计息，上年借款按全年计息。计算公式为：

$$q_j=\left(P_{j-1}+\frac{1}{2}A_j\right)\cdot i \tag{2-40}$$

式中　q_j——建设期第 j 年应计利息；

P_{j-1}——建设期第（$j-1$）年末累计贷款本金与利息之和；

A_j——建设期第 j 年贷款金额；

i——年利率。

利用国外贷款的利息计算中，年利率应综合考虑贷款协议中向贷款方加收的手续费、管理费、承诺费，以及国内代理机构向贷款方收取的转贷费、担保费和管理费等。

【例 2-4】 根据教研办公楼背景，该项目建设期为 3 年，分年均衡进行贷款，第一年贷款 600 万元，第二年贷款 400 万元，第三年贷款 200 万元，年利率为 12%，建设期内利息只计息不支付，计算建设期利息。

解：在建设期，各年利息计算如下：

$q_1=\frac{1}{2}A_1\times i=\frac{1}{2}\times 600\times 12\%=72$（万元）；

$q_2=\left(P_1+\frac{1}{2}A_2\right)\times i=\left(600+72+\frac{1}{2}\times 400\right)\times 12\%=104.64$（万元）；

$q_3=\left(P_2+\frac{1}{2}A_3\right)\times i=\left(672+400+104.64+\frac{1}{2}\times 200\right)\times 12\%=153.2$（万元）。

所以，建设期利息$=q_1+q_2+q_3=72+104.64+153.2=329.84$（万元）。

3. 流动资金

流动资金是指生产经营性项目投产后，用于购买原材料、燃料，支付工资及其他经营费用等所需的周转资金。它是伴随着固定资产投资而发生的长期占用的流动资产投资，不包括运营中需要的临时性营运资金。流动资金的估算方法有两种。

（1）扩大指标估算法

扩大指标估算法是参照同类企业的流动资金占营业收入、经营成本的比例或单位产量占用营运资金的数额估算流动资金，并按以下公式计算：

流动资金额＝各种费用基数×相应的流动资金所占比例(或占营运资金的数额) (2-41)

式（2-41）中，各种费用基数是指年营业收入，年经营成本或年产量等。

（2）分项详细估算法

分项详细估算法可简化计算，其公式为：

流动资金＝流动资产－流动负债 (2-42)

流动资产＝应收账款＋预付账款＋存货＋库存现金 (2-43)

流动负债＝应付账款＋预收账款 (2-44)

2.2 工程计价的原理及流程

在确定工程造价构成的基础上，需要对工程计价的原理和流程进行学习。工程计价原理能够加深对建设工程项目计价理论的认识，对工程计价流程的掌握是进行工程计价的前提工作。本节对工程计价的原理和工程计价的流程进行介绍和分析，为后续工程计价活动的操作奠定基础。

2.2.1　工程计价的原理

工程计价原理是准确确定工程造价的前提，学习工程计价原理能够加深对建设工程项目计价理论的认识，为后续的工程计价实际操作奠定基础。依据建设项目的设计深度差别，工程计价的原理大体上分为两类。

1. 建设项目类比估算计价原理

在建设项目的前期设计深度不足或项目资料不齐全，无法采用分部组合计价时，可用类比估算计价。

（1）利用函数关系对拟建项目的成本进行类比估算

当一个建设项目还没有具体的图样和工程量清单时，需要利用产出函数对建设项目投资进行匡算。在微观经济学中把过程的产出和资源的消耗这两者之间的关系称为产出函数。在建筑工程中，产出函数建立了产出的总量或规模与各种投入（比如人力、材料、机械等）之间的关系。因此，对某一特定的产出，可以通过对各投入参数赋予不同的值，从而找到一个最低的生产成本。房屋建筑面积的大小和消耗的人工之间的关系就是产出函数的一个例子。

投资的匡算常常基于某个表明设计能力或者形体尺寸的变量，比如建筑面积、高速公路的长度、工厂的生产能力等。在这种类比估算方法下尤其要注意规模对造价的影响。项目的成本并不总是和规模大小呈线性关系的，典型的规模经济或规模不经济都会出现。因此要慎重选择合适的产出函数，寻找规模和经济有关的经验数，以便尽可能利用最低的单位成本，例如生产能力指数法与单位生产能力估算法就是采用不同的生产函数。

当利用基于经验的成本函数估算成本时，需要一些统计技术，这些技术将建造或运营某设施与系统的一些重要特征或属性联系起来。数理统计推理的目的是找到最合适的参数值或者常数，用于在假定的成本函数中进行成本估算。

（2）利用单位成本估算法进行类比估算

如果一个建设项目的设计方案已经确定，常用的是一种单位成本估算法。首先是将项目分解成多个层次，将某工作分解成许多项任务，当然每项任务都是为建设服务的。一旦这些任务确定，并有了工作量的估算，用单价与每项任务的量相乘就可以得出每项任务的成本，从而得出每项工作的成本。当然，必须对在工程量清单表格中项目每个组成部分进行估算，才能计算出总的造价。

单位成本估算法的简单原理如下：

为进行成本估算，假设一个建设项目分解成 n 个组成元素，Q_i 为第 i 个元素的工程量，u_i 为其相应的单价，那么项目的总成本计算为：

$$Y=\sum_{i=1}^{n}u_iQ_i \tag{2-45}$$

根据施工现场的特点，所采用的施工技术或者管理方法，每个组成元素的成本单价 u_i 可能要进行调整。

利用单位成本估算法还可以有一种特殊的应用，就是“因子估算法”。工业项目通常会包括几个主要的设备系统，如化工厂的锅炉、塔、泵、辅助设施（如管道、阀门、电气设备等）。项目的总造价主要就是由这些主要设备及其配件的采购和安装成本组成。这种情况下可以以主要设备的成本为基础，再增加一部分或乘以一个因子来计算辅助设备和配件。

（3）利用混合成本分配估算法进行类比估算

在建设项目中，将混合成本分配到各种要素的原则经常应用于成本估算。由于难以在每一个要素和其相关的成本之间建立一种因果联系，因此混合成本通常按比例分配到各种要素的基本费用中。例如，通常是将建设单位管理费、土地征用费、勘察设计费等按比例进行分配。

2. 分部组合计价原理

如果一个建设项目的设计方案已经确定，常用的是分部组合计价法。其基本原理可以通过公式表述如下：

建筑安装工程造价＝∑[单位工程基本构造单元工程量(分项工程)×相应单价]

(2-46)

式（2-46）中包含工程造价分部组合计价的三大组成要素：单位工程基本构造单元的划分、工程计量以及工程计价。

（1）单位工程基本构造单元的划分

建设项目是兼具单件性与多样性的集合体。每一个建设项目的建设都需要按业主的特定需要进行单独设计、单独施工，不能批量生产和按整个项目确定价格，只能采用特殊的计价程序和计价方法，即将整个项目进行分解，划分为可以按有关技术经济参数测算价格的基本构造单元（或称分部、分项工程），这样就能更容易和准确地计算出基本构造单元的费用。一般来说，分解结构层次越多，基本子项也越细，计算也更精确。

任何一个建设项目都可以分解为一个或几个单项工程；任何一个单项工程都是由一个或几个单位工程组成。作为单位工程的各类建筑工程和安装工程仍然是一个比较复杂的综合实体，还需要进一步分解；就建筑工程来说，又可以按照施工顺序细分为土（石）方工程、砖石砌筑工程、混凝土及钢筋混凝土工程、木结构工程、楼地面工程等分部工程；分解成分部工程后，虽然每一部分都包括不同的结构和装修内容，但是从工程计价的角度来看，还需要把分部工程按照不同的施工方法、不同的构造及不同的规格，加以更为细致地分解，划分为更为简单细小的部分。这样逐步分解到分项工程后，就可以得到基本构造单元。

分部组合进行工程造价计价的基本思路就是将建设项目细分至最基本的构造单元，找到适当的计量单位及当时当地的单价，就可以采用一定的计价方法进行构造单元的计价，再进行分项分部组合汇总，计算出某工程总造价。工程造价计价的基本原理就是将工程项目按照一定的规则分解到适合计价的构造单元然后进行组合，是一种从下而上的工程造价计价方法。

（2）工程计量

工程计量工作包括建设项目的划分和工程量的计算。

① 单位工程基本构造单元的确定，即划分建设项目。按照编制依据和方法的不同，采用不同的项目划分形式。

② 工程量的计算就是按照建设项目的划分和工程量计算规则，就施工图设计文件和施工组织设计对分项工程实物量进行计算。工程实物量是计价的基础，不同的计价依据有不同的计算规则。

（3）工程计价

1）工程单价是指完成单位工程基本构造单元的工程量所需要的基本费用。按照费用综合程度的不同，工程单价可划分为工料单价、综合单价和全费用单价。

① 工料单价也称直接工程费单价，包括人工、材料、施工机具使用费，是各种人工消耗量、各种材料消耗量、各类机械台班消耗量与其相应单价的乘积。

② 综合单价（现行工程量清单中采用的价格）包括人工费、材料费、施工机具使用费，还包括企业管理费、利润和风险因素。

③ 全费用单价，即单价中综合了分项工程人工费、材料费、施工机具使用费、企业管理费、利润、规费以及有关文件规定的调价、税金、一定范围内的风险等全部费用。

2）工程总价是指经过规定的程序或办法逐级汇总的相应工程造价。根据采用单价的不同，总价的计算程序有所不同。

① 采用工料单价时，在工料单价确定后，乘以相应定额项目工程量并汇总，得出相应工程的人工费、材料费、施工机具使用费，再按照相应的取费程序计算管理费、利润、规费等费用，汇总后形成相应的税前工程造价，然后再计取增值税销项税额，得到工程造价。

② 采用综合单价时，在综合单价确定后，乘以相应项目工程量，经汇总即可得出分部分项工程费，再按相应的办法计取措施项目费、其他项目费、规费，汇总后得出相应的不含税工程造价，再计取增值税销项税额，得到工程造价。

③ 采用全费用单价时，即直接用全费用单价乘以相应项目工程量，汇总得出工程造价。

2.2.2　工程计价的流程

如前所述，工程计价的主要思路在于将项目进行细分至最基本的构造单元，找到适当的计量单位及当时当地的单价，然后根据造价组成的要素，采用一定的计价方法，进行分部组合汇总，计算出相应造价。根据目前造价构成的划分，现行的计价流程主要区别在于不同的工程单价造成的差异。

1. 工料单价下的工程计价流程

工料单价法，也称为定额单价法，是用事先编制好的分项工程的定额单价表编制工程造价的方法。具体步骤如下（图 2-3）：

（1）根据施工图设计文件和预算定额，按分部分项工程顺序先计算出分项工程量，然后乘以对应的定额单价，求出分项工程人、材、机费用；

（2）将分项工程人、材、机费用汇总为单位工程人、材、机费用；

（3）汇总后再按规定程序计取企业管理费、利润、规费和税金，生成单位工程的建筑安装工程费用；

（4）根据设备预算价格和设备明细项目估算出设备及工器具购置费，与建安工程费汇总形成工程费用；

（5）根据工程建设其他费用取费标准估算出工程建设其他费，根据预备费计算公式估算出预备费，与工程费用汇总形成建设投资；

（6）计算建设期利息，与建设投资汇总形成建设项目总投资。

2. 综合单价下的工程计价流程

我国工程量清单中现行的综合单价法属于部分费用综合单价，即单价中包含人、材、机费用、企业管理费、利润以及一定程度的风险费用。采用综合单价的计价步骤如下（图 2-4）：

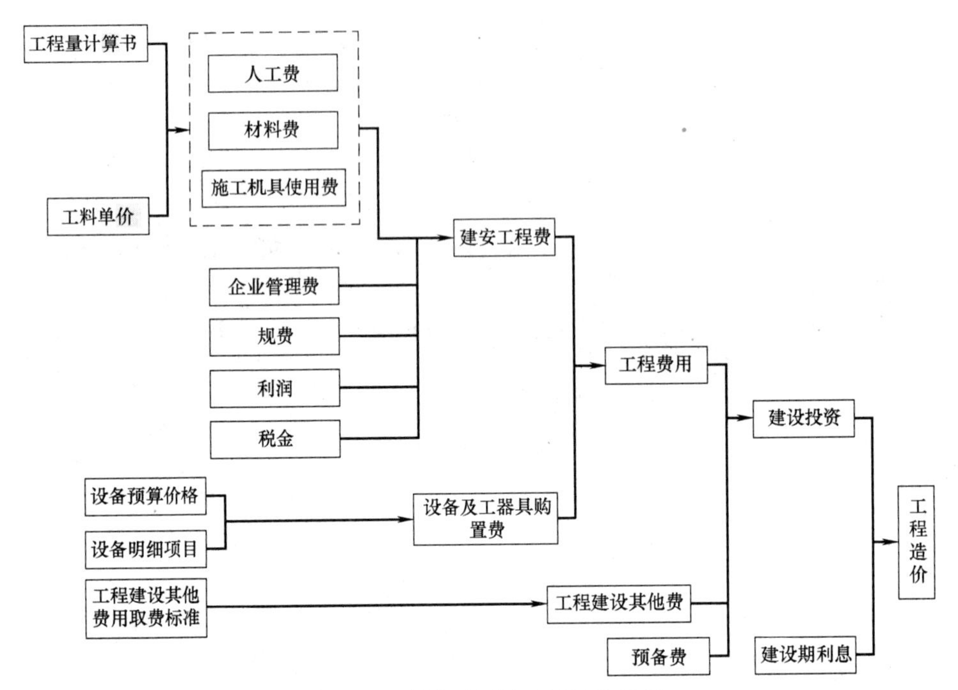

图 2-3 工料单价下的工程计价流程

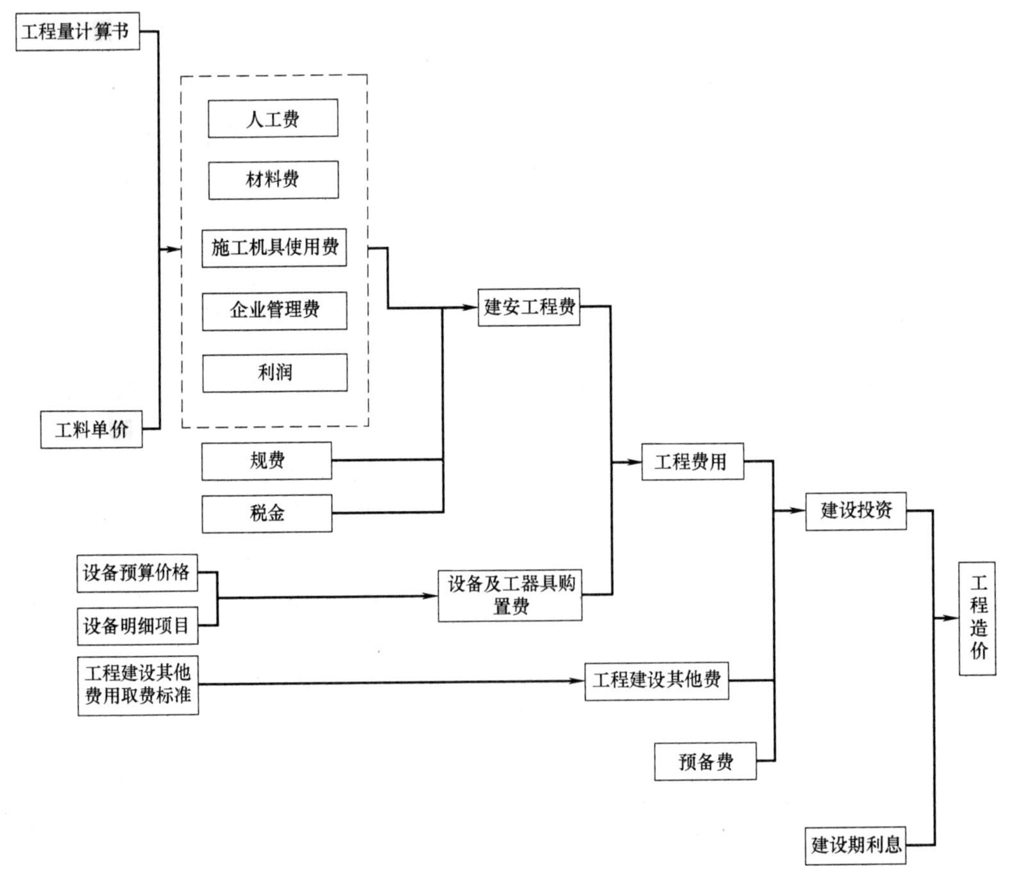

图 2-4 综合单价下的工程计价流程

（1）将计算出的分部分项工程量和综合单价相乘，得出人工费、材料费、施工机具使用费、企业管理费和利润之和。

（2）将（1）汇总规费和税金，得出建安工程费。

（3）后续工程费用、建设投资和工程造价的估算同工料单价法。

3. 全费用单价下的工程计价流程

全费用综合单价中，单价不仅包含人、材、机费用、企业管理费、利润，还包含规费和税金，即采用全费用综合单价乘以相应工程量即可得出建安工程费，后续步骤同综合单价的计算步骤（图 2-5）。

采用不同单价的计价流程差异不大，主要在于单价所包含的内容差异，由此得出的费用内涵差异。

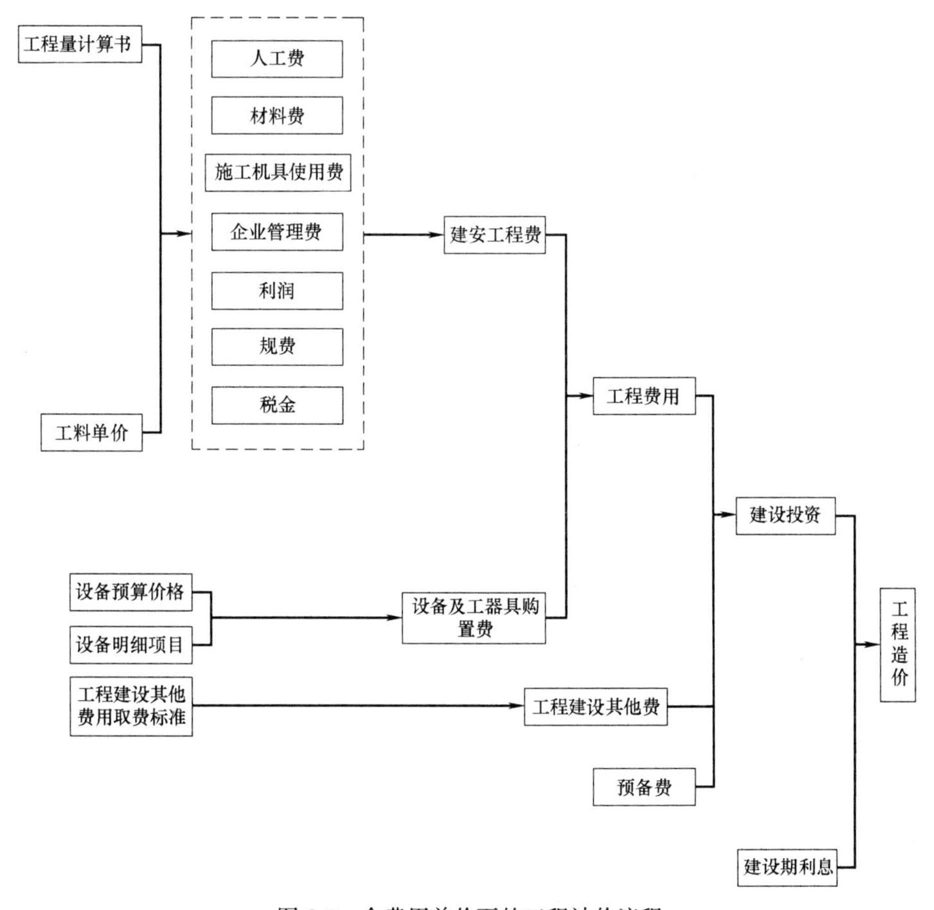

图 2-5　全费用单价下的工程计价流程

本章综合训练

（1）个人作业：

以教研办公楼案例为例，详细分析该项目造价构成。

（2）小组作业：

对车棚工程用两种原理进行计价，比较异同，讨论哪种方式更适合，同时梳理计价流程。

延展阅读

世界银行和国际咨询工程师联合会建设项目投资组成

国外建筑安装工程费用的构成

本章总结与思考

通过回顾本章内容和教学目标，结合个人学习情况，思考下述目标你都实现了吗？

第 2 章　教学目标清单

类别	教学目标	是否实现 （实现打√，没有打×）	未实现原因
知识目标	掌握国内建设项目工程总投资和工程造价的组成		
	掌握建筑安装工程费的构成		
	掌握工程建设其他费的构成以及预备费、建设期利息的计算		
	熟悉工程计价的流程		
	熟悉设备及工器具购置费的构成		
	了解流动资金及其估算方法		
专业能力目标	具有分析工程造价及项目总投资构成的能力		
	具有工程计价原理简单应用的能力		
	具有分解工程费用组成和估算的能力		
其他	自行填写自己认为获得的其他知识、能力		

（注：填写的教学目标清单扫码获取）

教学目标

第3章

建设工程计价依据

节 标 题	内 容
工程计价依据概述	工程计价依据体系
	工程计价依据的主要内容
建设工程定额	工程定额的分类
	工程定额的制定与修订
工程定额消耗量	施工过程分解及工时研究
	人工定额消耗量的确定
	材料定额消耗量的确定
	机具台班定额消耗量的确定
人工、材料、机械台班单价	人工单价的组成和确定
	材料单价的组成和确定
	施工机械及仪器仪表台班单价的组成和确定
工程计价定额	预算定额
	概算定额
	概算指标
	投资估算指标
	工程造价指标指数
工程计价信息	工程计价信息概念
	工程计价信息的特点
	工程计价信息的种类
	工程造价指数的编制

知识目标

- 掌握工程定额的基本内容和编制原理；
- 掌握建安工程人、材、机定额消耗量和单价的确定方法；
- 掌握工程造价确定的标准、依据和计价要素；
- 熟悉工程计价定额的编制方法；
- 了解工程造价信息的内容与管理。

- 具有人、材、机资源的定额组成能力；
- 具有人、材、机单价的分析与组合能力；
- 具有工程定额测定与编制的基本能力；
- 具有造价信息的获取和加工能力；
- 具有造价指数的编制与应用基本能力。

导学与思考

（1）以车棚工程为例，应当在工程全过程管理中的哪几个阶段进行工程计价？计价的依据分别是什么？

（2）车棚工程中工程计价需要使用定额吗？有哪些定额可以使用？各分项工程人工、材料、机械消耗量和单价如何确定？仅用定额确定的工程造价是否准确？在工程计价过程中需要哪些计价依据、如何运用？

3.1　工程计价依据概述

工程计价依据是指在工程计价活动中，所要依据的与计价内容、计价方法和价格标准相关的工程计量与计价标准、工程计价定额及工程计价的各类数据和信息的总称。

3.1.1　工程计价依据体系

我国的工程造价管理体系可以划分为工程造价的相关法律法规体系、工程造价管理标准体系、工程计价定额体系和工程计价信息体系四个主要部分。法律法规是实施工程造价管理的制度依据和重要前提；工程造价管理的标准是在法律法规要求下，规范工程造价管理的技术要求；工程计价定额是进行工程计价工作的重要基础和核心内容；工程计价信息是市场经济体制下，准确反映工程价格的重要支撑，也是政府进行公共服务的重要内容。从工程造价管理体系的总体架构看，前两项工程造价管理的相关法律法规体系、工程造价管理的标准体系属于工程造价宏观管理的范畴，后两项工程计价定额体系、工程计价信息体系主要目的是工程计价，属于工程造价微观管理的范畴。工程造价管理体系中的工程造价管理标准体系、工程计价定额体系和工程计价信息体系是当期我国工程造价管理机构最主要的工作，也是工程计价的主要依据，一般将这三项也称为工程计价依据体系。根据《住房城乡建设部关于进一步推进工程造价管理改革的指导意见》（建标〔2014〕142 号）中提出的“市场决定工程造价原则，全面清理现有工程造价管理制度和计价依据，消除对市场主体计价行为的干扰”“逐步统一各行业、各地区的工程计价规则，以工程量清单为核心，构建科学合理的工程计价依据体系”，工程计价依据体系应当更好地体现市场决定工程造价的原则。

3.1.2 工程计价依据的主要内容

1. 工程造价管理标准

工程造价管理标准泛指除应以法律、法规进行管理和规范的内容外，应以国家标准、行业标准进行规范的工程管理和工程造价咨询行为、质量的有关技术内容。工程造价管理的标准体系按照管理性质可分为：统一工程造价管理的基本术语、费用构成等的基础标准，规范工程造价管理行为、项目划分和工程量计算规则等管理性规范；规范各类工程造价成果文件编制的业务操作规程；规范工程造价咨询质量和档案的质量标准；规范工程造价指数发布及信息交换的信息标准等。

(1) 基础标准

包括现行国家标准《工程造价术语标准》GB/T 50875、《建设工程计价设备材料划分标准》GB/T 50531 等。此外，我国目前还没有统一的建设工程造价费用构成标准，而这一标准的制定应是规范工程计价最重要的基础工作。目前我国确定建设工程造价费用构成的主要依据是《国家发展改革委、建设部关于印发建设项目经济评价方法与参数的通知》(发改投资 [2006] 1325 号文) 和《住房城乡建设部 财政部关于印发〈建筑安装工程费用项目组成〉的通知》(建标 [2013] 44 号) 等有关法规和规范性文件。

(2) 管理规范

国家或行业发布的有关工程造价管理的标准规范，主要包括现行国家标准《建设工程工程量清单计价规范》GB 50500、《建设工程造价咨询规范》GB/T 51095、《建设工程造价鉴定规范》GB/T 51262、《建筑工程建筑面积计算规范》GB/T 50353 以及不同专业的建设工程工程量计算规范等。建设工程工程量计算规范由现行国家标准《房屋建筑与装饰工程工程量计算规范》GB 50854、《仿古建筑工程工程量计算规范》GB 50855、《通用安装工程工程量计算规范》GB 50856、《市政工程工程量计算规范》GB 50857、《园林绿化工程工程量计算规范》GB 50858、《矿山工程工程量计算规范》GB 50859、《构筑物工程工程量计算规范》GB 50860、《城市轨道交通工程工程量计算规范》GB 50861、《爆破工程工程量计算规范》GB 50862 组成。同时也包括各专业部委发布的各类清单计价、工程量计算规范，如现行国家标准《水利工程工程量清单计价规范》GB 50501、现行地方标准《电力建设工程工程量清单计价规范》DL/T 5745、现行行业标准《水运工程工程量清单计价规范》JTS 271 以及各省市发布的公路工程工程量清单计价规范等。

(3) 操作规程

主要包括中国建设工程造价管理协会陆续发布的各类成果文件编审的操作规程：《建设项目投资估算编审规程》CECA/GC-1、《建设项目设计概算编审规程》CECA/GC-2、《建设项目施工图预算编审规程》CECA/GC-5、《建设项目工程结算编审规程》CECA/GC-3、《建设项目工程竣工决算编制规程》CECA/GC-9、《建设工程招标控制价编审规程》CECA/GC-6、《建设项目全过程造价咨询规程》CECA/GC-4。其中《建设项目全过程造价咨询规程》CECA/GC-4 是我国最早发布的涉及建设项目全过程工程咨询的标准之一。

(4) 质量管理标准

主要包括《建设工程造价咨询成果文件质量标准》CECA/GC-7，该标准编制的目的是对工程造价咨询成果文件和过程文件的组成、表现形式、质量管理要素、成果质量标准等进行规范。

(5) 信息管理标准

主要包括现行国家标准《建设工程人工材料设备机械数据标准》GB/T 50851 和《建设工程造价指标指数分类与测算标准》GB/T 51290 等。

2. 工程定额

工程定额主要指国家、地方或行业主管部门制定的各种定额，包括工程消耗量定额和工程计价定额等。工程消耗量定额主要是指完成规定计量单位合格建筑安装产品所消耗的人工、材料、施工机具台班的数量标准。工程计价定额是指直接用于工程计价的定额或指标，包括预算定额、概算定额、概算指标和投资估算指标等。此外，部分地区和行业造价管理部门还会颁布工期定额。工期定额是指在正常的施工技术和组织条件下，完成建设项目和各类工程所需的工期标准。

根据《住房城乡建设部关于进一步推进工程造价管理改革的指导意见》(建标 [2014] 142 号) 的要求，工程定额的定位应为“对国有资金投资工程，作为其编制估算、概算、最高投标限价的依据，对其他工程仅供参考”。同时通过购买服务等多种方式，充分发挥企业、科研单位、社团组织等社会力量在工程定额编制中的基础作用，提高工程定额编制水平，并应鼓励企业编制企业定额。

应建立工程定额全面修订和局部修订相结合的动态调整机制，及时修订不符合市场实际的内容，提高定额时效性。编制有关建筑产业现代化、建筑节能与绿色建筑等工程定额，发挥定额在新技术、新工艺、新材料、新设备推广应用中的引导约束作用，支持建筑业转型升级。

3. 工程造价信息

工程造价信息是指工程造价管理机构发布的建设工程人工、材料、工程设备、施工机械台班的价格信息，以及各类工程的造价指数、指标等。是在市场经济体制下，准确反映工程价格的重要支撑，也是政府进行公共服务的重要内容。

4. 其他

(1) 工程技术文件

包括设计图纸、标准、规范等内容，是反映工程计价对象——建设工程的规模、内容、标准与功能等情况的综合文件。也包括建设工程所处的环境条件等，例如建设工程用地指标、工程地质条件、气象条件、现场环境与周边条件等。

(2) 市场价格信息

是指一定的时间和地区内人工、材料和施工机械等生产要素的价格信息。企业要想获得市场实际的工程造价，在工程计价时应当选用来自市场的生产要素价格。影响价格形成的因素是多方面的，除商品价值之外，还受到供求关系、国家政策和国际市场等社会经济条件的影响，由于工程项目建设周期较长，建设过程中实际工程造价会受市场价格的影响而发生变化。因此，在进行工程估价时除按现行价格估价外，还需要分析物价总水平的变化趋势及其敏感度，对生产要素的价格风险进行预估。

另外，一些专业机构和企业总结的已完工程历史数据等资料也可以成为工程计价的依据。

3.2 建设工程定额

定额是一种规定的额度，既定的标准。从广义上理解，定额就是处理或完成特定实物的数量限度。工程定额是专门为建设生产而制定的一种定额，是指在正常施工条件下，完成规定工程计量单位合格建筑安装产品所消耗的人工、材料、施工机具台班、工期天数及相关费率等的数量标准。

所谓正常的施工条件，是指生产过程按生产工艺和施工验收规范操作，劳动组织合理，并且合理地使用材料与机械的条件下完成的。而在建设工程建造过程中，完成某项单位合格建筑安装产品与各种生产消耗之间特定的数量关系随着生产的技术、组织条件的变化而变化，它应反映出一定时期的社会劳动生产率水平，代表一定时期的施工机械化和构件工厂化程度及工艺、材料等建筑技术发展的水平。

3.2.1 工程定额的分类

工程定额反映了工程建设与各种资源消耗之间的客观规律，它是一个综合的概念，是工程造价计价和管理中各类定额的总称，包括许多种类的定额，可以按照不同的原则和方法对它们进行分类。

1. 按定额反映的生产要素消耗内容分类

按照定额反映的生产要素消耗内容划分，可以把工程定额划分为劳动消耗定额、材料消耗定额和机械台班消耗定额三种。也被称为基础定额，许多工程定额是由基础定额综合扩大而成的。

（1）劳动消耗定额

简称劳动定额（也称为人工定额），是在正常的施工技术和组织条件下，完成规定计量单位合格的建筑安装产品所消耗的人工工日的数量标准。劳动定额的主要表现形式是时间定额，也可以以产量定额来表现。

（2）材料消耗定额

简称材料定额，是指在正常的施工技术和组织条件下，完成规定计量单位合格的建筑安装产品所消耗的原材料、成品、半成品、构配件、燃料，以及水、电等动力资源的数量标准。

（3）机具台班消耗定额

由机械消耗定额与仪器仪表消耗定额组成，机械消耗定额是以一台机械一个工作班为计量单位，所以又称为机械台班定额。机械消耗定额是指在正常的施工技术和组织条件下，完成规定计量单位合格的建筑安装产品所消耗的施工机械台班的数量标准。

目前我国实行的《房屋建筑与装饰工程消耗量定额》TY01-31—2015是编制预算定额、企业定额的基础。

2. 按定额的编制程序和用途分类

按定额的编制程序划分，可以把工程定额分为施工定额、预算定额、概算定额、概算指标、投资估算指标等。

（1）施工定额

施工定额是完成一定计量单位的某一施工过程或基本工序所需消耗的人工、材料和施工机具台班数量标准。施工定额是施工企业（建筑安装企业）组织生产和加强管理在企业内部使用的一种定额，属于企业定额的性质。施工定额是以某一施工过程或基本工序作为研究对象，表示生产产品数量与生产要素消耗综合关系编制的定额。为了适应组织生产和管理的需要，施工定额的项目划分很细，是工程定额中分项最细、定额子目最多的一种定额，也是工程定额中的基础定额。

（2）预算定额

预算定额是在正常的施工条件下，完成一定计量单位合格分项工程或结构构件所需消耗的人工、材料、施工机具台班数量及其费用标准。预算定额是一种计价性定额。从编制程序上看，预算定额是以施工定额为基础综合扩大编制的，同时也是编制概算定额的基础。

（3）概算定额

概算定额是完成单位合格扩大分项工程或扩大结构构件所需消耗的人工、材料和施工机具台班的数量及其费用标准。是一种计价性定额。概算定额是编制扩大初步设计概算、确定建设项目投资额的依据。概算定额的项目划分粗细，与扩大初步设计的深度相适应，一般是在预算定额的基础上综合扩大而成的，每一扩大分项概算定额都包含数项预算定额。

（4）概算指标

概算指标是以单位工程为对象，反映完成一个规定计量单位建筑安装产品的经济指标。概算指标是概算定额的扩大与合并，以更为扩大的计量单位进行编制的。概算指标的内容包括人工、材料、机具台班三个基本部分，同时还列出了分部工程量及单位工程的造价，是一种计价定额。

（5）投资估算指标

投资估算指标是以建设项目、单项工程、单位工程为对象，反映建设总投资及其各项费用构成的经济指标。它是在项目建议书和可行性研究阶段编制投资估算、计算投资需要量时使用的一种定额。它的概略程度与可行性研究阶段相适应。投资估算指标往往根据历史的预、决算资料和价格变动等资料编制，但其编制基础仍然离不开预算定额、概算定额。

上述各种定额的相互联系和区别可参见表 3-1 和图 3-1。

各种定额关系的对比　　**表 3-1**

对比内容	施工定额	预算定额	概算定额	概算指标	投资估算指标
对象	施工过程或基本工序	分项工程或结构构件	扩大的分项工程或扩大的结构构件	单位工程	建设项目、单项工程、单位工程
用途	编制施工预算	编制施工图预算	编制扩大初步设计概算	编制初步设计概算	编制投资估算
项目划分	最细	细	较粗	粗	很粗
定额水平	平均先进	平均			
定额性质	生产性定额	计价性定额			

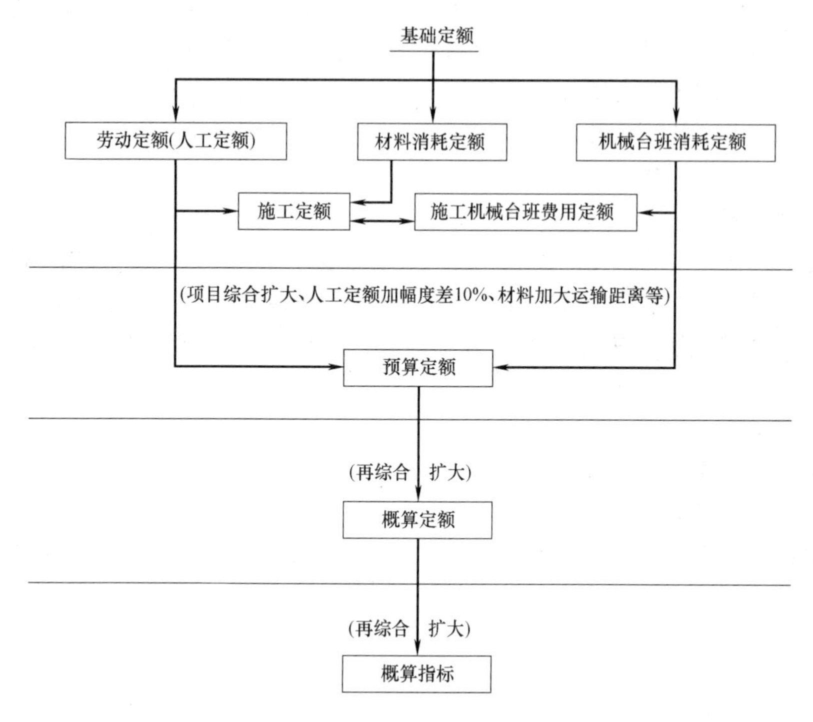

图 3-1 定额之间的关联

3. 按专业分类

由于工程建设涉及众多的专业，不同的专业所含的内容也不同，因此就确定人工、材料和机具台班消耗数量标准的工程定额来说，也需按不同的专业分别进行编制和执行。

（1）建筑工程定额按专业对象分为建筑及装饰工程定额、房屋修缮工程定额、市政工程定额、铁路工程定额、公路工程定额、矿山井巷工程定额、水利工程定额、水运工程定额等。

（2）安装工程定额按专业对象分为电气设备安装工程定额、机械设备安装工程定额、热力设备安装工程定额、通信设备安装工程定额、化学工业设备安装工程定额、工业管道安装工程定额、工艺金属结构安装工程定额等。

4. 按主编单位和管理权限分类

工程定额可以分为全国统一定额、行业统一定额、地区统一定额、企业定额、补充定额等。

（1）全国统一定额是由国家建设行政主管部门综合全国工程建设中技术和施工组织管理的情况编制，并在全国范围内执行的定额。

（2）行业统一定额是考虑到各行业专业工程技术特点，以及施工生产和管理水平编制的。一般是只在本行业和相同专业性质的范围内使用。

（3）地区统一定额包括省、自治区、直辖市定额。地区统一定额主要是考虑地区性特点和全国统一定额水平作适当调整和补充编制的。

（4）企业定额是施工单位根据本企业的施工技术、机械装备和管理水平编制的人工、材料、机械台班等的消耗标准。企业定额在企业内部使用，是企业综合素质的标志。企业定额水平一般应高于国家现行定额，才能满足生产技术发展、企业管理和市场竞争的需要。在工程量清单计价方法下，企业定额是施工企业进行建设工程投标报价的计价依据。

(5) 补充定额是指随着设计、施工技术的发展，现行定额不能满足需要的情况下，为了补充缺陷所编制的定额。补充定额只能在指定的范围内使用，可以作为以后修订定额的基础。

上述各种定额虽然适用于不同的情况和用途，但是它们是一个互相联系的、有机的整体，需要在实际工作中配合使用。

3.2.2　工程定额的制定与修订

工程定额的指导与修订包括制定、全面修订、局部修订、补充等工作，应遵循以下原则：

(1) 对新型工程以及建筑产业现代化、绿色建筑、建筑节能等工程建设新要求，应及时制定新定额。

(2) 对相关技术规程和技术规范已全面更新且不能满足工程计价需要的定额，发布实施已满五年的定额，应全面修订。

(3) 对相关技术规程和技术规范发生局部调整且不能满足工程计价需要的定额，部分子目已不适应工程计价需要的定额，应及时局部修订。

(4) 对定额发布后工程建设中出现的新技术、新工艺、新材料、新设备等情况，应根据工程建设需求及时编制补充定额。

建设工程定额的特点

3.3　工程定额消耗量

定额的编制要按人工定额、材料消耗定额、机械台班使用定额分别编制，在确定各项消耗量之前，还需要对工作时间进行研究分析，进一步确定定额时间。工程量清单计价模式的推行，要求施工企业有自己的企业定额，企业定额的编制可参考以下定额编制的步骤和方法。

3.3.1　施工过程分解及工时研究

1. 施工过程的含义

施工过程就是为完成某一项施工任务，在施工现场所进行的生产过程。其最终目的是要建造、改建、修复或拆除工业及民用建筑物和构筑物的全部或一部分。

建筑安装施工过程与其他物质生产过程一样，也包括生产力三要素，即劳动者、劳动对象、劳动工具。也就是说，施工过程是由不同工种、不同技术等级的建筑安装工人使用各种劳动工具（手动工具、小型工具、大中型机械和仪器仪表等），按照一定的施工工序和操作方法，直接或间接地作用于各种劳动对象（各种建筑、装饰材料，半成品，预制品和各种设备、零配件等），使其按照人们预定的目的，生产出建筑、安装以及装饰合格产品的过程。

每个施工过程的结束，获得了一定的产品，这种产品或者是改变了劳动对象的外表形态、内部结构或性质（由于制作和加工的结果），或者是改变了劳动对象在空间的位置（由于运输和安装的结果）。

2. 施工过程分类

根据不同的标准和需要，施工过程有如下分类：

（1）根据施工过程组织上的复杂程度，可以分解为工序、工作过程和综合工作过程。

1）工序是指施工过程中在组织上不可分割，在操作上属于同一类的作业环节。其主要特征是劳动者、劳动对象和使用的劳动工具均不发生变化。如果其中一个因素发生变化，就意味着由一项工序转入另一项工序。如钢筋制作，它由平直钢筋、钢筋除锈、切断钢筋、弯曲钢筋等工序组成。

从施工的技术操作和组织观点来看，工序是工艺方面最简单的施工过程。在编制施工定额时，工序是主要的研究对象。测定定额时只需分解和标定到工序为止。如果进行某项先进技术或新技术的工时研究，就要分解到操作甚至动作为止，从中研究可加以改进操作或节约工时。

工序可以由一个人完成，也可以由小组或施工队内的几名工人协同完成；可以手动完成，也可以由机械操作完成。在机械化的施工工序中，还可以包括由工人自己完成的各项操作和由机器完成的工作两部分。

2）工作过程是由同一工人或同一小组所完成的在技术操作上相互有机联系的工序的综合体。其特点是劳动者和劳动对象不发生变化，而使用的劳动工具可以变换。例如，砌墙和勾缝，抹灰和粉刷等。

3）综合工作过程是同时进行的，在组织上有直接联系的，为完成一个最终产品结合起来的各个施工过程的总和。例如，砌砖墙这一综合工作过程，由调制砂浆、运砂浆、运砖、砌墙等工作过程构成，它们在不同的空间同时进行，在组织上有直接联系，并最终形成的共同产品是一定数量的砖墙。

（2）按照施工工序是否重复循环分类，施工过程可以分为循环施工过程和非循环施工过程两类。如果施工过程的工序或其组成部分以同样的内容和顺序不断循环，并且每重复一次可以生产出同样的产品，则称为循环施工过程，反之，则称为非循环的施工过程。

（3）按施工过程的完成方法和手段分类，施工过程可以分为手工操作过程（手动过程）、机械化过程（机动过程）和机手并动过程（半自动化过程）。

（4）按劳动者、劳动工具、劳动对象所处位置和变化分类，施工过程可分为工艺过程、搬运过程和检验过程。

1）工艺过程。工艺过程是指直接改变劳动对象的性质、形状、位置等，使其成为预期的施工产品的过程，例如房屋建筑中的挖基础、砌砖墙、粉刷墙面、安装门窗等。由于工艺过程是施工过程中最基本的内容，因而是工作时间研究和制定定额的重点。

2）搬运过程。搬运过程是指将原材料、半成品、构件、机具设备等从某处移动到另一处，保证施工作业顺利进行的过程。但操作者在作业中随时拿起或存放在工作面上的材料等，是工艺过程的一部分，不应视为搬运过程。如砌筑工将已堆放在砌筑地点的砖块拿起砌在砖墙上，这一操作就属于工艺过程，而不应视为搬运过程。

3）检验过程。主要包括对原材料、半成品、构配件等的数量、质量进行检验，判定其是否合格、能否使用；对施工活动的成果进行检测，判别其是否符合质量要求；对混凝土试块、关键零部件进行测试以及作业前对准备工作和安全措施的检查等。

3. 施工过程的影响因素

对施工过程的影响因素进行研究，其目的是正确确定单位施工产品所需要的作业时间消耗。施工过程的影响因素包括技术因素、组织因素和自然因素。

(1) 技术因素

包括产品的种类和质量要求，所用材料、半成品、构配件的类别、规格和性能，所用工具和机械设备的类别、型号、性能及完好情况等。

(2) 组织因素

包括施工组织与施工方法、劳动组织、工人技术水平、操作方法和劳动态度、工资分配方式、劳动竞赛等。

(3) 自然因素

包括酷暑、大风、雨、雪、冰冻等。

4. 工作时间分类

研究施工中的工作时间最主要的目的是确定施工的时间定额和产量定额，其前提是对工作时间按其消耗性质进行分类，以便研究工时消耗的数量及其特点。

工作时间指的是工作班延续时间。例如 8 小时工作制的工作时间就是 8h，午休时间不包括在内。对工作时间消耗的研究，可以分为两个系统进行，即工人工作时间的消耗和工人所使用的机器工作时间消耗。

(1) 工人工作时间消耗的分类

工人在工作班内消耗的工作时间，按其消耗的性质，基本可以分为两大类：必需消耗的时间和损失时间。工人工作时间的一般分类如图 3-2 所示。

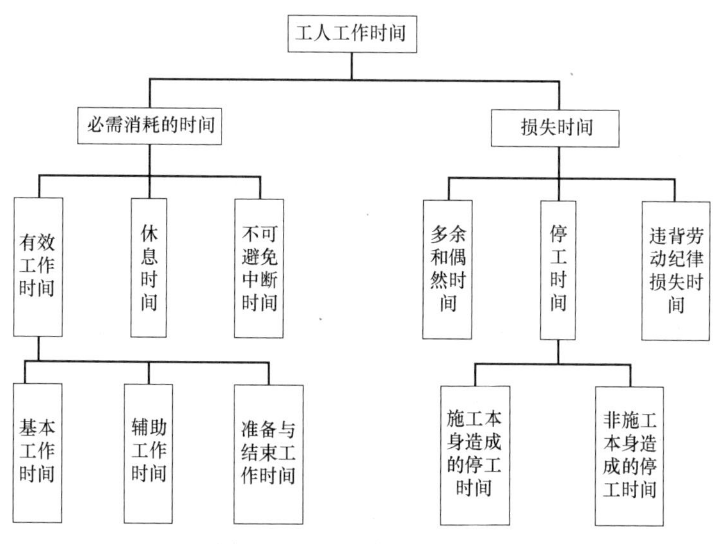

图 3-2　工人工作时间分类图

1) 必需消耗的工作时间是工人在正常施工条件下，为完成一定合格产品（工作任务）所消耗的时间，是制定定额的主要依据，包括有效工作时间、休息时间和不可避免中断时间的消耗。

① 有效工作时间是从生产效果来看与产品生产直接有关的时间消耗。其中包括基本工作时间、辅助工作时间、准备与结束工作时间的消耗。

② 基本工作时间是工人完成能生产一定产品的施工工艺过程所消耗的时间。通过这些工艺过程可以使材料改变外形，如钢筋煨弯等；可以使预制构配件安装组合成型；也可以改变产品外部及表面的性质，如粉刷、油漆等。基本工作时间所包括的内容依据工作性质各不相同。基本工作时间的长短和工作量大小成正比例。

③ 辅助工作时间是为保证基本工作能顺利完成所消耗的时间。在辅助工作时间里，不能使产品的形状大小、性质或位置发生变化。辅助工作时间的结束，往往就是基本工作时间的开始。辅助工作一般是手工操作，但如果在机手并动的情况下，辅助工作是在机械运转过程中进行的，为避免重复则不应再计入辅助工作时间的消耗。辅助工作时间长短与工作量大小有关。

④ 准备与结束工作时间是执行任务前或任务完成后所消耗的工作时间。如工作地点、劳动工具和劳动对象的准备工作时间；工作结束后的整理工作时间等。准备和结束工作时间的长短与所担负的工作量大小无关，但往往和工作内容有关。这项时间消耗可以分为班内的准备与结束工作时间和任务的准备与结束工作时间。其中任务的准备和结束时间是在一批任务的开始与结束时产生的，如熟悉图纸、准备相应的工具、事后清理场地等，通常不反映在每一个工作班里。

⑤ 休息时间是工人在工作过程中为恢复体力所必需的短暂休息和生理需要的时间消耗。这种时间是为了保证工人精力充沛地进行工作，所以在定额时间中必须进行计算。休息时间的长短与劳动性质、劳动条件、劳动强度和劳动危险性等密切相关。

⑥ 不可避免的中断所消耗的时间是由于施工工艺特点引起的工作中断所必需的时间。与施工过程工艺特点有关的工作中断时间，应包括在定额时间内，但应尽量缩短此项时间消耗。

2）损失时间是与产品生产无关，而与施工组织和技术上的缺点有关，与工人在施工过程中的个人过失或某些偶然因素有关的时间消耗，损失时间中包括有多余和偶然工作、停工、违背劳动纪律所引起的工时损失。

① 多余工作，就是工人进行任务以外而又不能增加产品数量的工作。如重砌质量不合格的墙体。多余工作的工时损失，一般都是由于工程技术人员和工人的差错而引起的，因此，不应计入定额时间中。偶然工作也是工人在任务外进行的工作，但能够获得一定产品。如抹灰工不得不补上偶然遗留的墙洞等。由于偶然工作能获得一定产品，拟定定额时要适当考虑它的影响。

② 停工时间，就是工作班内停止工作造成的工时损失。停工时间按其性质可分为施工本身造成的停工时间和非施工本身造成的停工时间两种。施工本身造成的停工时间，是由于施工组织不善、材料供应不及时、工作面准备工作做得不好、工作地点组织不良等情况引起的停工时间。非施工本身造成的停工时间，是由于停电等外因引起的停工时间。前一种情况在拟定定额时不应该计算，后一种情况定额中则应给予合理的考虑。

③ 违背劳动纪律造成的工作时间损失，是指工人在工作班开始和午休后的迟到、午饭前和工作班结束前的早退、擅自离开工作岗位、工作时间内聊天或办私事等造成的工时损失。由于个别工人违背劳动纪律而影响其他工人无法工作的时间损失，也包括在内。

（2）机器工作时间消耗的分类

在机械化施工过程中，对工作时间消耗的分析和研究，除了要对工人工作时间的消耗进行分类研究之外，还需要分类研究机器工作时间的消耗。

机器工作时间的消耗，按其性质也分为必需消耗的时间和损失时间两大类，如图 3-3 所示。

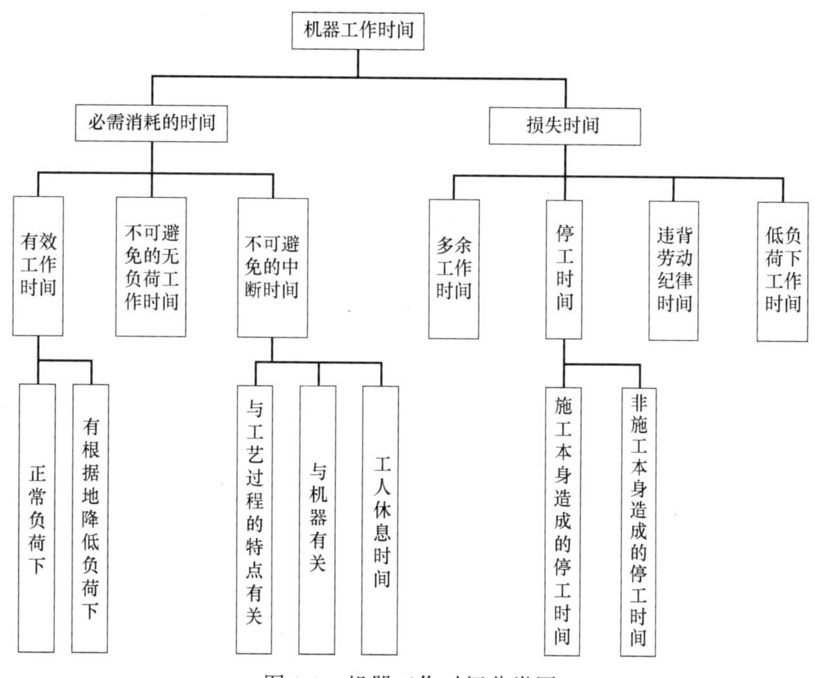

图 3-3　机器工作时间分类图

1）在必需消耗的工作时间里，包括有效工作、不可避免的无负荷工作和不可避免的中断三项时间消耗。而在有效工作的时间消耗中又包括正常负荷下、有根据地降低负荷下的工时消耗。

① 正常负荷下的工作时间，是机器在与机器说明书规定的额定负荷相符的情况下进行工作的时间。

② 有根据地降低负荷下的工作时间，是在个别情况下由于技术上的原因，机器在低于其计算负荷下工作的时间。例如，汽车运输重量轻而体积大的货物时，不能充分利用汽车的载重吨位因而不得不降低其计算负荷。

③ 不可避免的无负荷工作时间，是由施工过程的特点和机械结构的特点造成的机械无负荷工作时间。例如，筑路机在工作区末端调头等，就属于此项工作时间的消耗。

④ 不可避免的中断工作时间是与工艺过程的特点、机器的使用和保养、工人休息有关的中断时间。

A. 与工艺过程的特点有关的不可避免中断工作时间，有循环的和定期的两种。循环的不可避免中断，是在机器工作的每一个循环中重复一次。如汽车装货和卸货时的停车。定期的不可避免中断，是经过一定时期重复一次。比如把灰浆泵由一个工作地点转移到另一工作地点时的工作中断。

B. 与机器有关的不可避免中断工作时间，是由于工人进行准备与结束工作或辅助工作时，机器停止工作而引起的中断工作时间。它是与机器的使用与保养有关的不可避免中断时间。

C. 工人休息时间，前面已经做了说明。这里要注意的是，应尽量利用与工艺过程有关的和与机器有关的不可避免中断时间进行休息，以充分利用工作时间。

2）损失的工作时间包括多余工作、停工、违背劳动纪律所消耗的工作时间和低负荷下的工作时间。

① 机器的多余工作时间，一是机器进行任务内和工艺过程内未包括的工作而延续的时间。如工人没有及时供料而使机器空运转的时间；二是机械在负荷下所做的多余工作，如混凝土搅拌机搅拌混凝土时超过规定搅拌时间，即属于多余工作时间。

② 机器的停工时间，按其性质也可分为施工本身造成和非施工本身造成的停工。前者是由于施工组织得不好而引起的停工现象，如由于未及时供给机器燃料而引起的停工。后者是由于气候条件所引起的停工现象，如暴雨时压路机的停工。上述停工中延续的时间，均为机器的停工时间。

③ 违背劳动纪律引起的机器的时间损失，是指由于工人迟到早退或擅离岗位等原因引起的机器停工时间。

④ 低负荷下的工作时间，是由于工人或技术人员的过错所造成的施工机械在降低负荷的情况下工作的时间。例如，工人装车的砂石数量不足而引起的汽车在降低负荷的情况下工作所延续的时间。此项工作时间不能作为计算时间定额的基础。

5. 工程定额测定的基本方法——计时观察法

定额测定是制定定额的一个主要步骤。测定定额是用科学的方法观察、记录、整理、分析施工过程，为制定工程定额提供可靠依据。定额测定的主要方法有技术分析法、统计分析法、经验估值法和类推比较法等方法。技术分析法主要是通过实际观测和技术分析的手段来确定工作定额，这种方法有比较充分的技术依据，确定定额比较先进合理，精确度较高，但工作量较大，不易做的及时。技术测定方法对施工过程测定定额通常使用计时观察法，计时观察法是测定时间消耗的基本方法。

（1）计时观察法概述

计时观察法，是研究工作时间消耗的一种技术测定方法。它以研究工时消耗为对象，以观察测时为手段，通过密集抽样和粗放抽样等技术进行直接的时间研究。计时观察法以现场观察为主要技术手段，所以也称之为现场观察法。

计时观察法能够把现场工时消耗情况和施工组织技术条件联系起来加以考察，它不仅能为制定定额提供基础数据，而且也能为改善施工组织管理、改善工艺过程和操作方法、消除不合理的工时损失和进一步挖掘生产潜力提供技术根据。计时观察法的局限性，是考虑人的因素不够。

（2）计时观察前的准备工作

1）确定需要进行计时观察的施工过程。计时观察之前的第一个准备工作，是研究并确定有哪些施工过程需要进行计时观察。对于需要进行计时观察的施工过程要编制详细的目录，拟定工作进度计划，制定组织技术措施，并组织编制定额的专业技术队伍，按计划认真开展工作。在选择观察对象时，必须注意所选择的施工过程要完全符合正常施工条件。所谓施工的正常条件，是指绝大多数企业和施工队、组，在合理组织施工的条件下所处的施工条件。与此同时，还需调查影响施工过程的技术因素、组织因素和自然因素。

2）对施工过程进行预研究。目的是将所要测定的施工过程分别按工序、操作和动作划分为若干组成部分，以便准确地记录时间和分析研究。对于已确定的施工过程的性质应进行充分的研究，目的是正确地安排计时观察和收集可靠的原始资料。研究的方法，是全面地对各个施工过程及其所处的技术组织条件进行实际调查和分析，以便设计正常的（标准的）施工条件和分析研究测时数据。

① 熟悉与该施工过程有关的现行技术规范和技术标准等文件和资料。

② 了解新采用的工作方法的先进程度，了解已经得到推广的先进施工技术和操作，还应了解施工过程存在的技术组织方面的缺点和由于某些原因造成的混乱现象。

③ 注意系统地收集完成定额的统计资料和经验资料，以便与计时观察所得的资料进行对比分析。

④ 把施工过程划分为若干个组成部分（一般划分到工序）。施工过程划分的目的是便于计时观察。如果计时观察法的目的是研究先进工作法，或是分析影响劳动生产率提高或降低的因素，则必须将施工过程划分到操作乃至动作。

⑤ 确定定时点和施工过程产品的计量单位。所谓定时点，即是上下两个相衔接的组成部分之间的分界点。确定定时点，对于保证计时观察的精确性是不容忽略的因素。确定产品计量单位，要能具体地反映产品的数量，并具有最大限度的稳定性。

3）选择观察对象。所谓观察对象，就是对其进行计时观察完成该施工过程的工人。所选择的建筑安装工人，应具有与技术等级相符的工作技能和熟练程度，所承担的工作与其技术等级相等，同时应该能够完成或超额完成现行的施工劳动定额。

4）选定正常的施工条件。施工的正常条件是指绝大多数施工企业和施工队、班组在合理组织施工的条件下所处的环境，一般包括工人的技术等级、工具及设备的种类和质量、工程机械化程度、材料实际需要量、劳动的组织形式、工资报酬形式、工作地点的组织和准备工作是否及时、安全技术措施的执行情况、气候条件等。

5）其他准备工作。此外，还必须准备好必要的用具和表格。如测时用的秒表或电子计时器，测量产品数量的工具、器具，记录和整理测时资料用的各种表格等。如果有条件并且也有必要，还可配备电影摄像和电子记录设备。

（3）计时观察方法的分类

对施工过程进行观察、测时，计算实物和劳务产量，记录施工过程所处的施工条件和确定影响工时消耗的因素，是计时观察法的三项主要内容和要求。计时观察法种类很多，最主要的有三种，见图 3-4。

1）测时法。测时法主要适用于测定定时重复的循环工作的工时消耗，是精确度比较高的一种计时观察法，一般可达到 0.2～15s。测时法只用来测定施工过程中循环组成部分工作时间消耗，不研究工人休息、准备与结束及其他非循环的工作时间。

测时法的分类：根据具体测时手段不同，可将测时法分为选择法和接续法两种。

① 选择法测时。它是间隔选择施工过程中非紧连接的组成部分（工序或操作）测定工时，精确度达 0.5s。

选择法测时也称为间隔法测时。采用选择法测时，当被观察的某一循环工作的组成部

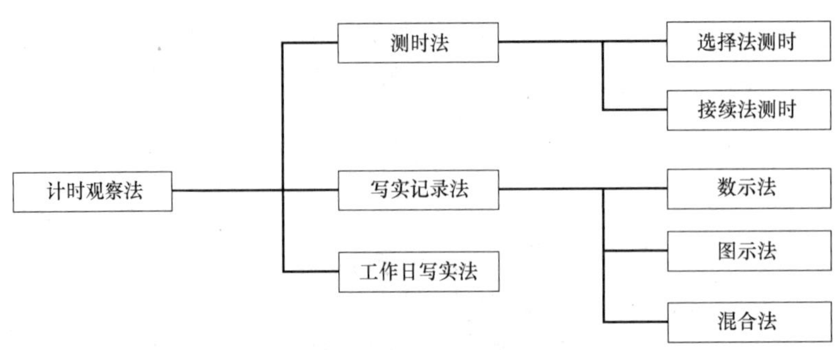

图 3-4 计时观察法的种类

分开始，观察者立即开动秒表，当该组成部分终止，则立即停止秒表。然后把秒表上指示的延续时间记录到选择法测时记录（循环整理）表上，并把秒针拨回到零点。下一组成部分开始，再开动秒表，如此依次观察，并依次记录下延续时间。

采用选择法测时，应特别注意掌握定时点。记录时间时仍在进行的工作组成部分，应不予观察。当所测定的各工序或操作的延续时间较短时，连续测定比较困难，用选择法测时比较方便且简单。

② 接续法测时。它是连续测定一个施工过程各工序或操作的延续时间。接续法测时每次要记录各工序或操作的终止时间，并计算出本工序的延续时间。

接续法测时也称作连续法测时。它比选择法测时准确、完善，但观察技术也较之复杂。它的特点是在工作进行中和非循环组成部分出现之前一直不停止秒表，秒针走动过程中，观察者根据各组成部分之间的定时点，记录它的终止时间，再用定时点终止时间之间的差表示各组成部分的延续时间。

测时法的观察次数。由于测时法属于抽样调查的方法，因此为了保证选取样本的数据可靠，需要对同一施工过程进行重复测时。一般来说，观测的次数越多，资料的准确性越高，但要花费较多的时间和人力，这样既不经济、也不现实。确定观测次数较为科学的方法，应该依据误差理论和经验数据相结合的方法判断。表 3-2 给出了测时法下观察次数的确定方法。很显然，需要的观察次数与要求的算术平均值精确度及数列的稳定系数有关。

测时法所必需的观察次数表 **表 3-2**

稳定系数 $K_p=\frac{t_{max}}{t_{min}}$	要求的算术平均值精确度 $E=\pm\frac{1}{\bar{x}}\sqrt{\frac{\sum\Delta^2}{n(n-1)}}$(%)				
	5%以内	7%以内	10%以内	15%以内	25%以内
	观察次数(n)				
1.5	9	6	5	5	5
2	16	11	7	5	5
2.5	23	15	10	6	5
3	30	18	12	8	6
4	39	25	15	10	7
5	47	31	19	11	8

注：表中 t_{max}——最大观测值；t_{min}——最小观测值；$\bar{x}$——算术平均值；n——观察次数；Δ——每次观察值与算术平均值之差。

2）写实记录法。写实记录法是一种研究各种性质的工作时间消耗的方法，包括基本工作时间、辅助工作时间、不可避免中断时间、准备与结束时间以及各种损失时间。采用这种方法，可以获得分析工作时间消耗和制定定额所必需的全部资料。这种测定方法比较简便、易于掌握，并能保证必需的精确度。因此写实记录法在实际中得到了广泛应用。

写实记录法的观察对象，可以是一个工人，也可以是一个工人小组。当观察由一个人单独操作或产品数量可单独计算时，采用个人写实记录。如果观察工人小组的集体操作，而产品数量又无法单独计算时，可采用集体写实记录。

写实记录法的种类。写实记录法按记录时间的方法不同分为数示法、图示法和混合法三种，计时一般采用有秒针的普通计时表即可。

① 数示法写实记录。数示法的特征是用数字记录工时消耗，是三种写实记录法中精确度较高的一种，精确度达 5s，可以同时对两个工人进行观察，适用于组成部分较少而且比较稳定的施工过程。数示法用来对整个工作班或半个工作班进行长时间观察，因此能反映工人或机具工作日全部情况。

② 图示法写实记录。图示法是在规定格式的图表上用时间进度线条表示工时消耗量的一种记录方式，精确度可达 30s，可同时对 3 个以内的工人进行观察。这种方法的主要优点是记录简单，时间一目了然，原始记录整理方便。

③ 混合法写实记录。混合法吸取数字和图示两种方法的优点，以图示法中的时间进度线条表示工序的延续时间，在进度线的上部加写数字表示各时间区段的工人数。混合法适用于 3 个以上工人工作时间的集体写实记录。

写实记录法的延续时间与确定测时法的观察次数相同，为保证写实记录法的数据可靠性，需要确定写实记录法的延续时间。延续时间的确定，是指在采用写实记录法中任何一种方法进行测定时，对每个被测施工过程或同时测定两个以上施工过程所需的总延续时间的确定。

延续时间的确定，应立足于既不能消耗过多的观察时间，又能得到比较可靠和准确的结果。影响写实记录法延续时间的主要因素有：所测施工过程的广泛性和经济价值；已经达到的功效水平的稳定程度；同时测定不同类型施工过程的数目；被测定的工人人数以及测定完成产品的可能次数等。写实记录法所需的延续时间如表 3-3 所示，必须同时满足表中三项要求，如其中任一项达不到最低要求，应酌情增加延续时间。

写实记录法确定延续时间表　　**表 3-3**

序号	项目	同时测定施工过程的类型数	测定对象		
			单人的	集体的	
				2～3 人	4 人以上
1	被测定的个人或小组的最低数	任一数	3 人	3 个小组	2 个小组
2	测定总延续时间的最小值(h)	1	16	12	8
		2	23	18	12
		3	28	24	21
3	测定完成产品的最低次数	1	4	4	4
		2	6	6	6
		3	7	7	7

3）工作日写实法。工作日写实法是一种研究整个工作班内的各种工时消耗的方法。

运用工作日写实法主要有两个目的，一是取得编制定额的基础资料；二是检查定额的执行情况，找出缺点，改进工作。当用于第一个目的时，工作日写实的结果要获得观察对象在工作班内工时消耗的全部情况，以及产品数量和影响工时消耗的影响因素。其中工时消耗应该按工时消耗的性质分类记录。在这种情况下，通常需要测定3～4次；当用于第二个目的时，通过工作日写实应该做到：查明工时损失量和引起工时损失的原因，制订消除工时损失，改善劳动组织和工作地点组织的措施，查明熟练工人是否能发挥自己的专长，确定合理的小组编制和合理的小组分工；确定机器在时间利用和生产率方面的情况，找出使用不当的原因，制订出改善机器使用情况的技术组织措施，计算工人或机器完成定额的实际百分比和可能百分比。在这种情况下，通常需要测定1～3次。工作日写实法与测时法、写实记录法相比较，具有技术简便、费力不多、应用面广和资料全面的优点，在我国是一种采用较广的编制定额的方法。工作日写实法的缺点：由于有观察人员在场，即使在观察前做了充分准备，仍难免在工时利用上有一定的虚假性。

工作日写实法的应用

3.3.2 人工定额消耗量的确定

1. 人工定额的概念及表现形式

人工定额（又称劳动定额）是指在正常的施工技术和组织条件下，完成规定计量单位的合格建筑安装产品或完成一定的施工作业过程所需消耗的人工工日数量标准，或在单位工日内生产合格建筑安装产品或施工作业过程的数量标准。

生产单位产品的劳动消耗量可用劳动时间表示，同样在单位时间内劳动消耗量也可以用生产的产品数量表示。因此，人工定额有时间定额和产量定额两种基本的表现形式。

（1）时间定额

时间定额是指在一定施工技术和组织条件下，完成合格单位产品或施工作业过程所需消耗工作时间的数量标准。一般用“工时”或“工日”为计量单位，每个工日的工作时间按现行劳动制度规定为8h。时间定额公式表示为

单位产品时间定额(工日)＝1/每工日产量 (3-1)

或 单位产品时间定额(工日)＝小组成员工日数总和/小组每班产量 (3-2)

（2）产量定额

产量定额是指劳动者在单位时间（工日）内生产合格产品的数量标准或完成施工作业过程的数量额度。产量定额的单位以产品的计量单位来表示，如m^3、m^2、m、kg、t、块、套、组、台等。计算公式为

每工日产量＝1/单位产品时间定额(工日) (3-3)

或 小组每班产量＝小组成员工日数总和/单位产品时间定额 (3-4)

由此可见，时间定额与产量定额之间互为倒数关系。时间定额降低，则产量定额相应提高。

时间定额＝1/产量定额 (3-5)

或 时间定额×产量定额＝1 (3-6)

时间定额和产量定额是同一人工定额的不同表现形式，它们都表示同一人工定额，但各有其用途。时间定额的特点为单位统一，便于综合，便于计算分部分项工程的总需工日数和计算工期、核算工资；而产量定额具有形象化的特点，使工人的奋斗目标直观明确，便于小组分配任务，编制作业计划和考核生产效率。人工定额一般以产量定额形式来表现，也可以时间定额来表现。

2. 人工定额消耗量的确定

时间定额和产量定额是人工定额的两种表现形式。拟定出时间定额，也就可以计算出产量定额。

在全面分析各种影响因素的基础上，通过计时观察资料，我们可以获得定额的各种必需消耗时间。将这些时间进行归纳，有的是经过换算，有的是根据不同的工时规范附加，最后把各种定额时间加以综合和类比就是整个工作过程的人工消耗的时间定额。

人工定额时间包括准备与结束时间、工序作业时间（基本工作时间＋辅助工作时间）、休息时间、不可避免中断时间。

1）工序作业时间

根据计时观察资料的分析和选择，我们可以获得各种产品的基本工作时间和辅助工作时间，将这两种时间合并，可以称为工序作业时间。它是各种因素的集中反映，决定着整个产品的定额时间。

① 基本工作时间

基本工作时间在必需消耗的工作时间中占的比重最大。在确定基本工作时间时，必须细致、精确。基本工作时间消耗一般应根据计时观察资料来确定。其做法是，首先确定工作过程每一组成部分的工时消耗，然后再综合出工作过程的工时消耗。如果组成部分的产品计量单位和工作过程的产品计量单位不符，就需先求出不同计量单位的换算系数，进行产品计量单位的换算，然后再相加，求得工作过程的工时消耗。

A. 各组成部分与最终产品单位一致时的基本工作时间计算。此时，单位产品基本工作时间就是施工过程各个组成部分作业时间的总和，计算公式为：

$$T_1=\sum_{i=1}^{n}t_i \tag{3-7}$$

式中 T_1——单位产品基本工作时间；

t_i——各组成部分的基本工作时间；

n——各组成部分的个数。

B. 各组成部分单位与最终产品单位不一致时的基本工作时间计算。此时，各组成部分基本工作时间应分别乘以相应的换算系数。计算公式为：

$$T_1=\sum_{i=1}^{n}k_i\times t_i \tag{3-8}$$

式中 k_i——对应于 t_i 的换算系数。

【例 3-1】 *砌砖墙勾缝的计量单位是 m^2，但若将勾缝作为砌砖墙施工过程的一个组成部分，即将勾缝时间按砌墙厚度按砌体体积计算，设每平方米墙面所需的勾缝时间为 10min，试求各种不同墙厚每立方米砌体所需的勾缝时间？*

解：

（1）1砖厚的砖墙，其每立方米砌体墙面面积的换算系数为 1/0.24＝4.17（m^2），则每立方米砌体所需的勾缝时间是：4.17×10＝41.7（min）。

（2）标准砖规格为240mm×115mm×53mm，灰缝宽10mm，故一砖半墙的厚度＝0.24＋0.115＋0.01＝0.365（m）。

一砖半厚的砖墙，其每立方米砌体墙面面积的换算系数为 1/0.365＝2.74（m^2），则每立方米砌体所需的勾缝时间是：2.74×10＝27.4（min）。

② 辅助工作时间

辅助工作时间的确定方法与基本工作时间相同。如果在计时观察时不能取得足够的资料，也可采用工时规范或经验数据来确定。如具有现行的工时规范，可以直接利用工时规范中规定的辅助工作时间的百分比来计算。举例见表3-4。

木作工程各类辅助工作时间的百分率参考表　　表3-4

工作项目	占工序作业时间(%)	工作项目	占工序作业时间(%)
磨刨刀	12.3	磨线刨	8.3
磨槽刨	5.6	锉锯	8.2
磨凿子	3.4	—	—

2）规范时间

规范时间包括工序作业时间以外的准备与结束时间、不可避免中断时间以及休息时间。

① 准备与结束时间

准备与结束工作时间分为班内和任务两种。任务的准备与结束时间通常不能集中在某一个工作日中，而要采取分摊计算的方法，分摊在单位产品的时间定额里。

如果在计时观察资料中不能取得足够的准备与结束时间的资料，也可根据工时规范或经验数据来确定。

② 不可避免的中断时间

在确定不可避免中断时间的定额时，必须注意由工艺特点所引起的不可避免中断才可列入工作过程的时间定额。

不可避免中断时间需要根据测时资料通过整理分析获得，也可以根据经验数据或工时规范，以占工作日的百分比表示此项工时消耗的时间定额。

③ 休息时间

休息时间应根据工作班作息制度、经验资料、计时观察资料，以及对工作的疲劳程度作全面分析来确定。同时，应考虑尽可能利用不可避免中断时间作为休息时间。

规范时间均可利用工时规范或经验数据确定，常用的参考数据如表3-5所示。

3）定额时间

基本工作时间、辅助工作时间、准备与结束工作时间、不可避免中断时间与休息时间之和，就是劳动定额的时间定额。根据时间定额可计算出产量定额，时间定额和产量定额互成倒数。

准备与结束、休息、不可避免中断时间占工作班时间的百分率参考表　　表 3-5

序号	时间分类 工种	准备与结束时间占工作时间(%)	休息时间占工作时间(%)	不可避免时间占工作时间(%)
1	材料运输及材料加工	2	13～16	2
2	人工土方工程	3	13～16	2
3	架子工程	4	12～15	2
4	砖石工程	6	10～13	4
5	抹灰工程	6	10～13	3
6	手工木作工程	4	7～10	3
7	机械木作工程	3	4～7	3
8	模板工程	5	7～10	3
9	钢筋工程	4	7～10	4
10	现浇混凝土工程	6	10～13	3
11	预制混凝土工程	4	10～13	2
12	防水工程	5	25	3
13	油漆玻璃工程	3	4～7	2
14	钢制品制作及安装工程	4	4～7	2
15	机械土方工程	2	4～7	2
16	石方工程	4	13～16	2
17	机械打桩工程	6	10～13	3
18	构件运输及吊装工程	6	10～13	3
19	水暖电气工程	5	7～10	3

利用工时规范，可以计算劳动定额的时间定额。计算公式为：

$$\text{工序作业时间}=\text{基本工作时间}+\text{辅助工作时间} \tag{3-9}$$

$$\text{规范时间}=\text{准备与结束工作时间}+\text{不可避免的中断时间}+\text{休息时间} \tag{3-10}$$

$$\text{工序作业时间}=\text{基本工作时间}+\text{辅助工作时间}=\frac{\text{基本作业时间}}{1-\text{辅助时间}\%} \tag{3-11}$$

$$\text{定额时间}=\frac{\text{工序作业时间}}{1-\text{规范时间}\%} \tag{3-12}$$

【例 3-2】 通过计时观察资料得知：人工挖二类土 $1m^3$ 的基本工作时间为 1h，辅助工作时间占工序作业时间的 2%。准备与结束工作时间、不可避免的中断时间、休息时间分别占工作日的 3%，2%，18%。求该人工挖二类土的时间定额是多少？产量定额是多少？

解：

基本工作时间＝1h/8＝0.125（工日/m^3）；

工序作业时间＝0.125/(1－2%)＝0.128（工日/m^3）；

时间定额＝0.128/(1－3%－2%－18%)＝0.166（工日/m^3）；

产量定额＝1/0.166＝6.02（m^3/工日）。

3.3.3 材料定额消耗量的确定

1. 材料的分类

合理确定材料消耗定额，必须研究和区分材料在施工过程中的类别。

（1）根据材料消耗的性质划分

施工中材料的消耗可分为必需的材料消耗和损失的材料两类性质。

必需消耗的材料，是指在合理用料的条件下，生产合格产品所需消耗的材料。它包括：直接用于建筑和安装工程的材料；不可避免的施工废料；不可避免的材料损耗。

必需消耗的材料属于施工正常消耗，是确定材料消耗定额的基本数据。其中：直接用于建筑和安装工程的材料，编制材料净用量定额；不可避免的施工废料和材料损耗，编制材料损耗定额。

（2）根据材料消耗与工程实体的关系划分

施工中的材料可分为实体材料和非实体材料两类。

1）实体材料，是指直接构成工程实体的材料。它包括工程直接性材料和辅助材料。工程直接性材料主要是指一次性消耗、直接用于工程构成建筑物或结构本体的材料，如钢筋混凝土柱中的钢筋、水泥、砂、碎石等；辅助性材料主要是指虽也是施工过程中所必需的，却并不构成建筑物或结构本体的材料。如土石方爆破工程中所需的炸药、引信、雷管等。直接性材料用量大，辅助材料用量少。

2）非实体材料，是指在施工中必须使用但又不能构成工程实体的施工措施性材料。非实体材料主要是指周转性材料，如模板、脚手架、支撑等。

2. 材料消耗定额的概念和消耗量的组成

材料消耗定额是指在正常施工生产条件下，完成定额规定计量单位的合格建筑安装产品或完成一定施工作业过程所消耗的各类材料的数量标准，包括各种原材料、辅助材料、零件、半成品、构配件等。它是企业确定材料需要量和储备量的依据，是企业编制材料需要计划和材料供应计划不可缺少的条件；是施工队向工人班组签发限额领料单、实行材料核算的标准。

定额中材料的消耗量由两部分组成，即材料净用量和材料损耗量。材料净用量是指为了完成单位合格产品或施工工作过程所必需的材料使用量，即构成工程实体的材料消耗量。材料损耗量是指材料从工地仓库领出到完成合格产品生产或施工作业过程中不可避免的合理损耗量，包括材料场内运输损耗量、加工制作损耗量和施工操作损耗量三部分。

材料损耗量的多少，常用损耗率表示。材料损耗率可以通过观察法或统计法确定。材料损耗率及材料消耗量的计算通常采用以下公式：

$$\text{损耗率}=\frac{\text{损耗量}}{\text{净用量}}\times 100\% \tag{3-13}$$

$$\text{消耗量}=\text{净用量}+\text{损耗量}=\text{净用量}\times(1+\text{损耗率}) \tag{3-14}$$

3. 确定实体材料消耗量的基本方法

确定实体材料的净用量定额和材料损耗定额的计算数据，是通过现场技术测定、实验室试验、现场统计和理论计算等方法获得的。

（1）现场技术测定法

又称为观测法，是根据对材料消耗过程的测定与观察，通过完成产品数量和材料消耗量的计算，而确定各种材料消耗定额的一种方法。现场技术测定法主要适用于确定材料损耗量，因为该部分数值用统计法或其他方法较难得到。通过现场观察，还可以区别出哪些是可以避免的损耗，哪些是属于难以避免的损耗，明确定额中不应列入可以避免的损耗。

（2）实验室试验法

主要用于编制材料净用量定额。通过试验，能够对材料的结构、化学成分和物理性能以及按强度等级控制的混凝土、砂浆、沥青、油漆等配比做出科学的结论，给编制材料消耗定额提供有技术根据的、比较精确的计算数据。这种方法的优点是能更深入、更详细地研究各种因素对材料消耗的影响，其缺点是无法估计到施工现场某些因素对材料消耗量的影响。

（3）现场统计法

是以施工现场积累的分部分项工程使用材料数量、完成产品数量、完成工作原材料的剩余数量等统计资料为基础，经过整理分析，获得材料消耗的数据。这种方法比较简单易行，但也有缺陷：一是该方法一般只能确定材料总消耗量，不能确定净用量和损耗量；二是其准确程度受到统计资料和实际使用材料的影响。因而其不能作为确定材料净用量定额和材料损耗定额的依据，只能作为编制定额的辅助性方法使用。

（4）理论计算法

理论计算法是根据施工图和建筑构造要求，用理论计算公式计算出产品的材料净用量的方法。这种方法较适合于不易产生损耗，且容易确定废料的材料消耗量的计算。

1）标准砖墙材料用量计算

每立方米砖墙的用砖数和砌筑砂浆的用量可用下列理论计算公式计算各自的净用量。

用砖数：

$$A=\frac{1}{\text{墙厚}\times(\text{砖长}+\text{灰缝})\times(\text{砖厚}+\text{灰缝})}\times k \tag{3-15}$$

式中　k——墙厚的砖数×2，如1砖墙，$k=1\times2=2$，2砖墙，$k=2\times2=4$；

墙厚——墙的实际厚度，如2砖墙墙厚为490mm，1砖半墙墙厚为365mm等。

砌块墙的砌块净用量计算同式（3-15）。

砂浆用量：

$$B=1-\text{砖数}\times\text{每块砖体积} \tag{3-16}$$

【例3-3】 计算$1m^3$标准砖一砖外墙砌体砖数和砂浆的净用量。

解：

$$\text{砖净用量}=\frac{1}{0.24\times(0.24+0.01)\times(0.053+0.01)}\times1\times2=529\text{（块）；}$$

$$\text{砂浆净用量}=1-529\times(0.24\times0.115\times0.053)=0.226\ (m^3)\text{。}$$

【例3-4】 计算砌块尺寸为390mm×190mm×190mm的190厚$1m^3$混凝土砌块墙砌块净用量。

解：由题知，$k=0.5\times2=1$。

砌块净用量=1/[0.19×(0.39+0.01)×(0.19+0.01)]=65.8(块)。

2）块料面层的材料用量计算

每 $100m^2$ 面层块料数量、灰缝及结合层材料用量公式为：

$$100m^2\text{ 砖净用量}=\frac{100}{(\text{块料长}+\text{灰缝宽})\times(\text{块料宽}+\text{灰缝宽})} \tag{3-17}$$

$$100m^2\text{ 灰缝材料净用量}=[100-(\text{块料长}\times\text{块料宽}\times100m^2\text{ 块料用量})]\times\text{灰缝深} \tag{3-18}$$

$$\text{结合层材料用量}=100m^2\times\text{结合层厚度} \tag{3-19}$$

【例 3-5】 用 1∶1 水泥砂浆粘贴 150mm×150mm×5mm 瓷砖墙面，结合层厚度为 10mm，试计算每 $100m^2$ 瓷砖墙面中瓷砖和砂浆的消耗量（灰缝宽为 2mm）。假设瓷砖损耗率为 1.5%，砂浆损耗率为 1%。

解：每 $100m^2$ 瓷砖墙面中瓷砖的净用量 $=\frac{100}{(0.15+0.002)\times(0.15+0.002)}=4328.3$(块)；

每 $100m^2$ 瓷砖墙面中瓷砖的总消耗量=4328.3×(1+1.5%)=4393.12(块)；

每 $100m^2$ 瓷砖墙面中结合层砂浆净用量=100×0.01=1(m^3)；

每 $100m^2$ 瓷砖墙面中灰缝砂浆净用量=[100−(4328.3×0.15×0.15)]×0.005=0.013(m^3)；

每 $100m^2$ 瓷砖墙面中水泥砂浆总消耗量=(1+0.013)×(1+1%) =1.02(m^3)。

周转性材料摊销量的确定

4. 周转性材料摊销量的确定

周转材料是指在施工过程中多次周转使用的不构成工程实体的摊销性材料，如脚手架、钢木模板、跳板、挡土板等。

定额中的周转性材料计算原则为：按多次使用、分次摊销的方法进行计算。纳入定额的周转性材料消耗量是指分摊到每一计量单位的分项工程上的摊销量。摊销量的确定由周转性材料的一次使用量、周转次数、回收废料价值等因素决定的。

3.3.4 机具台班定额消耗量的确定

机具台班定额消耗量包括机械台班定额消耗量和仪器仪表台班定额消耗量，二者的确定方法基本相同，本部分主要介绍机械台班定额消耗量的确定。

1. 机械台班定额及表现形式

机械台班定额是指在正常施工生产条件下，完成定额规定计量单位的合格建筑安装产品或完成一定施工作业过程所消耗的施工机械台班的数量。机械台班定额是企业编制机械需要量计划的依据，是考核机械生产率的尺度，是推行经济责任制、实行计件工资、签发施工任务书的依据。

按表达方式的不同，机械台班定额分为机械时间定额和机械产量定额。

（1）机械时间定额

机械时间定额是指在前述条件下，某种机械生产单位合格产品或完成一定施工作业过程所必须消耗的作业时间。机械时间定额以“台班”为单位，即以一台机械作业一个工作班（8h）为一个台班。用公式表示为：

$$\text{机械时间定额}=\frac{1}{\text{机械台班的产量定额}} \tag{3-20}$$

（2）机械产量定额

机械产量定额是指在前述条件下，某种机械在一个台班内必须生产的合格产品的数量。机械产量定额的单位以产品的计量单位来表示，如 m^3、m^2、m、t 等。用公式表示为：

$$\text{机械产量定额}=\frac{1}{\text{机械时间定额}} \tag{3-21}$$

机械台班定额消耗量标准是时间定额，确定时需要先计算产量定额，再利用倒数关系计算时间定额。

2. 机械台班消耗量的计算

（1）确定机械 1h 纯工作正常生产率

机械纯工作时间，就是指机械的必需消耗时间。机械 1h 纯工作正常生产率，就是在正常施工组织条件下，具有必需的知识和技能的技术工人操纵机械 1h 的生产率。

根据机械工作特点的不同，机械 1h 纯工作正常生产率的确定方法，也有所不同。

① 对于循环动作机械，确定机械纯工作 1h 正常生产率的计算公式为：

$$\text{机械一次循环的正常延续时间}=\sum(\text{循环各组成部分正常延续时间})-\text{交叠时间} \tag{3-22}$$

$$\text{机械纯工作 1h 循环次数}=\frac{60\times60(s)}{\text{一次循环的正常延续时间}} \tag{3-23}$$

$$\text{机械纯工作 1h 正常生产率}=\text{机械纯工作 1h 正常循环次数}\times\text{一次循环生产的产品数量} \tag{3-24}$$

② 对于连续动作机械，确定机械纯工作 1h 正常生产率要根据机械的类型和结构特征，以及工作过程的特点来进行。计算公式为：

$$\text{连续动作机械纯工作 1h 正常生产率}=\frac{\text{工作时间内生产的产品数量}}{\text{工作时间(h)}} \tag{3-25}$$

工作时间内的产品数量和工作时间的消耗，要通过多次现场观察和机械说明书取得数据。

（2）确定施工机械的时间利用系数

确定施工机械的时间利用系数，是指机械在一个台班内的净工作时间与工作班延续时间之比。机械的时间利用系数和机械在工作班内的工作状况有着密切的关系。所以，要确定机械的时间利用系数，首先要拟定机械工作班的正常工作状况，保证合理利用工时。机械时间利用系数的计算公式为：

$$\text{机械时间利用系数}=\frac{\text{机械在一个工作班内纯工作时间}}{\text{一个工作延续时间(8h)}} \tag{3-26}$$

（3）计算施工机械台班定额

计算施工机械台班定额是编制机械定额工作的最后一步。在确定机械工作正常条件、机械 1h 纯工作正常生产率和机械时间利用系数之后，采用下列公式计算施工机械的产量定额（机械工作 1 台班的产量）：

$$施工机械台班产量定额=机械1h纯工作正常生产率\times工作班纯工作时间 \tag{3-27}$$

或

$$施工机械台班产量定额=机械1h纯工作正常生产生产率\times工作班延续时间\times机械时间利用系数 \tag{3-28}$$

然后利用倒数关系计算机械的时间定额：

$$施工机械时间定额=\frac{1}{机械台班产量定额指标} \tag{3-29}$$

【例 3-6】 某工程现场采用出料容量 500L 的混凝土搅拌机，每一次循环中，装料、搅拌、卸料、中断需要的时间分别为 1min，3min，1min，1min，机械时间利用系数为 0.9，求该机械的台班产量定额及时间定额。

解： 该搅拌机一次循环的正常延续时间=1+3+1+1=6（min）=0.1（h）；

该搅拌机纯工作 1h 循环次数=10（次）；

该搅拌机纯工作 1h 正常生产率=10×500=5000（L）=5（m^3）；

该搅拌机台班产量定额=5×8×0.9=36（m^3/台班）；

该搅拌机时间定额=1/36=0.028（台班/m^3）。

3.4 人工、材料、机械台班单价

一项分部分项工程费用的多少，除取决于分部分项人工、材料和机械台班消耗量外，还取决于人工工资标准、材料和机械台班的单价，以及获取该资源时的市场条件、取得该资源的方式、使用该资源的方式及一些政策性因素。因此，合理确定人工单价、材料单价、机械台班单价是合理估算工程造价的重要依据。

3.4.1 人工单价的组成和确定

人工日工资单价是指施工企业平均技术熟练程度的生产工人在每工作日（国家法定工作时间内）按规定从事施工作业应得的日工资总额。合理确定人工工日单价是正确计算人工费和工程造价的前提和基础。

1. 人工日工资单价组成内容

人工日工资单价由计时工资或计件工资、奖金、津贴补贴以及特殊情况下支付的工资组成。

（1）计时工资或计件工资。按计时工资标准和工作时间或对已做工作按计件单价支付给个人的劳动报酬。

（2）奖金。对超额劳动和增收节支支付给个人的劳动报酬。如节约奖、劳动竞赛奖等。

（3）津贴补贴。为了补偿职工特殊或额外的劳动消耗和因其他原因支付给个人的津贴，以及为了保证职工工资水平不受物价影响支付给个人的物价补贴。如流动施工津贴、特殊地区施工津贴、高温（寒）作业临时津贴、高空津贴等。

（4）特殊情况下支付的工资。根据国家法律、法规和政策规定，因病、工伤、产假、计划生育假、婚丧假、事假、探亲假、定期休假、停工学习、执行国家或社会义务等原因按计时工资标准或计件工资标准的一定比例支付的工资。

2. 人工日工资单价确定方法

（1）年平均每月法定工作日

由于人工日工资单价是每一个法定工作日的工资总额，因此需要对年平均每月法定工作日进行计算。计算公式为：

$$年平均每月法定工作日=\frac{全年日历日-法定假日}{12} \tag{3-30}$$

其中，法定假日指双休日（104天）和法定节日（11天）。

（2）日工资单价的计算

确定年平均每月法定工作日后，将上述工资总额进行分摊，即形成人工日工资单价。计算公式为：

$$日工资单价=\frac{\begin{array}{c}生产工人平均月工资(计时、计价)+平均月(奖金+\\津贴补贴+特殊情况下支付的工资)\end{array}}{年平均每月法定工作日} \tag{3-31}$$

（3）日工资单价的管理

虽然施工企业投标报价时可以自主确定人工费，但由于人工日工资单价在我国具有一定的政策性，因此工程造价管理机构确定日工资单价应根据工程项目的技术要求，通过市场调查并参考实物的工程量人工单价综合分析确定，发布的最低日工资单价不得低于工程所在地人力资源和社会保障部门所发布的最低工资标准的：普工1.3倍、一般技工2倍、高级技工3倍。而且许多地区对人工单价实行动态管理，定期发布人工价格指数，进行实时调整。

3. 影响人工日工资单价的因素

影响人工日工资单价的因素很多，归纳后有以下方面：

（1）社会平均工资水平。建筑安装工人人工日工资单价必然和社会平均工资水平趋同。社会平均工资水平取决于经济发展水平。由于经济的增长，社会平均工资也会增长，从而影响人工日工资单价的提高。

（2）生活消费指数。生活消费指数的提高会影响人工日工资单价的提高，以减少生活水平的下降，或维持原来的生活水平。生活消费指数的变动决定于物价的变动，尤其决定于生活消费品物价的变动。

（3）人工日工资单价的组成内容。《关于印发〈建筑安装工程费用项目组成〉的通知》（建标［2013］44号）将职工福利费和劳动保护费从人工日工资单价中删除，这也必然影响人工日工资单价的变化。

（4）劳动力市场供需变化。劳动力市场如果需求大于供给，人工日工资单价就会提高；供给大于需求，市场竞争激烈，人工日工资单价就会下降。

（5）政府推行的社会保障和福利政策也会影响人工日工资单价的变动。

3.4.2　材料单价的组成和确定

在建筑工程中，材料费约占总造价的60%～70%，在金属结构工程中所占比重还要大。因此，合理确定材料价格构成，正确计算材料单价，有利于合理确定和有效控制工程造价。材料单价是指建筑材料从其来源地运到施工工地仓库，直至出库形成的不含税综合单价。

1. 材料单价的编制依据和确定方法

（1）材料原价（或供应价格）

材料原价是指国内采购材料的出厂价格，国外采购材料抵达买方边境、港口或车站并交纳完各种手续费、税费（不含增值税）后形成的价格。在确定原价时，凡同一种材料因来源地、交货地、供货单位、生产厂家不同，而有几种价格（原价）时，根据不同来源地供货数量比例，采取加权平均的方法确定其综合原价。计算公式为：

$$加权平均原价=\frac{K_1C_1+K_2C_2+\cdots+K_nC_n}{K_1+K_2+\cdots+K_n} \tag{3-32}$$

式中　K_1，K_2，…，K_n——各不同供应地点的供应量或各不同使用地点的需要量；

C_1，C_2，…，C_n——各不同供应地点的原价。

若材料供货价格为含税价格，则材料原价应以购进货物适用的税率（13%或9%）或征收率（3%）扣减增值税进项税额。

（2）材料运杂费

材料运杂费是指国内采购材料自来源地、国外采购材料自到岸港运至工地仓库或指定堆放地点发生的费用（不含增值税）。含外埠中转运输过程中所发生的一切费用和过境过桥费用，包括调车和驳船费、装卸费、运输费及附加工作费等。

同一品种的材料有若干个来源地，应采用加权平均的方法计算材料运杂费。计算公式为：

$$加权平均运杂费=\frac{K_1T_1+K_2T_2+\cdots+K_nT_n}{K_1+K_2+\cdots+K_n} \tag{3-33}$$

式中　K_1，K_2，…，K_n——各不同供应点的供应量或各不同使用地点的需求量；

T_1，T_2，…，T_n——各不同运距的运费。

若运输费用为含税价格，则需要按“两票制”和“一票制”两种支付方式分别调整。

①“两票制”支付方式。所谓“两票制”材料，是指材料供应商就收取的货物销售价款和运杂费向建筑业企业分别提供货物销售和交通运输两张发票的材料。在这种方式下，运杂费以接受交通运输与服务适用税率9%扣减增值税进项税额。

②“一票制”支付方式。所谓“一票制”材料，是指材料供应商就收取的货物销售价款和运杂费合计金额向建筑业企业仅提供一张货物销售发票的材料。在这种方式下，运杂费采用与材料原价相同的方式扣减增值税进项税额。

在材料运输中，可能需要考虑材料包装费。所谓材料包装费是指为了保护材料、方便运输，对材料进行包装而发生的费用。如果材料包装费未计入材料原价，则应计算包装费，列入材料价格中。

（3）运输损耗

在材料的运输中应考虑一定的场外运输损耗费用。是指材料在运输装卸过程中不可避免的损耗。运输损耗的计算公式为：

$$运输损耗=(材料原价+运杂费)\times运输损耗率(\%) \tag{3-34}$$

（4）采购及保管费

采购及保管费是指为组织采购、供应和保管材料过程中所需要的各项费用，包含：采购费、仓储费、工地保管费和仓储损耗。

采购及保管费一般按照材料到库价格以费率取定。材料采购及保管费计算公式为：

采购及保管费＝材料运到工地仓库价格×采购及保管费率(％)　　(3-35)

或 采购及保管费＝(材料原价＋运杂费＋运输损耗费)×采购及保管费率(％)　(3-36)

综上所述，材料单价的一般计算公式为：

材料单价＝[(供应价格＋运杂费)×(1＋运输损耗率(％))]×(1＋采购及保管费率(％))　(3-37)

由于我国幅员广阔，建筑材料产地与使用地点的距离各地差异很大，采购、保管、运输方式也不尽相同，因此材料单价原则上按地区范围编制。

【例 3-7】 某建设项目材料（适用 13％增值税率）从两个地方采购，其采购量及有关费用如表 3-6 所示，求该工地水泥的单价（表中原价、运杂费均为含税价格，且材料采用“两票制”支付方式）。

材料采购信息表　　**表 3-6**

采购处	采购量(t)	原价(元/t)	运杂费(元/t)	运输损耗率(％)	采购及保管费率(％)
来源一	300	240	20	0.5	3.5
来源二	200	250	15	0.4	

解： 应将含税的原价和运杂费调整为不含税价格，具体过程如表 3-7 所示。

材料价格信息不含税价格处理　　**表 3-7**

采购处	采购量(t)	原价(元/t)	不含税原价(元/t)	运杂费(元/t)	不含税运杂费(元/t)	运输损耗率(％)	采购及保管费率(％)
来源一	300	240	240/1.13＝212.39	20	20/1.09＝18.35	0.5	3.5
来源二	200	250	250/1.13＝221.24	15	15/1.09＝13.76	0.4	

$$加权平均原价=\frac{300\times212.39+200\times221.24}{300+200}=215.93\text{（元/t）；}$$

$$加权平均运杂费=\frac{300\times18.35+200\times13.76}{300+200}=16.51\text{（元/t）；}$$

来源一的运输损耗费＝(212.39＋18.35)×0.5％＝1.15（元/t）；

来源二的运输损耗费＝(221.24＋13.76)×0.4％＝0.94（元/t）；

$$加权平均运输损耗费=\frac{300\times1.15+200\times0.94}{300+200}=1.07\text{（元/t）；}$$

材料单价＝(215.93＋16.51＋1.07)×(1＋3.5％)＝241.68（元/t）。

2. 影响材料单价变动的因素

（1）市场供需变化。材料原价是材料单价中最基本的组成。市场供大于求，价格就会下降；反之价格就会上升。从而就会影响材料单价的涨落。

（2）材料生产成本的变动直接影响材料单价的波动。

（3）流通环节的多少和材料供应体制会影响材料单价。

（4）运输距离和运输方法的改变会影响材料运输费用的增减，从而会影响材料单价。

（5）国际市场行情会对进口材料单价产生影响。

3.4.3 施工机械及仪器仪表台班单价的组成和确定

1. 施工机械台班单价的组成和确定方法

施工机械使用费是根据施工中耗用的机械台班数量和机械台班单价确定的。施工机械台班耗用量按有关定额规定计算；施工机械台班单价是指一台施工机械，在正常运转条件下一个工作班中所发生的全部费用，每台班按 8h 工作制计算。正确制定施工机械台班单价是合理确定和控制工程造价的重要方面。

根据《建设工程施工机械台班费用编制规则》的规定，施工机械划分为十二个类别：土石方及筑路机械、桩工机械、起重机械、水平运输机械、垂直运输机械、混凝土及砂浆机械、加工机械、泵类机械、焊接机械、动力机械、地下工程机械和其他机械。

施工机械台班单价由七项费用组成，包括折旧费、检修费、维护费、安拆费及场外运费、人工费、燃料动力费和其他费用。

（1）折旧费的组成及确定

折旧费是指施工机械在规定的耐用总台班内，陆续收回其原值的费用。计算公式为：

$$台班折旧费=\frac{机械预算价格\times(1-残值率)}{耐用总台班} \tag{3-38}$$

1）机械预算价格

① 国产施工机械的预算价格。国产施工机械预算价格按照机械原值、相关手续费和一次运杂费以及车辆购置税之和计算。

机械原值。机械原值应按下列途径询价、采集：

a. 编制期施工企业购进施工机械的成交价格；

b. 编制期施工机械展销会发布的参考价格；

c. 编制期施工机械生产厂、经销商的销售价格；

d. 其他能反映编制期施工机械价格水平的市场价格。

相关手续费和一次运杂费应按实际费用综合取定，也可按其占施工机械原值的百分率确定。

车辆购置税的计算。

车辆购置税应按下列公式计算：

$$车辆购置税=计取基数\times车辆购置税率(\%) \tag{3-39}$$

其中，计取基数=机械原值+相关手续费和一次运杂费，车辆购置税率应按编制期间国家有关规定计算。

② 进口施工机械的预算价格。

进口施工机械的预算价格按照到岸价格、关税、消费税、相关手续费和国内一次运杂费、银行财务费、车辆购置税之和计算。

进口施工机械原值应按下列方法取定：

a. 进口施工机械原值应按“到岸价格＋关税”取定，到岸价格应按编制期施工企业签订的采购合同、外贸与海关等部门的有关规定及相应的外汇汇率计算取定；

b. 进口施工机械原值应按不含标准配置以外的附件及备用零配件的价格取定。

c. 关税、消费税及银行财务费应执行编制期国家有关规定，并参照实际发生的费用计算。也可按占施工机械原值的百分率取定。

d. 相关手续费和国内一次运杂费应按实际费用综合取定，也可按其占施工机械原值的百分率确定。

e. 车辆购置税应按下列公式计算：

$$车辆购置税=计税价格\times车辆购置税率 \tag{3-40}$$

其中，计税价格＝到岸价格＋关税＋消费税，车辆购置税率应执行编制期间国家有关规定计算。

2）残值率

残值率是指机械报废时回收其残余价值占施工机械预算价格的百分数。残值率应按编制期国家有关规定确定：目前各类施工机械均按5%计算。

3）耐用总台班

耐用总台班指施工机械从开始投入使用至报废前使用的总台班数，应按相关技术指标取定。

年工作台班指施工机械在一个年度内使用的台班数量。年工作台班应在编制期工作日基础上扣除检修、维护天数及考虑机械利用率等因素综合取定。

机械耐用总台班的计算公式为：

$$耐用总台班=折旧年限\times年工作台班=检修间隔台班\times检修周期 \tag{3-41}$$

检修间隔台班是指机械自投入使用起至第一次检修止或自上一次检修后投入使用起至下一次检修止，应达到的使用台班数。

检修周期是指机械正常的施工作业条件下，将其寿命期（即耐用总台班）按规定的检修次数划分为若干个周期。其计算公式：

$$检修周期=检修次数+1 \tag{3-42}$$

（2）检修费的组成及确定

检修费是指施工机械在规定的耐用总台班内，按规定的检修间隔进行必要的检修，以恢复其正常功能所需的费用。检修费是机械使用期限内全部检修费之和在台班费用中的分摊额，它取决于一次检修费、检修次数和耐用总台班的数量。其计算公式为：

$$台班检修费=\frac{一次检修费\times检修次数}{耐用总台班}\times除税系数 \tag{3-43}$$

① 一次检修费指施工机械一次检修发生的工时费、配件费、辅料费、油燃料费等。一次检修费应按施工机械的相关技术指标和参数为基础，结合编制期市场价格综合确定。可按其占预算价格的百分率取定。

② 检修次数是指施工机械在其耐用总台班内的检修次数。检修次数应按施工机械的相关技术指标取定。

③ 除税系数，是指一部分检修可以考虑购买服务，从而需扣除维修费中包括的增值税进项税额，如公式（3-44）所示。

$$除税系数=自行检修比例+\frac{委外检修比例}{(1+税率)} \tag{3-44}$$

自行检修比例、委外检修比例是指施工机械自行检修、委托专业修理修配部门检修占检修费比例。具体比值应结合本地区（部门）施工机械检修实际综合取定。税率按增值税修理修配劳务适用税率计取。

(3) 维护费的组成及确定

维护费指施工机械在规定的耐用总台班内，按规定的维护间隔进行各级维护和临时故障排除所需的费用。保障机械正常运转所需替换与随机配备工具附具的摊销和维护费用、机械运转及日常保养维护所需润滑与擦拭的材料费用及机械停滞期间的维护费用等。各项费用分摊到台班中，即为维护费。其计算公式为：

$$台班维护费=\frac{\sum(各级维护一次费用\times除税系数\times各级维护次数)+临时故障排除费}{耐用总台班} \tag{3-45}$$

当维护费计算公式中各项数值难以确定时，也可按下列公式计算：

$$台班维护费=台班检修费\times K \tag{3-46}$$

式中 K——维护费系数，指维护费占检修费的百分数。

① 各级维护一次费用应按施工机械的相关技术指标，结合编制期市场价格综合取定。

② 各级维护次数应按施工机械的相关技术指标取定。

③ 临时故障排除费可按各级维护费用之和的百分数取定。

④ 替换设备及工具附具台班摊销费应按施工机械的相关技术指标，结合编制期市场价格综合取定。

⑤ 除税系数。除税系数是指一部分维护可以考虑购买服务，从而需扣除维护费中包括的增值税进项税额，如公式（3-47）所示。

$$除税系数=自行检修比例+\frac{委外检修比例}{(1+税率)} \tag{3-47}$$

自行检修比例、委外检修比例是指施工机械自行维护、委托专业修理修配部门维护占维护费比例。具体比值应结合本地区（部门）施工机械检修实际综合取定。税率按增值税修理修配劳务适用税率计取。

(4) 安拆费及场外运费的组成和确定

安拆费指施工机械在现场进行安装与拆卸所需的人工、材料、机械和试运转费用以及机械辅助设施的折旧、搭设、拆除等费用；场外运费指施工机械整体或分体自停放地点运至施工现场或由一施工地点运至另一施工地点的运输、装卸、辅助材料及架线等费用。

安拆费及场外运费根据施工机械不同，分为计入台班单价、单独计算和不需计算三种类型。

1）安拆简单、移动需要起重及运输机械的轻型施工机械，其安拆费及场外运费计入台班单价。安拆费及场外运费应按下列公式计算：

$$台班安拆费及场外运费=\frac{一次安拆费及场外运费\times年平均安拆次数}{年工作台班} \tag{3-48}$$

① 一次安拆费应包括施工现场机械安装和拆卸一次所需的人工费、材料费、机械费、安全监测部门的检测费及试运转费；

② 一次场外运费应包括运输、装卸、辅助材料和回程等费用；

③ 年平均安拆次数按施工机械的相关技术指标，结合具体情况综合确定；

④ 运输距离均按平均30km计算。

2）单独计算的情况包括：

① 安拆复杂、移动需要起重及运输机械的重型施工机械，其安拆费及场外运费单独计算；

② 利用辅助设施移动的施工机械，其辅助设施（包括轨道和枕木）等的折旧、搭设和拆除等费用可单独计算。

3）不需计算的情况包括：

① 不需安拆的施工机械，不计算一次安拆费；

② 不需相关机械辅助运输的自行移动机械，不计算场外运费；

③ 固定在车间的施工机械，不计算安拆费及场外运费。

4）自升式塔式起重机、施工电梯安拆费的超高起点及其增加费，各地区、部门可根据具体情况确定。

（5）人工费的组成及确定

人工费指机上司机（司炉）和其他操作人员的人工费。按下列公式计算：

$$台班人工费=人工消耗量\times\left(1+\frac{年制度工作日-年工作台班}{年工作台班}\right)\times人工单价 \quad (3\text{-}49)$$

① 人工消耗量指机上司机（司炉）和其他操作人员工日消耗量。

② 年制度工作日应执行编制期国家有关规定。

③ 人工单价应执行编制期工程造价管理机构发布的信息价格。

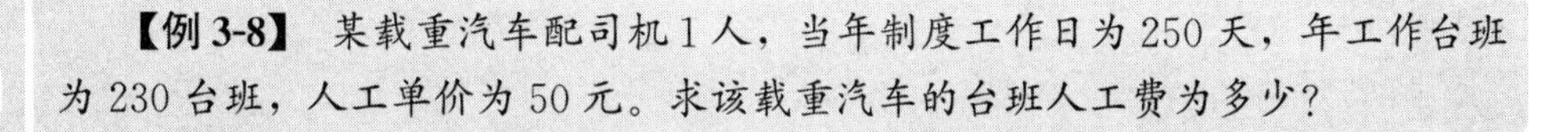

【例3-8】 某载重汽车配司机1人，当年制度工作日为250天，年工作台班为230台班，人工单价为50元。求该载重汽车的台班人工费为多少？

解： 台班人工费$=1\times\left(1+\frac{250-230}{230}\right)\times50=54.35$元/台班。

（6）燃料动力费的组成和确定

燃料动力费是指施工机械在运转作业中所耗用的燃料及水、电等费用。计算公式为：

$$台班燃料动力费=\sum(燃料动力消耗量\times燃料动力单价) \quad (3\text{-}50)$$

① 燃料动力消耗量应根据施工机械技术指标等参数及实测资料综合确定。可采用加权平均法，按下列公式计算：

$$台班燃料动力消耗量=(实测数\times4+定额平均值+调查平均值)/6 \quad (3\text{-}51)$$

② 燃料动力单价应执行编制期工程造价管理机构发布的不含税信息价格。

（7）其他费用的组成和确定

其他费用是指施工机械按照国家规定应缴纳的车船税、保险费及检测费等。其计算公式为：

$$台班其他费=\frac{年车船费+年保险费+年检测试费}{年工作台班} \quad (3\text{-}52)$$

① 年车船税、年检测费应执行编制期国家及地方政府有关部门的规定。

② 年保险费应执行编制期国家及地方政府有关部门强制性保险的规定，非强制性保险不应计算在内。

2. 施工仪器仪表台班单价的组成和确定方法

根据《建设工程施工仪器仪表台班费用编制规则》的规定，施工仪器仪表划分为七个类别：自动化仪表及系统、电工仪器仪表、光学仪器、分析仪表、试验机、电子和通信测量仪器仪表、专用仪器仪表。

施工仪器仪表台班单价由四项费用组成，包括折旧费、维护费、校验费、动力费。施工仪器仪表台班单价中的费用组成不包括检测软件的相关费用。

（1）折旧费

施工仪器仪表台班折旧费是指施工仪器仪表在耐用总台班内，陆续收回其原值的费用。计算公式为：

$$台班折旧费=\frac{施工仪器仪表原值\times(1-残值率)}{耐用总台班} \tag{3-53}$$

1）施工仪器仪表原值应按以下方法取定：

① 对从施工企业采集的成交价格，各地区、部门可结合本地区、部门实际情况，综合确定施工仪器仪表原值；

② 对从施工仪器仪表展销会采集的参考价格或从施工仪器仪表生产厂、经销商采集的销售价格，各地区、部门可结合本地区、部门实际情况，测算价格调整系数取定施工仪器仪表原值；

③ 对类别、名称、性能规格相同而生产厂家不同的施工仪器仪表，各地区、部门可根据施工企业实际购进情况，综合取定施工仪器仪表原值；

④ 对进口与国产施工仪器仪表性能规格相同的，应以国产为准取定施工仪器仪表原值；

⑤ 进口施工仪器仪表原值应按编制期国内市场价格取定；

⑥ 施工仪器仪表原值应按不含一次运杂费和采购保管费的价格取定。

2）残值率指施工仪器仪表报废时回收其残余价值占施工仪器仪表原值的百分比。残值率应按国家有关规定取定。

3）耐用总台班指施工仪器仪表从开始投入使用至报废前所积累的工作总台班数量。耐用总台班应按相关技术指标取定。

$$耐用总台班=年工作台班\times折旧年限 \tag{3-54}$$

① 年工作台班指施工仪器仪表在一个年度内使用的台班数量。

$$年工作台班=年制度工作日\times年使用率 \tag{3-55}$$

年制度工作日应按国家规定制度工作日执行，年使用率应按实际使用情况综合取定。

② 折旧年限指施工仪器仪表逐年计提折旧费的年限。折旧年限应按国家有关规定取定。

（2）维护费

施工仪器仪表台班维护费是指施工仪器仪表各级维护、临时故障排除所需的费用及为保证仪器仪表正常使用所需备件（备品）的维护费用。计算公式为：

$$台班维护费=\frac{年维护费}{年工作台班} \tag{3-56}$$

年维护费指施工仪器仪表在一个年度内发生的维护费用。年维护费应按相关技术指标，结合市场价格综合取定。

（3）校验费

施工仪器仪表台班校验费是指按国家与地方政府规定的标定与检验的费用。计算公式为：

$$台班校验费=\frac{年校验费}{年工作台班} \tag{3-57}$$

年校验费指施工仪器仪表在一个年度内发生的校验费用。年校验费应按相关技术指标取定。

（4）动力费

施工仪器仪表台班动力费是指施工仪器仪表在施工过程中所耗用的电费。计算公式为：

$$台班动力费=台班耗电量\times电价 \tag{3-58}$$

① 台班耗电量应根据施工仪器仪表不同类别，按相关技术指标综合取定。

② 电价应执行编制期工程造价管理机构发布的信息价格。

3.5　工程计价定额

工程计价定额是指工程定额中直接用于工程计价的定额或指标，包括预算定额、概算定额、概算指标和投资估算指标等。工程计价定额主要用来在建设项目的不同阶段作为确定和计算工程造价的依据。

3.5.1　预算定额

1. 预算定额的概念

预算定额是在正常的施工条件下，完成一定计量单位合格分项工程和结构构件所需消耗的人工、材料、施工机具台班数量及其相应费用标准。预算定额是工程建设中一项重要的技术经济文件，是编制施工图预算的主要依据，是确定和控制工程造价的基础。

2. 预算定额的编制原则

为保证预算定额的质量，充分发挥预算定额的作用，实际使用简便，在编制工作中应遵循以下原则：

（1）按社会平均水平确定预算定额的原则。预算定额是确定和控制建筑安装工程造价的主要依据。因此，它必须遵照价值规律的客观要求，即按生产过程中所消耗的社会必要劳动时间确定定额水平。

（2）简明适用的原则。

3. 预算定额消耗量指标的确定

确定预算定额人工、材料、机具台班消耗指标时，必须先按基础定额的分项逐项计算出消耗指标，然后再按预算定额的项目加以综合。但是，这种综合不是简单的合并和相加，而需要在综合过程中增加两种定额之间的适当的水平差。预算定额的水平，首先取决于这些消耗量的合理确定。

人工、材料和机具台班消耗量指标，应根据定额编制原则和要求，采用理论与实际相结合、图纸计算与施工现场测算相结合、编制人员与现场工作人员相结合等方法进行计算和确定，使定额既符合政策要求，又与客观情况一致，便于贯彻执行。

（1）预算定额中人工工日消耗量的计算

预算定额中人工工日消耗量可以有两种确定方法。一种是以劳动定额为基础确定；另一种是以现场观察测定资料为基础计算，主要用于遇到劳动定额缺项时，采用现场工作日写实等测时方法测定和计算定额的人工消耗量。

预算定额中人工工日消耗量是指在正常施工条件下，生产单位合格产品所必需消耗的人工工日数量，是由分项工程所综合的各个工序劳动定额包括的基本用工、其他用工两部分组成的。

1）基本用工。基本用工指完成一定计量单位的分项工程或结构构件的各项工作过程的施工任务所必需消耗的技术工种用工。按技术工种相应劳动定额工时定额计算，以不同工种列出定额工日。基本用工包括：

① 完成定额计量单位的主要用工。按综合取定的工程量和相应劳动定额进行计算。计算公式为：

$$基本用工=\sum(综合确定的工程量\times劳动定额) \quad (3\text{-}59)$$

例如工程实际中的砖基础，有1砖厚、1砖半厚、2砖厚等，用工各不相同，在预算定额中由于不区分厚度，需要按照统计的比例，加权平均得出综合的人工消耗。

② 按劳动定额规定应增（减）计算的用工量。例如在砖墙项目中，分项工程的工作内容包括附墙烟囱孔、垃圾道、壁橱等零星组合部分的内容，其人工消耗量相应增加附加人工消耗。由于预算定额是在基础定额子目的基础上综合扩大的，包括的工作内容较多，施工的工效视具体部位而不同，所以需要另外增加人工消耗，而这种人工消耗也可以列入基本用工内。

2）其他用工。其他用工是辅助基本用工消耗的工日，包括超运距用工、辅助用工和人工幅度差用工。

① 超运距用工。超运距是指劳动定额中已包括的材料、半成品场内水平搬运距离与预算定额所考虑的现场材料、半成品堆放地点到操作地点的水平运输距离之差。计算公式为：

$$超运距=预算定额确定运距-劳动定额已包括的运距 \quad (3\text{-}60)$$

$$超运距用工=\sum(超运距材料数量\times时间定额) \quad (3\text{-}61)$$

需要指出，实际工程现场运距超过预算定额取定运距时，可另行计算现场二次搬运费。

② 辅助用工。辅助用工指技术工种劳动定额内不包括而在预算定额内又必须考虑的用工。例如机械土方工程配合用工、材料加工（筛砂、洗石、淋化石膏），电焊点火用工等。计算公式为：

$$辅助用工=\sum(材料价格数量\times相应的加工劳动定额) \quad (3\text{-}62)$$

③ 人工幅度差。即预算定额与劳动定额的差额，主要是指在劳动定额中未包括而在正常施工情况下不可避免但又很难准确计量的用工和各种工时损失。内容包括：

a. 各工种间的工序搭接及交叉作业相互配合或影响所发生的停歇用工；

b. 施工过程中，移动临时水电线路而造成的影响工人操作的时间；

c. 工程质量检查和隐蔽工程验收工作而影响工人操作的时间；

d. 同一现场内单位工程之间因操作地点转移而影响工人操作的时间；

e. 工序交接时对前一工序不可避免的修整用工；

f. 施工中不可避免的其他零星用工。

人工幅度差计算公式为：

人工幅度差=(基本用工+辅助用工+超运距用工)×人工幅度差系数　(3-63)

人工幅度差系数一般为10%～15%。在预算定额中，人工幅度差的用工量列入其他用工量中。

(2) 预算定额中材料消耗量的计算

材料消耗量计算方法与基础定额中的确定方法基本一致，具体可见3.3.3节，此处不再赘述。

(3) 预算定额中机械台班消耗量的计算

预算定额中的机械台班消耗量是指在正常施工条件下，生产单位合格产品（分部分项工程或结构构件）必需消耗的某种型号施工机械的台班数量。机械台班消耗量的确定主要有两种方法。

1) 根据基础定额确定机械台班消耗量

这种方法是指在基础定额中机械台班消耗量的基础上，考虑一定的机械幅度差进行计算。

机械台班幅度差是指在基础定额中所规定的范围内没有包括，而在实际施工中又不可避免产生的影响机械或使机械停歇的时间。其内容包括：

① 施工机械转移工作面及配套机械相互影响损失的时间；

② 在正常施工条件下，机械在施工中不可避免的工序间歇；

③ 工程开工或收尾时工作量不饱满所损失的时间；

④ 检查工程质量影响机械操作的时间；

⑤ 临时停机、停电影响机械操作的时间；

⑥ 机械维修引起的停歇时间。

综上所述，预算定额的机械台班消耗量按下式计算：

预算定额机械台班消耗量=基础定额机械台班消耗量×(1+机械幅度差系数)　(3-64)

2) 以现场测定资料为基础确定机械台班消耗量

如遇到基础定额缺项者，则需要依据现场测定资料，确定单位时间完成的产量，以此为基础确定机械台班消耗量。

4. 预算定额基价编制

预算定额基价就是预算定额分项工程或结构构件的单价，只包括人工费、材料费和施工机具使用费，也称工料单价。

预算定额基价一般通过编制单位估价表、地区单位估价表及设备安装价目表确定单价，用于编制施工图预算。在预算定额中列出的“预算价值”或“基价”，应视作该定额编制时的工程单价。

预算定额基价的编制方法，简单说就是工、料、机的消耗量和工、料、机单价的结合过程。其中，人工费是由预算定额中每一分项工程各种用工数，乘以地区人工工日单价之和算出；材料费是由预算定额中每一分项工程的各种材料消耗量，乘以地区相应材料预算价格之和算出；机具费是由预算定额中每一分项工程的各种机械台班消耗量，乘以地区相应施工机械台班预算价格之和，以及仪器仪表使用费汇总后算出。上述单价均为不含增值税进项税额的价格。

分项工程预算定额基价的计算公式为：

分项工程预算定额基价＝人工费＋材料费＋机具使用费 （3-65）

其中：人工费＝$\sum$（现行预制定额中各种人工工日用量×人工日工单价）；

材料费＝$\sum$（现行预算定额中各种材料消耗用量×相应材料单价）；

机具使用费＝$\sum$（现行预算定额中机械台班用量×机械台班单价）

＋$\sum$（仪器仪表台班用量×仪器仪表台班单价）。

预算定额基价是根据现行定额和当地的价格水平编制的，具有相对的稳定性。但是为了适应市场价格的变动，在编制预算时，必须根据工程造价管理部门发布的调价文件对固定的工程预算单价进行修正。修正后的工程单价乘以根据图纸计算出来的工程量，就可以获得符合实际市场情况的人工、材料、机具费用。

【例 3-9】 已知某预算定额如表 3-8 所示，试阐述其中定额子目 3-1 的定额基价计算过程。

某预算定额基价表节选 **表 3-8**

工作内容： 计量单位：10m³

定额编号				3-1		3-2		3-4	
项目		单位	单价（元）	砖基础		混水砖墙			
						1/2 砖		3/4 砖	
				数量	合价	数量	合价	数量	合价
基价				2036.50		2382.93		2353.03	
其中	人工费			495.18		845.88		828.88	
	材料费			1513.46		1514.01		1502.98	
	机具费			27.86		23.04		25.17	
名称		单位	单价	数量					
人工	综合工日	工日	42.00	11.790	495.180	20.140	845.880	19.640	828.880
材料	水泥砂浆 M5	m³	—	—	—	(1.950)	—	(2.130)	—
	水泥砂浆 M10	m³	—	(2.360)	—	—	—	—	—
	标准砖	千块	230.00	5.236	1204.280	5.641	1297.430	5.510	1267.300
	水泥 32.5 级	kg	0.32	649.00	207.680	409.500	131.040	447.300	143.136
	中砂	m³	37.15	2.407	89.420	1.989	73.891	2.173	80.727
	水	m³	3.85	3.137	12.027	3.027	11.654	3.075	11.839
机械	灰浆搅拌机 200L	台班	70.89	0.393	27.860	0.325	23.040	0.355	25.166

解： 定额人工费＝42×11.790＝495.18（元）；

定额材料费＝230×5.236＋0.32×649.000＋37.15×2.407＋3.85×3.137＝1513.46（元）；

定额机具使用费＝70.89×0.393＝27.86（元）；

定额基价＝495.18＋1513.46＋27.86＝2036.50（元）。

3.5.2　概算定额

1. 概算定额的概念

概算定额，是在预算定额基础上，确定完成合格的单位扩大分项工程或单位扩大结构构件所需消耗的人工、材料和施工机具台班的数量标准及其费用标准。概算定额又称扩大结构定额。

概算定额是预算定额的综合与扩大。它将预算定额中有联系的若干个分项工程项目综合为一个概算定额项目。如砖基础概算定额项目，就是以砖基础为主，综合了平整场地、挖地槽、铺设垫层、砌砖基础、铺设防潮层、回填土及运土等预算定额中分项工程项目。

概算定额与预算定额的相同之处在于，它们都是以建（构）筑物各个结构部分和分部分项工程为单位表示的，内容也包括人工、材料和机具台班使用量定额三个基本部分，并列有基准价。概算定额表达的主要内容、表达的主要方式及基本使用方法都与预算定额相近。

概算定额与预算定额的不同之处，在于项目划分和综合扩大程度上的差异，同时，概算定额主要用于设计概算的编制。由于概算定额综合了若干分项工程的预算定额，因此，概算工程量计算和概算表的编制，都比编制施工图预算简化一些。

2. 概算定额的内容

（1）文字说明部分。文字说明部分有总说明和分部工程说明。在总说明中，主要阐述概算定额的性质和作用、概算定额编纂形式和应注意的事项、概算定额编制目的和使用范围、有关定额的使用方法的统一规定。

（2）定额项目表。主要包括以下内容：

① 定额项目的划分。概算定额项目一般按以下两种方法划分：一是按工程结构划分：一般是按土石方、基础、墙、梁板柱、门窗、楼地面、屋面、装饰、构筑物等工程结构划分。二是按工程部位（分部）划分：一般是按基础、墙体、梁柱、楼地面、屋盖、其他工程部位等划分，如基础工程中包括砖、石、混凝土基础等项目。

② 定额项目表。定额项目表是概算定额手册的主要内容，由若干分节定额组成。各节定额由工程内容、定额表及附注说明组成。定额表中列有定额编号、计量单位、概算价格、人工、材料、机具台班消耗量指标，综合了预算定额的若干项目与数量。

3. 概算定额基价的编制

概算定额基价和预算定额基价一样，都只包括人工费、材料费和机具费。是通过编制扩大单位估价表所确定的单价，用于编制设计概算。概算定额基价和预算定额基价的编制方法相同，单价均为不含增值税进项税额的价格，概算定额基价如表 3-9 所示。

$$概算定额基价＝人工费＋材料费＋机具费 \tag{3-66}$$

其中：人工费＝现行概算定额中人工工日消耗量×人工单价；

材料费＝$\sum$（现行概算定额中材料消耗用量×相应材料单价）；

机具使用费$=\sum$(现行概算定额中机械台班消耗量×相应机械台班单价)
$+\sum$(仪器仪表台班用量×仪器仪表台班单价)。

现浇钢筋混凝土柱概算定额表（计量单位：$10m^3$） **表 3-9**

工程内容：模板制作、安装、拆除，钢筋制作、安装，混凝土浇捣、抹灰、刷浆

概算定额编号				4-3		4-4	
项目		单位	单价/元	矩形柱			
				周长 1.8m 以内		周长 1.8m 以外	
				数量	合价	数量	合价
基准价		元		13428.76		12947.26	
其中	人工费	元		2116.40		1728.76	
	材料费	元		10272.03		10361.83	
	机械费	元		1040.33		856.67	
合计工		工日	22.00	96.20	2116.40	78.58	1728.76

3.5.3 概算指标

1. 概算指标的概念

建筑安装工程概算指标通常是以单位工程为对象，以建筑面积、体积或成套设备装置的台或组为计量单位而规定的人工、材料、机具台班的消耗量标准和造价指标。

2. 概算指标的组成内容

概算指标的组成内容一般分为文字说明和列表形式两部分，以及必要的附录。

(1) 总说明和分册说明

其内容一般包括：概算指标的编制范围、编制依据、分册情况、指标包括的内容、指标未包括的内容、指标的使用方法、指标允许调整的范围及调整方法等。

(2) 列表形式

① 建筑工程列表形式：

房屋建筑、构筑物一般是以建筑面积、建筑体积、“座”“个”等为计算单位，附以必要的示意图，示意图画出建筑物的轮廓示意或单线平面图，列出综合指标：“元/m^2”或“元/m^2”，自然条件（如地耐力、地震烈度等），建筑物的类型、结构形式及各部位中结构主要特点，主要工程量。

② 安装工程的列表形式：

设备以“t”或“台”为计算单位，也可以设备购置费或设备原价的百分比（%）表示；工艺管道一般以“t”为计算单位；通信电话站安装以“站”为计算单位。列出指标编号、项目名称、规格、综合指标（元/计算单位）之后一般还要列出其中的人工费，必要时还要列出主要材料费、辅材费。

3.5.4 投资估算指标

投资估算指标，是在编制项目建议书可行性研究报告和编制设计任务书阶段进行投资估算、计算投资需要量时使用的一种定额。

它具有较强的综合性、概括性，往往以独立的单项工程或完整的建设项目为计算对象。它的概略程度与可行性研究阶段相适应。投资估算指标是编制建设项目建议书、可行性研究报告等前期工作阶段投资估算的依据，也可以作为编制建设项目投资计划、进行建设项目经济评价的基础，是一种扩大的技术经济指标。投资估算指标虽然往往根据历史的预、决算资料和价格变动等资料编制，但其编制基础仍离不开预算定额、概算定额。有关投资估算的具体内容详见第 8 章。

3.5.5 工程造价指标指数

1. 建设工程造价指标指数相关概念

建设工程单位指标：建设工程整体或局部在某一时间、地域一定计量单位的造价水平或工料机消耗量的数值。

例如：建筑工程经济指标为 2200 元/m^2（建筑面积）。

建设工程造价指数：一定时期的建设工程造价相对于某一固定时期工程造价的比值，以某一设定值为参照得出的同比例数值。

例如：2017 年 1 月住宅单位造价指标为 2000 元/m^2，指数为 100，2017 年 7 月住宅单位造价指标为 2100 元/m^2 时，其指数变化＝2100/2000×100＝105。

2. 建设工程造价指标指数分类

按照工程构成分类：建设投资指标；单项、单位工程造价指标。

按照专业类型分类：房屋建筑与装饰工程、仿古建筑工程、通用安装工程、市政工程、园林绿化工程、矿山工程、构筑物工程、城市轨道交通工程、爆破工程。

按照用途分类：经济指标、主要工程量指标、主要工料价格及消耗量指标。

建设工程造价指数分类：建设工程造价综合指数、单项工程造价指数、工料机市场价格指数等。

3. 建设工程造价指标指数测算方法

（1）建设工程造价指标测算方法

数据统计法、典型工程法、汇总计算法。

① 数据统计法：

建设工程造价指标采用数据统计法测算时，采用的建设工程造价数据应为样本数据。

建设工程造价数据样本数量达到数据采集最少样本数量时，应使用数据统计法测算建设工程造价指标，最少样本数量应符合表 3-10。

指标测算最少样本数量 **表 3-10**

建设工程数量	最少样本数量	建设工程数量	最少样本数量
5～30	5	721～1500	50
31～90	10	1501～3000	60
91～180	20	3001～6000	70
181～360	30	6001～15000	80
361～720	40	15001 以上	90

数据统计法计算建设工程经济指标、工程量指标、工料消耗量指标，应将所有样本工程的单位造价、单位工程量、单位消耗量进行排序，从序列两端各去掉5%的边缘项目，边缘项目不足1时按1计算，剩下的样本采用加权平均计算，得出相应的造价指标，按下式计算：

$$P=(P_1\times S_1+P_2\times S_2+\cdots+P_n\times S_n)/(S_1+S_2+\cdots+S_n) \tag{3-67}$$

式中 P——造价指标；

S——建设规模；

n——样本数×90%。

数据统计法计算建设工程工料价格指标，应采用加权平均方法，按下式计算：

$$P=(Y_1\times Q_1+Y_2\times Q_2+\cdots+Y_n\times Q_n)/(Q_1+Q_2+\cdots+Q_n) \tag{3-68}$$

式中 P——造价指标；

Y——工料单价；

Q——消耗量；

n——样本数。

采用数据统计法测算的建设工程造价指标，应用字母“T”标识，标识的方法为：指标+指标单位（T）。

例如使用数据统计法进行测算的经济指标为1856.65元/m^2，标识的方法为：1856.65元/m^2（T）。

② 典型工程法：

建设工程造价数据样本数量达不到表3-10最少样本数量要求时，建设工程造价指标应采用典型工程法测算。典型工程造价数据宜为样本数据；典型工程特征应与指标描述相一致；应将典型工程各构成数据调整至相应平均水平，计算各类指标。

采用典型工程法测算的建设工程造价指标，应用字母“D”标识，标识方法为：指标+指标单位（D）。

例如使用典型工程法统计法进行测算的经济指标为1856.65元/m^2时，标识的方法为：1856.65元/m^2（D）。

③ 汇总计算法：

利用下一层级造价指标汇总计算上一层级造价指标时，应采用汇总计算法。汇总计算法计算指标，应采用加权平均计算方法，权重为指标对应的总建设规模。汇总计算法宜采用数据统计法得出的指标。

采用汇总计算法测算的建设工程造价指标，应用字母“H”标识，标识方法为：指标+指标单位（H）。

例如使用汇总计算法进行测算的经济指标为1856.65元/m^2，标识方法为：1856.65元/m^2（H）。

（2）建设工程造价指数测算

① 工料机市场价格指数：

应选择2017年1月1日开始的指标 P_j 作为基期，基期价格指数数值为100，报告期造价指数按下式计算：

$$A=P_a/P_j\times 100 \tag{3-69}$$

式中 A——报告期造价指数；

P_a——报告期造价指标；

P_j——基期造价指标。

② 单项工程造价指数：

应选择 2017 年 1 月 1 日开始的指标 P_j 作为基期，基期造价指数数值为 1000，报告期造价指数按下式计算：

$$A = P_a / P_j \times 1000 \tag{3-70}$$

式中　A——报告期造价指数；

P_a——报告期造价指标；

P_j——基期造价指标。

③ 报告期建设工程造价综合指数：

应按下式计算：

$$A = (A_1 \times X_1 + A_2 \times X_2 + \cdots + A_n \times X_n) / (X_1 + X_2 + \cdots + X_n) \tag{3-71}$$

式中　A——报告期建设工程造价综合指数；

A_n——同期各类单项工程造价指数；

X_n——同期各类单项工程总投资额，单位为亿元。

【例 3-10】 综合指数包含两类工程：房屋建筑与装饰工程 1100，投资额 10000 亿元；仿古建筑工程 900，投资额 3000 亿元，求综合指数。

解：综合指数约为 1053.85。

$A = (1100 \times 10000 + 900 \times 3000) / (10000 + 3000) = 1053.846$。

4. 建设工程造价指标指数测算注意事项

建设工程造价指标的时间：①投资估算、设计概算、招标控制价应采用成果文件编制完成日期；②合同价应采用工程开工日期；③结算价应采用工程竣工日期。

建设工程造价指标指数测算应区分地区、工程类型、造价类型、时间进行测算。

指标数值要求：工程经济指标应保留小数点后两位，第三位小数四舍五入；工程量指标应保留小数点后三位，第四位小数四舍五入；工料价格指标应保留小数点后两位，第三位小数四舍五入；消耗量指标应保留小数点后四位，第五位小数四合五入；建设工程造价指数应保留小数点后两位，第三位小数四舍五入。

3.6　工程计价信息

3.6.1　工程计价信息概念

工程计价信息是一切有关工程造价的特征、状态及其变动的消息的组合。在工程发承包市场和工程建设过程中，工程造价总是在不停地运动着、变化着，并呈现出种种不同的特征。人们对工程发承包市场和工程建设过程中工程造价运动的变化，是通过工程计价信息来认识和掌握的。

在工程发承包市场和工程建设中，工程造价是最灵敏的调节器和指示器，无论是政府工程造价主管部门还是工程发承包双方，都要通过接收工程造价信息来了解工程建设市场动态，预测工程造价发展，决定政府的工程造价政策和工程发承包价。因此，工程造价主管部门和工程发承包双方都要接收、加工、传递和利用工程计价信息。

3.6.2 工程计价信息的特点

1. 区域性

建筑材料大多重量大、体积大、产地远离消费地点，因而运输量大，费用也较高。尤其不少建筑材料本身的价值或生产价格并不高，但所需要的运输费用却很高，这都在客观上要求尽可能就近使用建筑材料。因此，这类建筑信息的交换和流通往往限制在一定的区域内。

2. 多样性

建设工程具有多样性的特点，要使工程造价管理的信息资料满足不同特点项目的需求，在信息的内容和形式上应具有多样性的特点。

3. 专业性

工程造价信息的专业性集中反映在建设工程的专业化上，例如水利、电力、铁道、公路等工程，所需的信息有它的专业特殊性。

4. 系统性

工程造价信息是由若干具有特定内容和同类性质的、在一定时间和空间内形成的一连串信息。一切工程造价的管理活动和变化总是在一定条件下受各种因素的制约和影响。工程造价管理工作也同样是多种因素相互作用的结果，并且从多方面被反映出来，因而从工程造价信息源发出来的信息都不是孤立、紊乱的，而是大量的、有系统的。

5. 动态性

工程造价信息需要经常不断地收集和补充新的内容，进行信息更新，真实反映工程造价的动态变化。

6. 季节性

由于建筑生产受自然条件影响大，施工内容的安排必须充分考虑季节因素，使得工程造价的信息也不能完全避免季节性的影响。

3.6.3 工程计价信息的种类

从广义上说，所有对工程造价的确定和控制起作用的信息都可以称为工程计价信息。按照信息的特征，工程计价信息主要可以分为以下六类：

1. 市场信息

主要包括人、材、机械、设备等要素价格信息，生产商、供应商信息等。

2. 计价依据

主要包括预算定额、概算定额、概算指标、投资估算指标、劳动定额、施工定额、费用定额、工期定额、企业定额等各类定额；消耗量指标、造价（费用）及其占比指标、技术经济指标等各类型造价指标。

3. 造价指数

单项价格指数，主要包括人工费价格指数、主要材料价格指数、施工机械台班价格指数等；综合价格指数，主要包括建筑安装工程造价指数，建设项目或成单项工程造价指数，建筑安装工程直接费造价指数、其他直接费及间接费造价指数，工程建设其他费用造价指数等。

4. 工程（案例）信息

主要包括典型案例库，已建和在建工程造价信息，如单方造价、总造价、分部分项工程单方造价、各类消耗量信息等；包括已建和在建工程功能信息、建筑特征、结构特征、交易信息等包括建设单位、交易中心发布的各种招标工程信息。

5. 法规标准信息

主要包括相关建设管理法规，计价管理法规、清单计价规范、清单计量规范、造价（咨询）技术标准等。

6. 技术发展信息

主要包括各类新技术、新产品、新工艺、新材料的开发利用信息。

3.6.4　工程造价指数的编制

1. 各种单项价格指数的编制

（1）人工费、材料费、施工机具使用费等价格指数的编制。这种价格指数的编制可以直接用报告期价格与基期价格相比后得到。其计算公式为：

$$\text{人工费(材料费、施工机具使用费)价格指数}=\frac{P_1}{P_0} \tag{3-72}$$

式中　P_0——基期人工日工资单价（材料价格、施工机具台班单价）；

P_1——报告期人工日工资单价（材料价格、施工机具台班单价）。

（2）企业管理费及工程建设其他费等费率指数的编制。其计算公式为：

$$\text{企业管理费(工程建设其他费)费率指数}=\frac{P_1}{P_0} \tag{3-73}$$

式中　P_0——基期企业管理费（工程建设其他费）费率；

P_1——报告期企业管理费（工程建设其他费）费率。

2. 设备、工器具价格指数的编制

如前所述，设备工器具价格指数是用综合指数形式表示的总指数。运用综合指数计算总指数时，一般要涉及两个因素：一个是指数所要研究的对象，称为指数化因素；另一个是将不能同度量现象过渡为可以同度量现象的因素，称为同度量因素。当指数化因素是数量指标时，这时计算的指数称为数量指标指数；当指数化因素是质量指标时，这时的指数称为质量指标指数。很明显，在设备、工器具价格指数中，指数化因素是设备、工器具的采购价格，同度量因素是设备工器具的采购数量。因此，设备、工器具价格指数是一种质量指标指数。

（1）同度量因素的选择

在设备、工器具价格指数的计算中面临的问题是，应该选择基期计划采购数量为同度量因素，还是选择报告期实际采购数量为同度量因素。因同度量因素选择的不同，可分为拉斯贝尔体系（Laspeyres）体系和派许体系（Passche）。拉斯贝尔体系主张采用基期指标作为同度量因素，而派许体系主张采用报告期指标作为同度量因素。根据统计学的一般原理，确定同度量因素的一般原则是：质量指标指数应当以报告期的数量指标作为同度量因素，即使用派氏公式，派氏质量指标指数 K_p 计算公式为：

$$K_p = \frac{\sum q_1 p_1}{\sum q_1 p_0} \tag{3-74}$$

式中 K_p——派氏质量指标指数；

p_0 和 p_1——基期与报告期价格；

q_1——报告期数量。

而数量指标指数则应以基期的质量指标作为同度量因素，即使用拉氏公式，拉氏数量指标指数 K_q 计算公式为：

$$K_q = \frac{\sum q_1 p_0}{\sum q_0 p_0} \tag{3-75}$$

式中 K_q——拉氏数量指标指数；

p_0——基期价格；

q_0 和 q_1——基期和报告期数量。

(2) 设备、工器具价格指数的编制

考虑到设备、工器具的采购品种很多，为简化起见，计算价格指数时可选择其中用量大、价格高、变动多的主要设备工器具的购置数量和单价进行计算，按照派氏公式进行计算如下：

$$设备、工器具价格指数 = \frac{\sum(报告期设备工器具单价 \times 报告期购置数量)}{\sum(基期设备工器具单价 \times 报告期购置数量)} \tag{3-76}$$

3. 建筑安装工程价格指数

与设备、工器具价格指数类似，建筑安装工程价格指数也属于质量指标指数，所以也应用派氏公式计算。但考虑到建筑安装工程价格指数的特点，所以用综合指数的变形即平均数指数的形式表示。

(1) 平均数指数

从理论上说，综合指数是计算总指数比较理想的形式，因为它不仅可以反映事物变动的方向与程度，而且可以用分子与分母的差额直接反映事物变动的实际经济效果。然而，在利用派氏公式计算质量指标指数时，需要掌握 $\sum p_0 q_1$（基期价格乘报告期数量之积的和），这是比较困难的。而相比而言，基期和报告期的费用总值（$\sum p_0 q_0$，$\sum p_1 q_1$）却是比较容易获得的资料。因此，可以在不违反综合指数的一般原则的前提下，改变公式的形式而不改变公式的实质，利用容易掌握的资料来推算不容易掌握的资料，进而再计算指数，在这种背景下所计算的指数即为平均数指数。利用派氏综合指数进行变形后计算得出的平均数指数称为加权调和平均数指数。

(2) 建筑安装工程造价指数的编制

根据加权调和平均数指数的推导公式，可得建筑安装工程造价指数的编制如下（由于利润率、税率和规费费率通常不会变化，可以认为其单项价格指数为 1)。

$$建筑安装工程造价指数 = \frac{报告期建筑安装工程费}{\frac{报告期人工费}{人工费指数} + \frac{报告期材料费}{材料费指数} + \frac{报告期机具使用费}{机具使用费指数} + 利润 + 规费 + 税金} \tag{3-77}$$

4. 建设项目或单项工程造价指数的编制

建设项目或单项工程造价指数是由建筑安装工程造价指数，设备、工器具价格指数和工程建设其他费用指数综合而成的。与建筑安装工程造价指数相类似，其计算也应采用加权调和平均数指数的推导公式，具体的计算过程为：

$$\text{建设项目或单项工程指数}=\frac{\text{报告期建设项目或单项工程造价}}{\frac{\text{报告期建筑安装费}}{\text{建筑安装造价指数}}+\frac{\text{报告期设备工器具费}}{\text{设备工器具价格指数}}+\frac{\text{报告期工程建设其他费}}{\text{工程建设其他费指数}}} \tag{3-78}$$

本章综合训练

（1）个人作业：

① 对一项建筑工程进行计价时，具体会用到哪些计价依据？

② 调查建设工程定额的分类及现行计价定额，具体有哪些分册？

③ 检索国家现行基础定额，了解其使用范围。

④ 重新分析任一定额子目的各资源消耗量，使用定额进行工料分析。

⑤ 某砌筑工程，砌筑一砖半墙的技术测定资料如下：

完成 $1m^3$ 砖砌体需基本工作时间 15.5h，辅助工作时间占工作延续时间的 3%，准备与结束工作时间占 3%，不可避免中断时间占 2%，休息时间占 16%。

砖墙采用 M5 水泥砂浆，实体体积与虚体积之间的折算系数为 1.07。砖和砂浆的损耗率均为 1%，完成 $1m^3$ 砌体需耗水 $0.8m^3$，其他材料费占上述材料费的 2%。

砂浆采用 400L 搅拌机现场搅拌，运料需 200s，装料需 50s，搅拌需 80s，卸料需 30s，不可避免地中断时间为 10s。搅拌机的投料系数为 0.65，机械利用系数为 0.8。

请确定砌筑工程中一砖半墙的施工定额。

⑥ 假设你是教研办公楼的承包商，需要为该工程采购几种建筑材料（例如商品混凝土、砌块、SBS 防水卷材），请详细列出材料询价流程并确定单价。

⑦ 某分项工程施工所需某种地方材料 $3.5t/10m^3$；已知该地方材料的货源为：甲厂可以提供 30%，原价为 65 元/t；乙厂可以提供 30%，原价为 66.50 元/t；丙厂可以提供 20%，原价为 63.50 元/t；其余由丁厂供货，原价为 64.20 元/t。甲、乙两厂是水路运输，运费为 0.50 元/km·t，装卸费为 3 元/t，驳船费为 1.5 元/t，途中损耗 2.5%，甲厂运距 70km，乙厂运距 65km。丙、丁两厂为陆路运输，运费为 0.55 元/km·t，装卸费 2.8 元/t，调车费 1.35 元/t，途中损耗 3%，丙厂运距 50km，丁厂运距 60km。材料的包装费均为 9 元/t，采购保管费费率为 2.4%。

请计算该地方材料的单价及完成 $10m^3$ 该分项工程的材料费。

⑧ 查阅《2017 辽宁房建计价定额》，计算教研办公楼框架柱的预算定额基价。

⑨ 预算定额、概算定额、概算指标、投资估算指标之间有何关系？

⑩ 以教研办公楼为例，以《2017 辽宁房建计价定额》价格为基期价格，给出该案例中涉及的造价指数，哪些是单项价格指数？哪些是综合价格指数？具体数值是多少？

（2）小组作业：

① 根据车棚工程的计价过程，思考投资人所用的计价依据与承包商所用的计价依据分别是什么？二者有何不同？

② 了解现行辽宁省定额，研究定额种类。

③ 测定一项日常工作的人工时间定额。

④ 分析车棚工程中混凝土柱的人材机资源消耗量。

⑤ 分析车棚工程中混凝土柱的各资源单价、合价。

⑥ 以教研办公楼案例为研究对象，查阅当地工程造价信息网站，确定办公楼类工程的概算指标和投资估算指标。

⑦ 以学习小组为单位，完成对工程造价指数未来应用的调研，提交调研报告。

延展阅读

工程计价定额的编制

工程造价信息的主要内容

各类建设工程造价指标指数

本章总结与思考

教学目标

通过回顾本章内容和教学目标，结合个人学习情况，思考下述目标你都实现了吗？

第 3 章　教学目标清单

类别	教学目标	是否实现(实现打√，没有打×)	未实现原因
知识目标	掌握工程定额的基本内容和编制原理		
	掌握建安工程人、材、机定额消耗量和单价的确定方法		
	熟悉工程计价定额的编制方法		
	掌握工程造价确定的标准、依据和计价要素		
	了解工程造价信息的内容与管理		
专业能力目标	具有人、材、机资源的定额组成能力		
	具有人、材、机单价的分析与组合能力		
	具有工程定额测定与编制的基本能力		
	具有造价信息的获取和加工能力		
	具有造价指数的编制与应用基本能力		
其他	自行填写自己认为获得的其他知识、能力		

（注：填写的教学目标清单扫码获取）

第4章

工 程 计 量

节　标　题	内　　容
工程计量的基本原理与方法	工程量的含义及作用
	工程量计算依据与方法
	工程量计算规则
	钢筋平法标注简介
建筑面积	建筑面积概述
	建筑面积计算
房屋建筑与装饰工程工程量计算	工程量计算规范概述
	土石方工程
	桩基工程
	砌筑工程
	混凝土及钢筋混凝土工程
	门窗工程
	屋面及防水工程
	保温、隔热、防腐工程
	楼地面装饰工程
	墙、柱面装饰与隔断、幕墙工程
	天棚工程
	油漆、涂料、裱糊工程
	措施项目

知识目标

- 掌握建筑面积计算规则；
- 掌握房屋建筑与装饰工程工程量计算规则；
- 了解工程建设项目全过程计量的原理与方法。

专业能力目标

- 具有分部分项工程项目算量分解与组合的能力；
- 具有工程结构施工图纸识读能力和标准图集使用能力；

➢ 具有运用钢筋平法进行工程量计算的基本能力；
➢ 具有运用工程量计算规则计算工程量的基本能力；
➢ 具有运用清单规范编制工程量清单的基本能力。

（1）如何计算教研办公楼案例建筑面积？在计算过程中需采用《建筑面积计算规范》GB/T 50353—2013 中哪些规定？

（2）以教研办公楼案例为例，如何采用《13房建计量规范》对案例各分部分项工程进行计量，列出该项目分部分项工程的工程量清单？

4.1　工程计量的基本原理与方法

工程量计算是工程计价活动的重要环节，是指建设工程项目以工程设计图纸、施工组织设计或施工方案及有关技术经济文件为依据，按照相关国家标准的计算规则、计量单位等规定，进行工程数量的计算活动，在工程建设中简称工程计量。

4.1.1　工程量的含义及作用

工程量是工程计量的结果，是指按一定规则并以物理计量单位或自然计量单位所表示的建设工程各分部分项工程、措施项目或结构构件的数量。物理计量单位是指以公制度量表示的长度、面积、体积和重量等计量单位。自然计量单位指建筑成品表现在自然状态下的简单点数所表示的个、条、樘、块等计量单位。具体举例如图4-1所示。

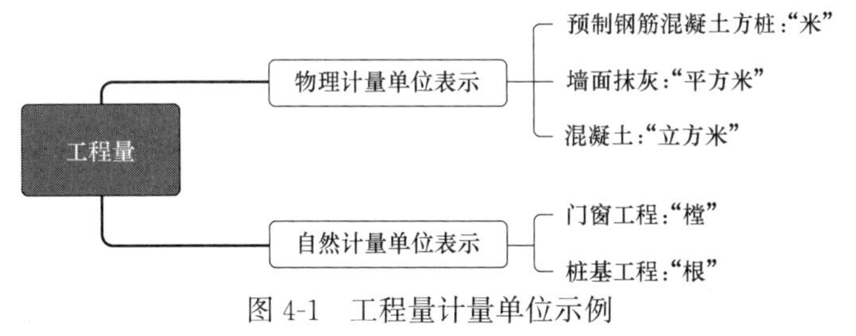

图4-1　工程量计量单位示例

准确计算工程量是工程计价活动中最基本的工作，一般来说工程量有以下作用：

（1）工程量是确定建筑安装工程造价的重要依据。只有准确计算工程量，才能正确计算工程相关费用，合理确定工程造价。

（2）工程量是承包方生产经营管理的重要依据。工程量是编制项目管理规划，安排工程施工进度，编制材料供应计划，进行工料分析，编制人工、材料、机具台班需要量，进行工程统计和经济核算的重要依据。也是编制工程形象进度统计报表，向工程建设发包方结算工程价款的重要依据。

（3）工程量是发包方管理工程建设的重要依据。工程量是筹集资金，编制建设计划、工程招标文件、工程量清单、建筑工程预算，安排工程价款的拨付和结算，进行投资控制的重要依据。

4.1.2 工程量计算依据与方法

1. 工程量计算依据

工程量的计算需要根据施工图及其相关说明，技术规范、标准、定额，有关的图集，有关的计算手册等，按照一定的工程量计算规则逐项进行的。主要依据为：

(1) 国家发布的工程量计算规范和国家、地方和行业发布的消耗量定额及其工程量计算规则。工程量计算规则是工程计量的主要依据之一，是工程量数值的取定方法。采用的规范或定额不同，工程量计算规则也不尽相同。在计算工程量时，应按照规定的计算规则进行，我国现行的工程量计算规则主要有：工程量计算规范中的工程量计算规则和消耗量定额中的工程量计算规则。

(2) 经审定的施工设计图纸及其说明。施工图纸全面反映建筑物（或构筑物）的结构构造、各部位的尺寸及工程做法，是工程量计算的基础资料和基本依据。除了施工设计图纸及其说明，还应配合有关的标准图集进行工程量计算。

(3) 经审定的施工组织设计（项目管理实施规划）或施工方案。施工图纸主要表现拟建工程的实体项目，分项工程的具体施工方法及措施应按施工组织设计（项目管理实施规划）或施工方案确定。如计算挖基础土方，施工方法采用人工开挖还是采用机械开挖，基坑周围是否需要放坡、预留工作面或做支撑防护等，应以施工方案为计算依据。

(4) 经审定通过其他有关技术经济文件。如工程施工合同、招标文件的商务条款等。

2. 工程量计算顺序

为了避免漏算或重算，提高计算的准确程度，工程量的计算应按照一定的顺序进行。具体的计算顺序应根据具体工程和个人习惯确定，一般有以下几种顺序：

(1) 单位工程计算顺序

一个单位工程，其工程量计算顺序一般有以下几种：

1) 按图纸顺序计算。根据图纸排列的先后顺序，由建施到结施；每个专业图纸由前向后，按“先平面→再立面→再剖面；先基本图→再详图”的顺序计算。

2) 按消耗量定额的分部分项顺序计算。按消耗量定额的章、节、子目次序，由前向后，逐项对照，定额项与图纸设计内容能对上号时就计算。

3) 按工程量计算规范顺序计算。按工程量计算规范附录先后顺序，由前向后，逐项对照计算。

4) 按施工顺序计算。按施工顺序计算工程量，可以按先施工的先算，后施工的后算的方法进行。如：由平整场地、基础挖土开始算起，直到装饰工程等全部施工内容结束。

(2) 单个分部分项工程计算顺序

1) 按照顺时针方向计算法（图 4-2）。即先从平面图的左上角开始，自左至右，然后再由上而下，最后转回到左上角为止，这样按顺时针方向转圈依次进行计算。例如计算外墙、地面、天棚等分部分项工程，都可以按照此顺序进行计算。

2) 按“先横后竖、先上后下、先左后右”计算法（图 4-3）。即在平面图上从左上角开始，按“先横后竖、从上而下、自左到右”的顺序计算工程量。例如房屋的条形基础土方、砖石基础、砖墙砌筑、门窗过梁、墙面抹灰等分部分项工程，均可按照此顺序计算工程量。

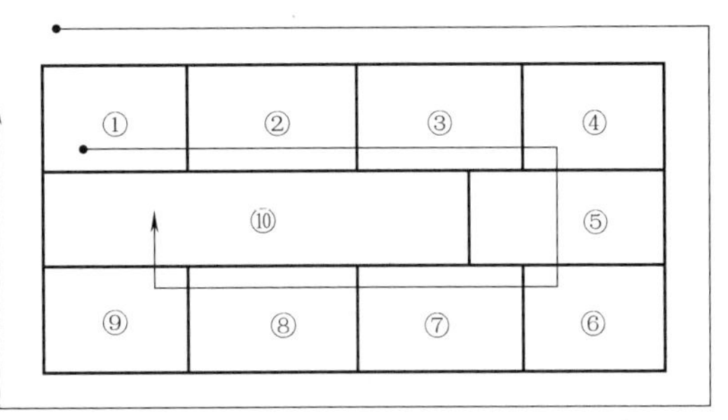

图 4-2　按顺时针方向计算示意图

3）按图纸分项编号顺序计算法（图 4-4）。即按照图纸上所标注结构构件、配件的编号顺序进行计算。例如计算混凝土构件、门窗、屋架等分部分项工程，均可以按照此顺序计算。

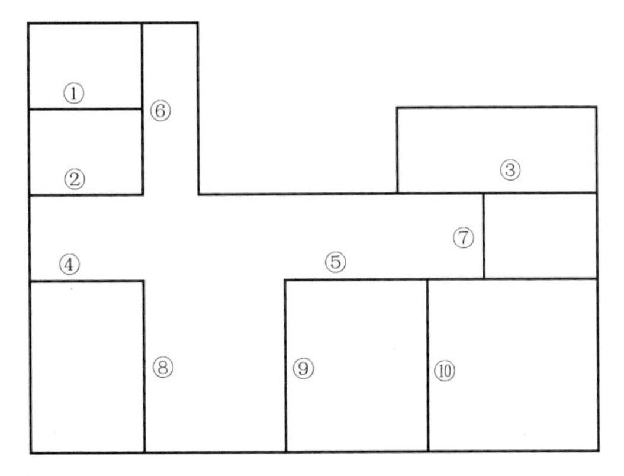

图 4-3　按先横后竖、先上后下、先左后右计算示意图

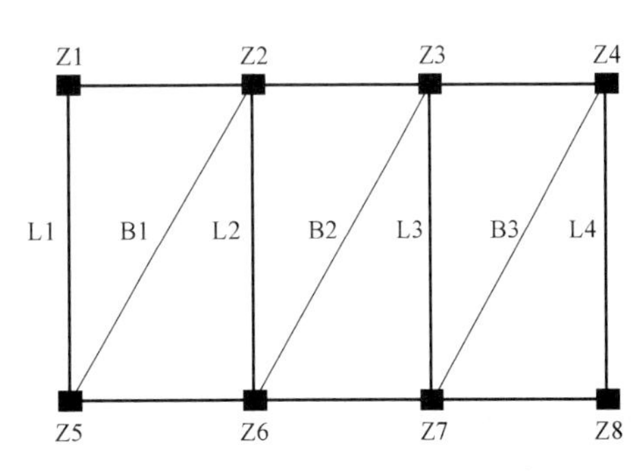

图 4-4　按图样编号顺序计算示意图

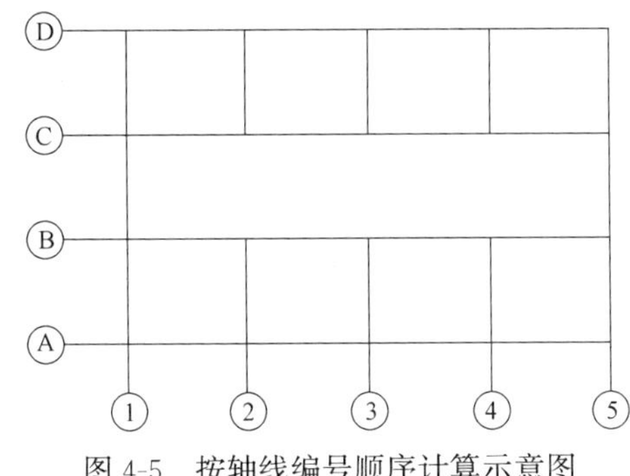

图 4-5　按轴线编号顺序计算示意图

4）按照图纸上定位轴线编号计算（图 4-5）。对于造型或结构复杂的工程，为了计算和审核方便，可以根据施工图纸轴线编号来确定工程量计算顺序。例如某房屋一层墙体、抹灰分项，可按 A 轴上，①-③轴，③-④轴的顺序进行工程量计算。

按一定顺序计算工程量的目的是防止漏项少算或重复多算的现象发生，只要能实现这一目的，采用哪种顺序方法计算都可以。

3. 用统筹法计算工程量

运用统筹法计算工程量，就是分析工程量计算中各分部分项工程量计算之间的固有规律和相互之间的依赖关系，运用统筹法原理和统筹图图解来合理安排工程量的计算程序，以达到节约时间、简化计算、提高工效的目的。

实践表明，每个分部分项工程量计算虽有着各自的特点，但都离不开计算“线”“面”之类的基数。另外，某些分部分项工程的工程量计算结果往往是另一些分部分项工程的工程量计算的基础数据根据这个特性，运用统筹法原理，对每个分部分项工程的工程量进行分析，然后依据计算过程的内在联系，按先主后次，统筹安排计算程序，可以简化烦琐的计算，形成统筹计算工程量的计算方法。

统筹法计算工程量的基本要点为：

（1）统筹程序，合理安排。工程量计算程序的安排是否合理，关系着计量工作的效率高低、进度快慢。按施工顺序进行工程量计算，往往不能充分利用数据间的内在联系而形成重复计算，浪费时间和精力，有时还易出现计算差错。

（2）利用基数，连续计算。就是以“线”或“面”为基数，利用连乘或加减，算出与其有关的分部分项工程量。这里的“线”和“面”指的是长度和面积，常用的基数为“三线一面”，“三线”是指建筑物的外墙中心线、外墙外边线和内墙净长线，“一面”是指建筑物的底层建筑面积。

（3）一次算出，多次使用。在工程量计算过程中，往往有一些不能用“线”“面”基数进行连续计算的项目，如门窗、屋架、钢筋混凝土预制标准构件等。首先，将常用数据一次算出，汇编成土建工程量计算手册（即“册”），其次，也要把那些规律较明显的如槽、沟断面等一次算出，也编入册。当需计算有关的工程量时，只要查手册就可快速算出所需要的工程量。这样可以减少按图逐项进行烦琐而重复的计算，亦能保证计算的及时与准确性。

（4）结合实际，灵活机动。用“线”“面”“册”计算工程量，是一般常用的工程量基本计算方法，实践证明，在一般工程上完全可以利用。但在特殊工程上，由于基础断面、墙厚、砂浆强度等级和各楼层的面积不同，就不能完全用“线”或“面”的一个数作为基数，而必须结合实际灵活地计算。

4.1.3 工程量计算规则

工程量计算规则是工程计量的主要依据之一，是工程量数值的取定方法。采用的规范或定额不同，工程量计算规则也不尽相同。在计算工程量时，应按照规定的计算规则进行，我国现行的工程量计算规则主要有：

（1）工程量计算规范中的工程量计算规则。2012 年 12 月，住房城乡建设部发布《房屋建筑与装饰工程工程量计算规范》GB 50854—2013、《仿古建筑工程工程量计算规范》GB 50855—2013、《通用安装工程工程量计算规范》GB 50856—2013、《市政工程工程量计算规范》GB 50857—2013、《园林绿化工程工程量计算规范》GB 50858—2013、《矿山工程工程量计算规范》GB 50859—2013、《构筑物工程工程量计算规范》GB 5086—2013、《城市轨道交通工程工程量计算规范》GB 50861—2013、《爆破工程工程量计算规范》CB 50862—2013 九个专业的工程量计算规范（以下简称工程量计算规范），于 2013 年 7 月 1 日起实施，用于规范工程计量行为，统一各专业工程量清单的编制、项目设置和工程量计算规则。采用该工程量计算规则计算的工程量一般为施工图纸的净量，不考虑施工余量。

（2）消耗量定额中的工程量计算规则。2015 年 3 月，住房城乡建设部发布《房屋建筑与装饰工程消耗量定额》TY 01-31—2015、《通用安装工程消耗量定额》TY 02-31—2015、《市政工程消耗量定额》ZYA1-31—2015（以下简称消耗量定额），在各消耗量定额中规定了分部分项工程和措施项目的工程量计算规则。除了由住房城乡建设部统一发布的定额外，还有各个地方或行业发布的消耗量定额，其中也都规定了与之相对应的工程量计算规则。采用该计算规则计算工程量除了依据施工图纸外，一般还要考虑采用施工方法和施工余量。除了消耗量定额，其他定额中也都有相应的工程量计算规则，如概算定额、预算定额等。

4.1.4　钢筋平法标注简介

1. 平法施工图的基本概念

平法即混凝土结构施工图平面整体表示方法，是把结构构件的尺寸和配筋等按照平面整体表示方法制图规则，整体直接表达在各类构件的结构平面布置图上，再与标准构造详图相配合，即构成一套新型完整的结构设计。改变了传统的将构件从结构平面布置图中索引出来，再逐个绘制配筋详图、画出配筋表的做法。实施平法的优点主要表现在：

（1）减少图纸数量。平法把结构设计中的重复性内容做成标准化的节点构造，把结构设计中创造性内容使用标准化的方法表示，这样按平法设计的结构施工图就可以简化为两部分，一是各类结构构件的平法施工图，二是图集中的标准构造详图。所以，大大减少了图纸数量。识图时，施工图纸要结合平法标准图集进行。

（2）实现平面表示，整体标注。即把大量的结构尺寸和钢筋数据标注在结构平面图上，并且在一个结构平面图上，同时进行梁、柱、墙、板等各种构件尺寸和钢筋数据的标注。整体标注很好地体现了整个建筑结构是一个整体，梁和柱、板和梁都存在不可分割的有机联系。

2. 平法标准图集简介

平法标准图集即G101系列平法图集，是混凝土结构施工图采用建筑结构施工图平面整体设计方法的国家建筑标准设计图集。平法标准图集内容包括两个主要部分：一是平法制图规则，二是标准构造详图。现行的平法标准图集为16G101系列图集，包括：《混凝土结构施工图平面整体表示方法制图规则和构造详图（现浇混凝土框架、剪力墙、梁、板)》16G101-1、《混凝土结构施工图平面整体表示方法制图规则和构造详图（现浇混凝土板式楼梯)》16G101-2、《混凝土结构施工图平面整体表示方法制图规则和构造详图（独立基础、条形基础、筏形基础、桩基础)》16G101-3，适用于抗震设防烈度为6～9度地区的现浇混凝土结构施工图的设计，不适用于非抗震结构和砌体结构。

4.2　建筑面积

我国的建筑面积计算规则最早是在20世纪70年代制定的，目前我国现行国家标准《房产测量规范》GB/T 17986的房产面积计算，以及现行国家标准《住宅设计规范》GB 50096中有关面积的计算，均依据的是建筑面积计算规则，后来根据需要进行了多次修订，2005年建设部以国家标准的形式发布了《建筑工程建筑面积计算规范》GB/T50353—2005。随着建筑新结构、新材料、新技术和新的施工方法层出不穷，为使建筑面积的计算更加科学合理，住房城乡建设部于2013年再次对规范进行了修订，颁布了新的《建筑工程建筑面积计算规范》GB/T 50353—2013，于2014年7月1日起实施，该规范包括总则、术语、计算建筑面积的规定和条文说明四部分，规定了计算建筑全部面积、计算建筑部分面积和不计算建筑面积的情形及计算规则，适用于新建、扩建、改建的工业与民用建筑工程的建筑面积的计算，包括工业厂房、仓库，公共建筑、居住建筑，农业生产使用的房屋、粮种仓库、地铁车站等的建筑面

建筑面积中的术语

积的计算。本节主要结合该规范介绍建筑面积计算方法。

建筑面积的计算是工程量计算的一部分。建筑面积是建筑行业很重要的技术经济指标，它可用于编制建设计划，确定项目建设规模，评价投资效益，对单位工程进行技术经济分析等。是统计部门汇总发布房屋建筑面积完成情况的基础。建筑面积的计算，能为计算项目其他工程量提供参考数据，同时也是工程承发包合同价制定的依据之一。

4.2.1 建筑面积概述

1. 建筑面积的概念

建筑面积是指建筑物（包括墙体）所形成的楼地面面积。面积是所占平面图形的大小，建筑面积主要是墙体围合的楼地面面积（包括墙体的面积），因此计算建筑面积时，首先以外墙结构外围水平面积计算。

建筑面积还包括附属于建筑物的室外阳台、雨篷、檐廊、室外走廊、室外楼梯等建筑部件的面积。建筑面积可以分为使用面积、辅助面积和结构面积。

使用面积是指建筑物各层平面布置中，可直接为生产或生活使用的净面积总和。居室净面积在民用建筑中，亦称“居住面积”。例如：住宅建筑中的居室、客厅、书房等。

辅助面积是指建筑物各层平面布置中为辅助生产或生活所占净面积的总和。例如：住宅建筑的楼梯、走道、卫生间、厨房等。使用面积与辅助面积的总和称为“有效面积”。

结构面积是指建筑物各层平面布置中的墙体、柱等结构所占面积的总和（不包括抹灰厚度所占面积）。

2. 建筑面积的作用

建筑面积的计算在工程计量和计价方面起着非常重要的作用，主要表现在以下几个方面：

（1）确定建设规模的重要指标，是建筑房屋计算工程量的主要指标。

（2）确定各项技术经济指标的基础。

（3）计算单位工程每平方米预算造价的主要依据。其计算公式为：

$$工程单位面积造价=工程造价/建筑面积 \tag{4-1}$$

（4）确定容积率的主要依据。对于开发商来说，容积率决定地价成本在房屋中占的比例；而对于住户来说，容积率直接涉及居住的舒适度。其计算公式为：

$$容积率=总建筑面积/用地面积 \tag{4-2}$$

（5）是选择概算指标和编制概算的主要依据，也是统计部门汇总发布房屋建筑面积完成情况的基础。

4.2.2 建筑面积计算

建筑面积计算规定

建筑面积计算的一般原则是：凡在结构上、使用上形成具有一定使用功能的建筑物和构筑物，并能单独计算出其水平面积的，应计算建筑面积；反之，不应计算建筑面积。取定建筑面积的顺序为：有围护结构的，按围护结构计算面积；无围护结构、有底板的，按底板计算面积（如室外走廊、架空走廊）；底板也不利于计算的，则取顶盖（如车棚、货棚等）；主体结构外的附属设施按结构底板计算面积，即在确定建筑面积时，围护结构优于底板，底板优于顶盖。所以，有盖无盖不作为计算建筑面积的必备条件，如阳台、架空走廊、楼梯是利用其底板，顶盖只是起遮风挡雨的辅助功能。

【例 4-1】答案解析及相关资料

【例 4-1】 根据教研办公楼图纸，对该工程整体的建筑面积进行计量。

4.3 房屋建筑与装饰工程工程量计算

4.3.1 工程量计算规范概述

现行房屋建筑工程量计算规则主要依据《房屋建筑与装饰工程工程量计算规范》GB 50854—2013（以下简称《13 房建计量规范》）和《房屋建筑与装饰工程消耗量定额》TY01-31—2015，以及各地方消耗量定额计算规则（以下简称定额规则）。《13 房建计量规范》是为规范房屋建筑与装饰工程造价计量行为，统一房屋建筑与装饰工程工程量计算规则、工程量清单的编制方法而制定，适用于工业与民用的房屋建筑与装饰工程发承包及实施阶段计价活动中的工程计量和工程量清单编制。本节主要介绍《13 房建计量规范》，有关定额计量规则将在第 5 章详细介绍。

《13 房建计量规范》包括正文、附录和条文说明三部分。正文部分包括总则、术语、工程计量、工程量清单编制。附录对分部分项工程和可计量的措施项目的项目编码、项目名称、项目特征描述的内容、计量单位、工程量计算规则及工作内容作了规定；对于不能计量的措施项目则规定了项目编码、项目名称和工作内容及包含范围。

1. 总则

（1）房屋建筑与装饰工程计价，必须按本规范规定的工程量计算规则进行工程计量。

（2）房屋建筑与装饰工程计量活动，除应遵守本规范外，尚应符合国家现行有关标准的规定。

2. 工程计量

（1）工程量计算除依据本规范各项规定外，尚应依据以下文件：

① 经审定通过的施工设计图纸及其说明；

② 经审定通过的施工组织设计或施工方案；

③ 经审定通过的其他有关技术经济文件。

（2）工程实施过程中的计量应按照现行国家标准《建设工程工程量清单计价规范》GB 50500—2013 的相关规定执行。

（3）本规范附录中有两个或两个以上计量单位的，应结合拟建工程项目的实际情况，确定其中一个为计量单位。同一工程项目的计量单位应一致。

（4）工程计量时每一项目汇总的有效位数应遵守下列规定：

① 以“t”为单位，应保留小数点后三位数字，第四位小数四舍五入。

② 以“m”“m^2”“m^3”“kg”为单位，应保留小数点后两位数字，第三位小数四舍

五入。

③ 以“个”“件”“根”“组”“系统”为单位，应取整数。

（5）本规范各项目仅列出了主要工作内容，除另有规定和说明者外，应视为已经包括完成该项目所列或未列的全部工作内容。

（6）房屋建筑与装饰工程涉及电气、给水排水、消防等安装工程的项目，按照现行国家标准《通用安装工程工程量计算规范》GB 50856—2013 的相应项目执行；涉及仿古建筑工程的项目，按现行国家标准《仿古建筑工程工程量计算规范》GB 50855—2013 的相应项目执行；涉及室外地（路）面、室外给水排水等工程的项目，按现行国家标准《市政工程工程量计算规范》GB 50857—2013 的相应项目执行；采用爆破法施工的石方工程按照现行国家标准《爆破工程工程量计算规范》GB 50862—2013 的相应项目执行。

3. 工程量清单编制

（1）一般规定

1）编制工程量清单应依据：

《住房建计量规范》，现行国家标准《建设工程工程量清单计价规范》GB 50500—2013，国家或省级、行业建设主管部门颁发的计价依据和办法，建设工程设计文件，与建设工程项目有关的标准、规范、技术资料，拟定的招标文件，施工现场情况、工程特点及常规施工方案，其他相关资料。

2）其他项目、规费和税金项目清单应按照现行国家标准《建设工程工程量清单计价规范》GB 50500—2013 的相关规定编制。

3）编制工程量清单出现附录中未包括的项目，编制人应做补充，并报省级或行业工程造价管理机构备案，省级或行业工程造价管理机构应汇总报住房城乡建设部标准定额研究所。

补充项目的编码由本规范的代码 01 与 B 和三位阿拉伯数字组成，并应从 01B001 起顺序编制，同一招标工程的项目不得重码。

补充的工程量清单需附有补充项目的名称、项目特征、计量单位、工程量计算规则、工作内容。不能计量的措施项目，需附有补充项目的名称、工作内容及包含范围。

（2）分部分项工程

工程量清单应根据附录规定的项目编码、项目名称、项目特征、计量单位和工程量计算规则进行编制。

1）项目编码

项目编码是指分部分项工程和措施项目清单名称的阿拉伯数字标识。工程量清单项目编码采用十二位阿拉伯数字表示，一至九位应按计量规范附录规定设置，十至十二位应根据拟建工程的工程量清单项目名称设置，同一招标工程的项目编码不得有重码。

一、二位为专业工程代码（01—房屋建筑与装饰工程；02—仿古建筑工程；03—通用安装工程；04—市政工程；05—园林绿化工程；06—矿山工程；07—构筑物工程；08—城市轨道交通工程；09—爆破工程）。

三、四位为附录分类顺序码；五、六位为分部工程顺序码；七、八、九位为分项工程项目名称顺序码；十至十二位为清单项目名称顺序码。如图 4-6 所示。

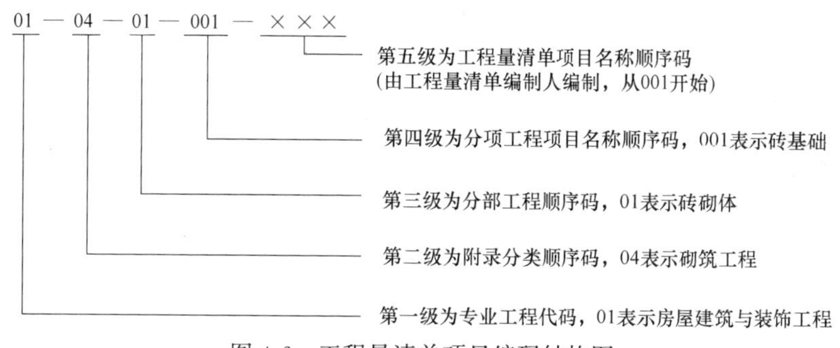

图4-6 工程量清单项目编码结构图

2）项目名称

工程量清单的分部分项工程和措施项目的项目名称应按工程量计算规范附录中的项目名称结合拟建工程的实际确定。工程量计算规范中的项目名称是具体工作中对清单项目命名的基础，应在此基础上结合拟建工程的实际，对项目名称具体化，特别是综合性较大的项目应区分项目名称，分别编码列项。

3）项目特征

项目特征是表征构成分部分项工程项目、措施项目自身价值的本质特征，是对体现分部分项工程项目清单、措施项目清单价值的特有属性和本质特征的描述。从本质上讲，项目特征体现的是对清单项目的质量要求，是确定一个清单项目综合单价不可缺少的重要依据，在编制工程量清单时，必须对项目特征进行准确和全面的描述。工程量清单项目特征描述的重要意义在于：项目特征是区分具体清单项目的依据；项目特征是确定综合单价的前提；项目特征是履行合同义务的基础。如实际项目实施中施工图纸中特征与分部分项工程项目特征不一致或发生变化，即可按合同约定调整该分部分项工程的综合单价。

项目特征应按工程量计算规范附录中规定的项目特征，结合拟建工程项目的实际予以描述，能够体现项目本质区别的特征和对报价有实质影响的内容都必须描述。为达到规范、简捷、准确、全面描述项目特征的要求，在描述工程量清单项目特征时应按以下原则进行：

① 项目特征描述的内容应按工程量计算规范附录中的规定，结合拟建工程的实际，满足确定综合单价的需要。

② 若采用标准图集或施工图纸能够全部或部分满足项目特征描述的要求，项目特征描述可直接采用详见××图集或××图号的方式。对不能满足项目特征描述要求的部分，仍应用文字描述。

4）计量单位

清单项目的计量单位应按工程量计算规范附录中规定的计量单位确定。规范中的计量单位均为基本单位，与消耗量定额中所采用基本单位扩大一定的倍数不同。如质量以“t”或“kg”为单位，长度以“m”为单位，面积以“m^2”为单位，体积以“m^3”为单位，自然计量的以“个、件、根、组、系统”为单位。

5）工程量计算规则

工程量计算规范统一规定了工程量清单项目的工程量计算规则。其原则是按施工图图示尺寸（数量）计算清单项目工程数量的净值，一般不需要考虑具体的施工方法、施工工艺和施工现场的实际情况而发生的施工余量。

6）工作内容

工作内容是指为了完成工程量清单项目所需要发生的具体施工作业内容。工程量计算规范附录中给出的是一个清单项目所可能发生的工作内容，在确定综合单价时需要根据清单项目特征中的要求、具体的施工方案等确定清单项目的工作内容，是进行清单项目组价的基础。

工作内容不同于项目特征。项目特征体现的是清单项目质量或特性的要求或标准，工作内容体现的是完成一个合格的清单项目需要具体做的施工作业和操作程序，对于一项明确的分部分项工程项目或措施项目，工作内容确定了其工程成本。不同的施工工艺和方法，工作内容也不一样，工程成本也就有了差别。在编制工程量清单时一般不需要描述工作内容。

（3）措施项目

① 措施项目中列出了项目编码、项目名称、项目特征、计量单位、工程量计算规则的项目，编制工程量清单时，应按照分部分项工程的规定执行。

② 措施项目中仅列出项目编码、项目名称，未列出项目特征、计量单位和工程量计算规则的项目，编制工程量清单时，应按规范附录总价措施项目规定的项目编码、项目名称确定。

（4）其他项目

其他项目清单应根据拟建工程的具体情况列项，《建设工程工程量清单计价规范》GB 50500—2013 提供了 4 项作为列项参考，不足部分可根据工程实际补充。

1）暂列金额

暂列金额是招标人在工程量清单中暂定并包括在合同价款中的一笔款项。用于工程合同签订时尚未确定或者不可预见的所需材料、工程设备、服务的采购，施工中可能发生的工程变更、合同约定调整因素出现时的合同价款调整，以及发生的索赔、现场签证确认等的费用。

2）暂估价

暂估价是指招标人在工程量清单中提供的用于支付必然发生但暂时不能确定价格的材料、工程设备的单价以及专业工程的金额，包括材料暂估单价、工程设备暂估单价和专业工程暂估价。

3）计日工

在施工过程中，承包人完成发包人提出的工程合同范围以外的零星项目或工作，按合同中约定的单价计价的一种方式。计日工是为了解决现场发生的零星工作的计价而设立的。零星项目或工作一般是指合同约定之外的或者因变更而产生的、工程量清单中没有相应项目的额外工作，尤其是那些难以事先商定价格的额外工作。

4）总承包服务费

总承包服务费是指总承包人为配合协调发包人进行的专业工程发包，对发包人自行采购的材料、工程设备等进行保管以及施工现场管理、竣工资料汇总整理等服务所需的费用。

本节以《13 房建计量规范》附录中清单项目设置和工程量计算规则为依据，介绍土方工程、桩基工程、砌筑工程、混凝土及钢筋混凝土工程、门窗工程、屋面及防水工程、保温隔热工程、楼地面装饰工程、墙柱面装饰与隔断幕墙工程、天棚工程、措施项目的工程量计算方法，未介绍的项目按该计算规则执行。

4.3.2　土石方工程

1. 房屋建筑与装饰工程工程量计算规范内容

土石方工程清单内容（表4-1）扫码获得。

表4-1　土石方工程清单内容

2. 房屋建筑与装饰工程工程量计算难点解析

（1）土方工程

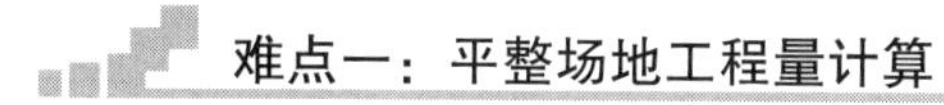

难点一：平整场地工程量计算

平整场地是指建筑物场地厚度≤±300mm的就地挖、填、运、找平，厚度>±300mm的竖向布置挖土或山坡切土应按一般土方项目编码列项。

平整场地按设计图示尺寸以建筑物首层建筑面积计算。项目特征包括土壤类别、弃土运距、取土运距。

解析：

平整场地是指建筑物场地厚度≤±300mm的挖、填、运、找平，如图4-7所示。厚度>±300mm，全部厚度按一般挖土方相应项目规定另行计算，但仍应计算平整场地。

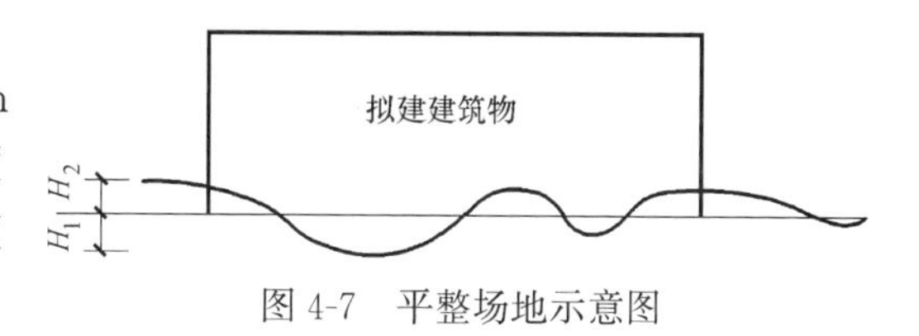

图4-7　平整场地示意图

平整场地的目的是为建筑物施工放线作准备，所以建筑物首层面积应指有基础的建筑的面积，无基础的部分不能计算建筑面积，如阳台等。

平整场地若需要外运土方或取土回填时，在清单项目特征中应描述弃土运距或取土运距，其报价应包括在平整场地项目中；当清单中没有描述弃、取土运距时，应注明由投标人根据施工现场实际情况自行考虑到投标报价中。

难点二：挖一般土方工程量计算

挖一般土方按设计图示尺寸以体积计算。

挖土方平均厚度应按自然地面测量标高至设计地坪标高间的平均厚度确定。土石方体积应按挖掘前的天然密实体积计算。

挖土方如需截桩头时，应按桩基工程相关项目列项。桩间挖土不扣除桩的体积，并在项目特征中加以描述。

解析：

天然密实体积是指自然形成状态下的未经过施工开挖过的土石方体积。注意挖、推、铲、装、运等体积均以天然密实体积计算，不需要进行虚方与实方换算。如需按天然密实体积折算时，应按表4-2系数计算。土方体积折算系数计算详见例4-2。

土壤分类表

土壤的不同类型决定了土方工程施工的难易程度、施工方法、功效及工程成本，所以应掌握土壤类别的确定，如土壤类别不能准确划分时，招标人可注明为综合，由投标人根据地勘报告决定报价。

土方体积折算系数表 **表 4-2**

天然密实度	虚方体积	夯实后体积	松填体积
0.77	1.00	0.67	0.83
1.00	1.30	0.87	1.08
1.15	1.50	1.00	1.25
0.92	1.20	0.80	1.00

挖一般土方、挖沟槽土方、挖基坑土方项目划分规定如表 4-3 所示。

挖一般土方、挖沟槽土方、挖基坑土方划分条件 **表 4-3**

项目	特　　征
挖一般土方	超出沟槽、基坑范围的为一般土方；厚度>±30cm 的竖向布置挖土或山坡切土
挖沟槽土方	底宽≤7m 且底长>3 倍底宽
挖基坑土方	底长≤3 倍底宽且底面积≤150m^2

难点三：挖沟槽土方、挖基坑土方工程量计算

挖沟槽、基坑土方按设计图示尺寸以基础垫层底面积乘以挖土深度计算。

解析：

基础土方开挖深度应按基础垫层底表面标高至交付施工场地标高确定，无交付施工场地标高时，应按自然地面标高确定。沟槽、基坑土方如图 4-8、图 4-9 所示。

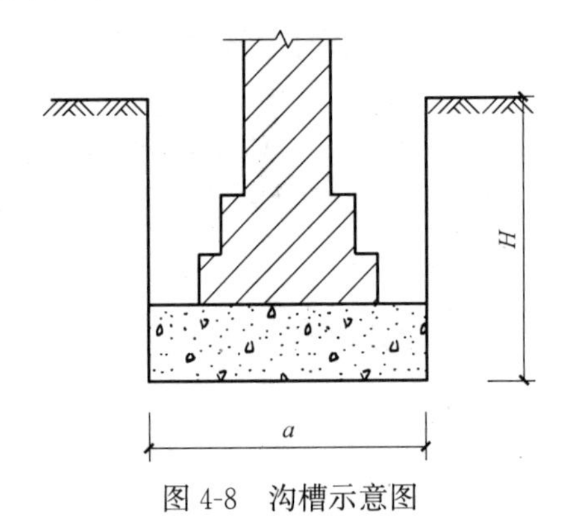

图 4-8　沟槽示意图

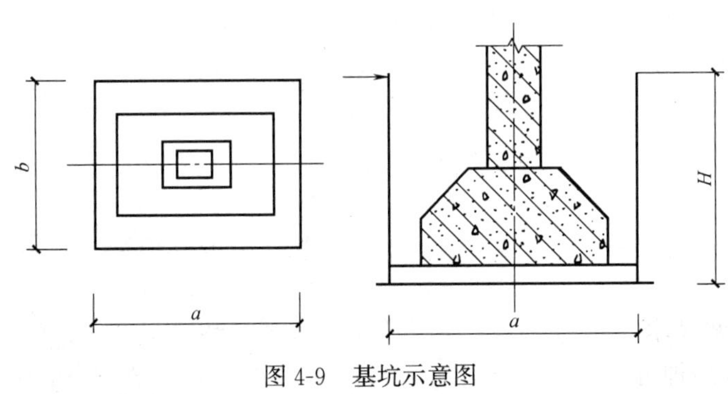

图 4-9　基坑示意图

挖沟槽土方工程量的计算公式为：

$$V=a \cdot H \cdot L \tag{4-3}$$

式中 V——沟槽工程量；

a——垫层宽度；

H——挖土深度；

L——沟槽长度。

外墙沟槽长度按外墙中心线计算；内墙沟槽长度按槽底间净长度计算。

挖基坑土方的工程量计算公式为：

$$V=a \cdot b \cdot H \tag{4-4}$$

式中 V——基坑工程量；

a——垫层一边宽度；

b——垫层另一边宽度；

H——挖土深度。

（2）回填

难点：回填方工程量计算

按设计图示尺寸以体积计算。

场地回填：回填面积乘以平均回填厚度；

室内回填：主墙间净面积乘以回填厚度，不扣除间隔墙。

基础回填：挖方清单项目工程量减去自然地坪以下埋设的基础体积（包括基础垫层及其他构筑物）。

解析：

室内回填的回填厚度为室内外设计标高差减去地面的面层和垫层厚度；回填范围如图4-10所示。

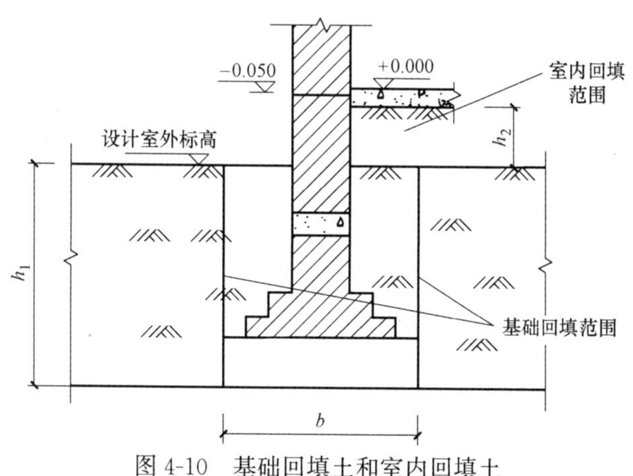

图4-10 基础回填土和室内回填土

回填土方项目特征包括密实度要求、填方材料品种、填方粒径要求、填方来源及运距，在项目特征描述中需要注意以下问题：

1）填方密实度要求，在无特殊要求情况下，项目特征可描述为满足设计和规范的要求。

2）填方材料品种可以不描述，但应注明由投标人根据设计要求验收后方可填入，并符合相关工程的质量规范要求。

3）填方粒径要求，在无特殊要求情况下，项目特征可以不描述。

4）如需买土回填应在项目特征填方来源中描述，并注明购买土方数量。

【例 4-2】答案解析及相关资料

【例 4-2】 已知教研办公楼基础分成 8 个分区，详见土方分区图，土壤类别为三类土，地下水位距本工程相对±0.00 为 6.2m。根据施工方案采用反铲挖掘机（斗容 0.75m^3）挖土，预留 400mm 进行人工清槽，自卸汽车（8t）运土，弃土运距为 5km，该分区土方全部运输至弃渣场。回填土采用外购，并运送至现场，再用装载机（斗容量 3m^3）将回填土运送到基坑（运距 20m 以内）。根据以上条件对分区一的土方工程（包括挖土、运土、夯填）进行计量，请填写附表 C-1、附表 A-3。

表 4-4　桩基工程清单内容

4.3.3　桩基工程

1. 房屋建筑与装饰工程工程量计算规范内容

桩基工程清单内容（表 4-4）扫码获得。

2. 房屋建筑与装饰工程工程量计算难点解析

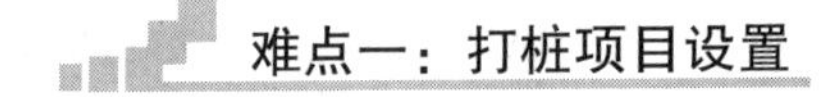

难点一：打桩项目设置

预制钢筋混凝土方桩、预制钢筋混凝土管桩项目以成品桩考虑，应包括成品桩购置费，如果用现场预制，应包括现场预制桩的所有费用。

解析：

预制钢筋混凝土桩是先预制成型，再用沉桩设备将其沉入土中以承受上部结构荷载的构件。钢筋混凝土预制桩常见有实心方桩、空心管桩，如图 4-11 所示。

接桩、送桩

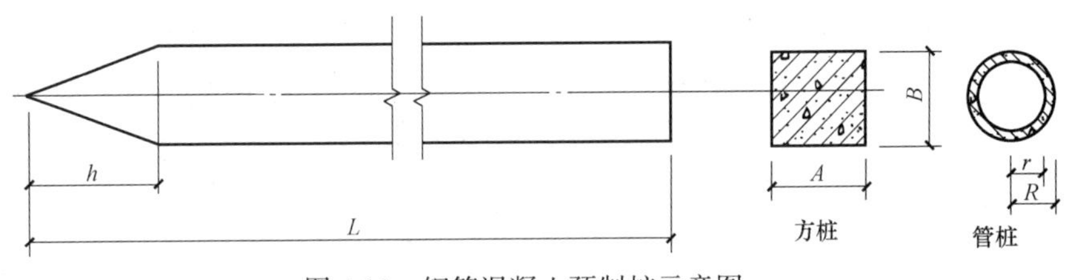

图 4-11　钢筋混凝土预制桩示意图

难点二：打桩工程量计算

桩尖

预制钢筋混凝土方桩、预制钢筋混凝土管桩以 m 计量，按设计图示尺寸以桩长（包括桩尖）计算；或以 m^3 计量，按设计图示截面积乘以桩长（包括桩尖）以实体积计算；或以根计量，按设计图示数量计算。

解析：

预制钢筋混凝土桩的工程量计算方式选择的关键因素之一就是价格。如果同一个工程桩间价格差距较小，可以选择以根或桩长计量，如果差距较大时，需要以 m^3 计量。

预制钢筋混凝土方桩工程量计算详见例 4-3。

【例 4-3】 已知工程为预制钢筋混凝土桩现浇承台基础（图 4-12），共 30 个承台基础，最大主筋直径为Φ25，在工程施工前，需打 6 根试验桩，入土深度为 13m，详细信息见二维码，对本工程试验桩进行计量（分别从打桩、截桩考虑），请填写附表 C-1、附表 A-3。

【例 4-3】 答案解析及相关资料

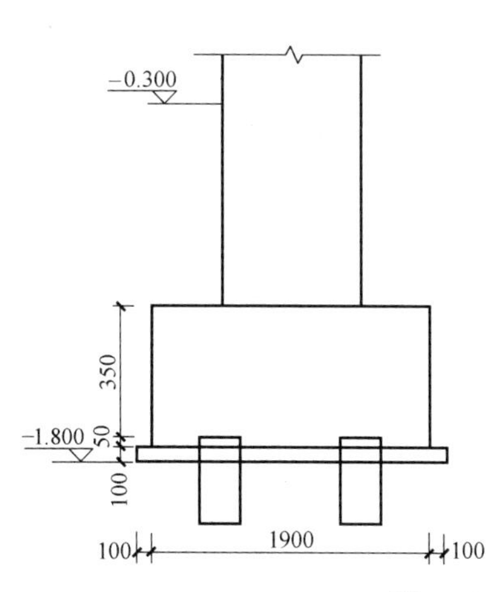

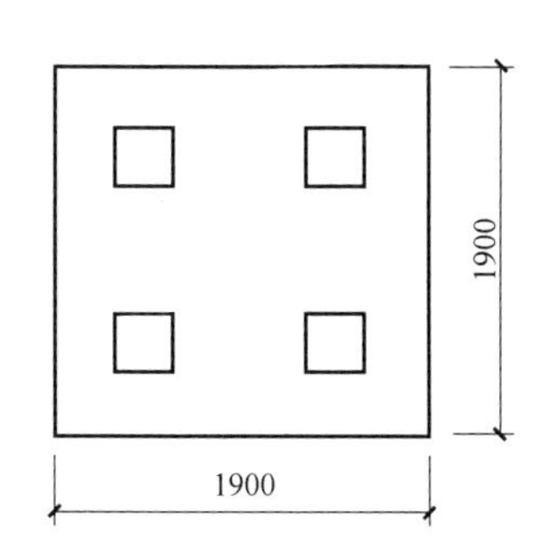

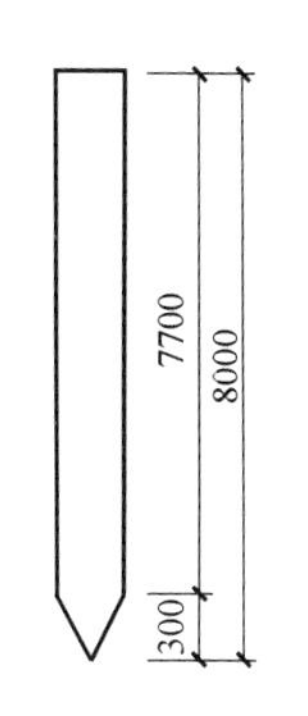

图 4-12　预制钢筋混凝土桩现浇承台基础详图

4.3.4　砌筑工程

1. 房屋建筑与装饰工程工程量计算规范内容

砌筑工程清单内容（表 4-5）扫码获得。

表 4-5　砌筑工程清单内容

2. 房屋建筑与装饰工程工程量计算难点解析

难点一：砖基础清单工程量计算

工程量按设计图示尺寸以体积计算，包括附墙垛基础宽出部分体积，扣除地梁（圈梁）、构造柱所占体积，不扣除基础大放脚 T 形接头处的重叠部分（图 4-13）及嵌入基础内的钢筋、铁件、管道、基础砂浆防潮层和单个面积 0.3m^2 的孔洞所占体积，靠墙暖气沟的挑檐不增加。

基础长度：外墙按外墙中心线，内墙按内墙净长线计算。

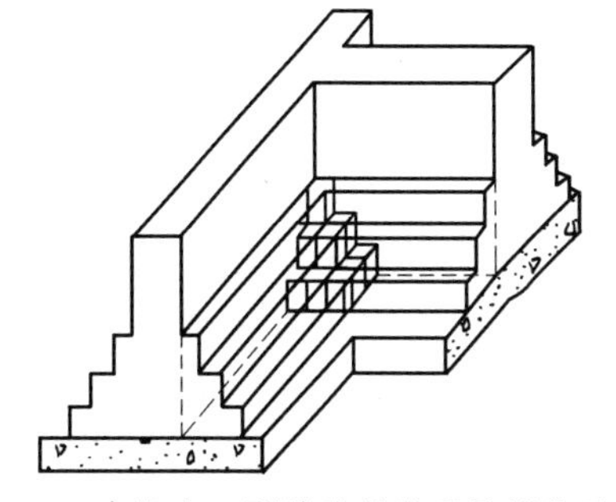

图 4-13　砖基础 T 形接头处的重叠部分示意图

解析：

难点二：实心砖墙、多孔砖墙、空心砖墙清单工程量计算

按设计图示尺寸以体积计算，扣除门窗、洞口、嵌入墙内的钢筋混凝土柱、梁、圈梁、挑梁、过梁及凹进墙内的壁龛、管槽、暖气槽、消火栓箱所占体积，不扣除梁头、板头、檩头、垫木、木楞头、沿缘木、木砖、门窗走头、砖墙内加固钢筋、木筋、铁件、钢管及单个面积≤0.3m^2 的孔洞所占的体积；凸出墙面的腰线、挑檐、压顶、窗台线、虎头砖、门窗套的体积亦不增加；凸出墙面的砖垛并入墙体体积内计算。如图 4-14 所示。

解析：

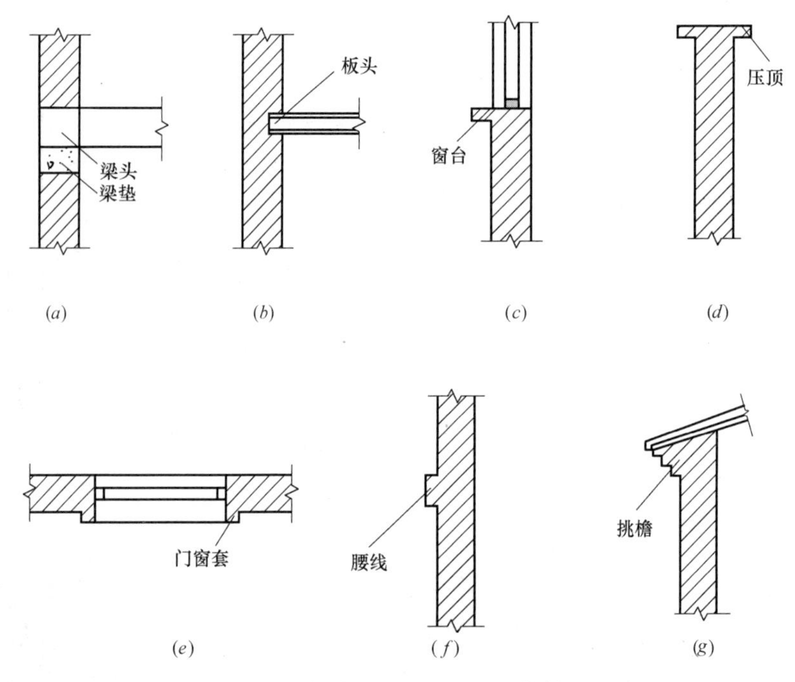

图 4-14 不扣除和不增加的砖砌体体积

难点三：墙高度的确定

① 外墙：斜（坡）屋面无檐口天棚者算至屋面板底（图 4-15）；有屋架且室内外均有天棚者算至屋架下弦底另加 200mm（图 4-16），无天棚者算至屋架下弦底另加 300mm（图 4-17），出檐宽度超过 600mm 时按实砌高度计算（图 4-18）；有钢筋混凝土楼板隔层者算至板顶（图 4-19）。平屋顶算至钢筋混凝土板底。

② 内墙：位于屋架下弦者，算至屋架下弦底（图 4-20）；无屋架者算至天棚底另加 100mm（图 4-21）；有钢筋混凝土楼板隔层者算至楼板顶；有框架梁时算至梁底（图 4-22）。

③ 女儿墙：从屋面板上表面算至女儿墙顶面（如有混凝土压顶时算至压顶下表面）。

解析：

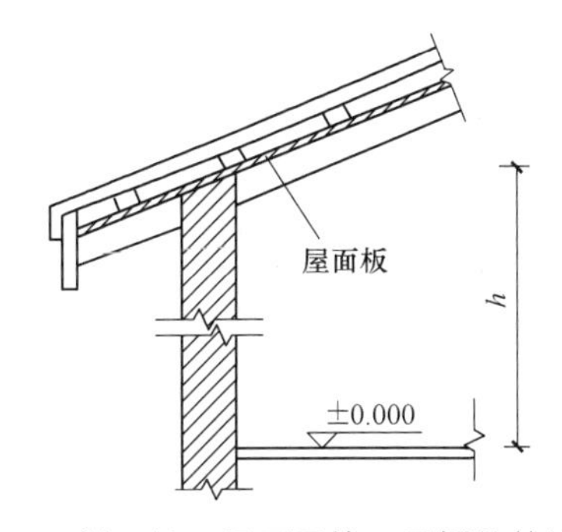

图 4-15　斜（坡）屋面无檐口天棚的外墙高度

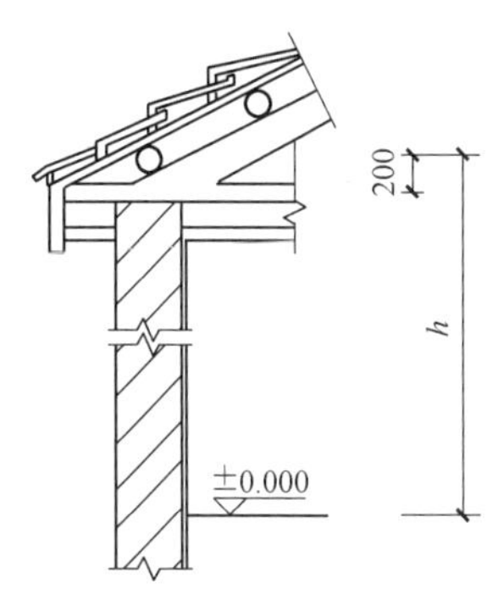

图 4-16　有屋架且室内外均有天棚的外墙高度

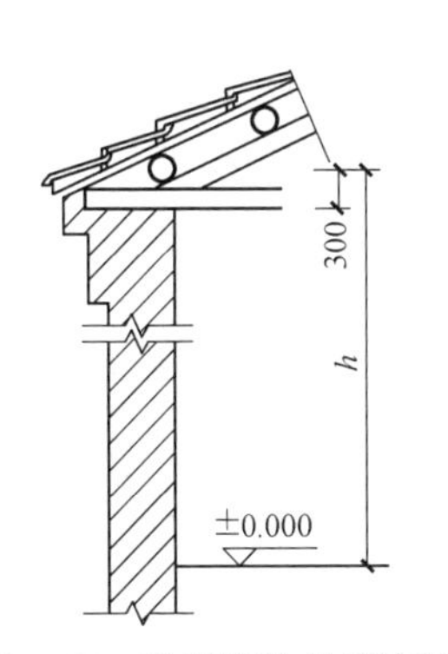

图 4-17　无天棚的外墙高度

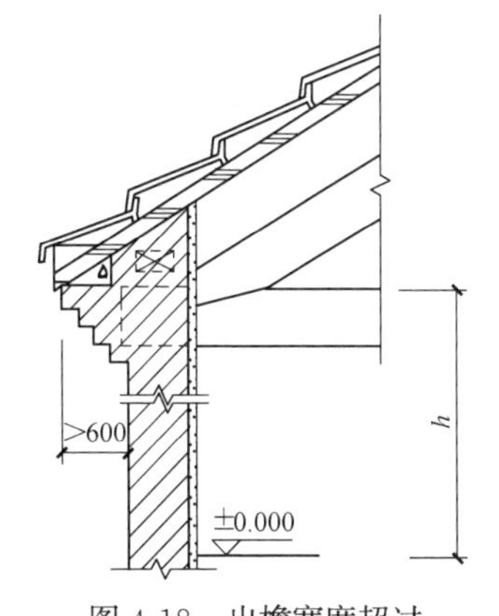

图 4-18　出檐宽度超过 600mm 的外墙高度

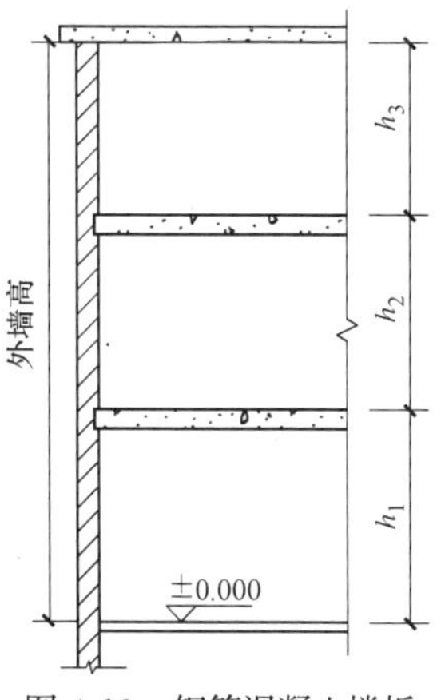

图 4-19　钢筋混凝土楼板隔层下的外墙高度

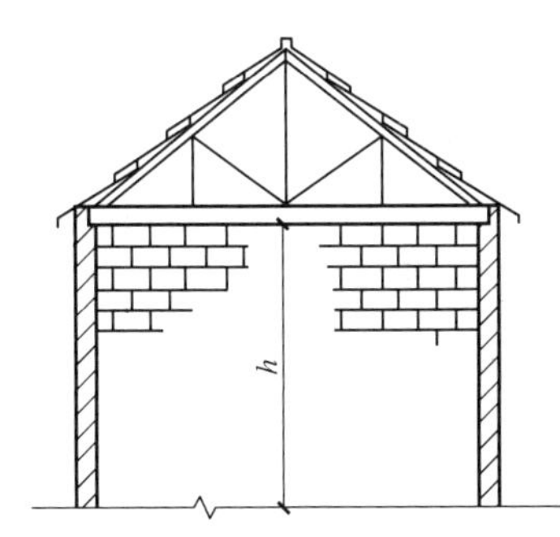

图 4-20　位于屋架下弦的内墙高度

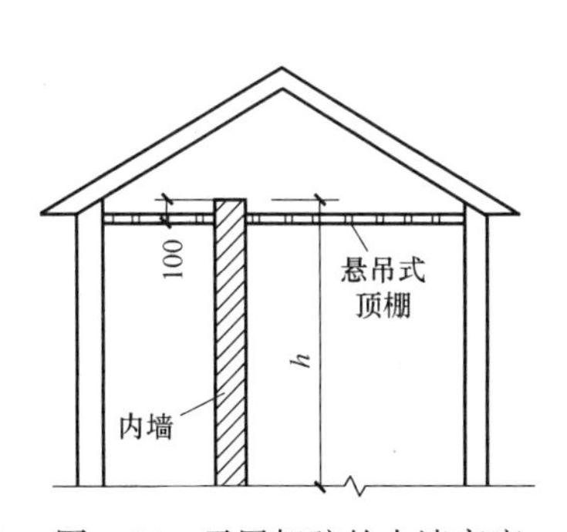

图 4-21　无屋架弦的内墙高度

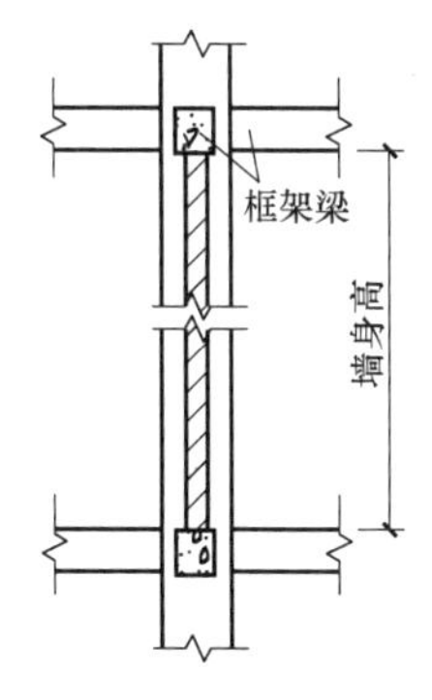

图 4-22　有框架梁的内墙高度

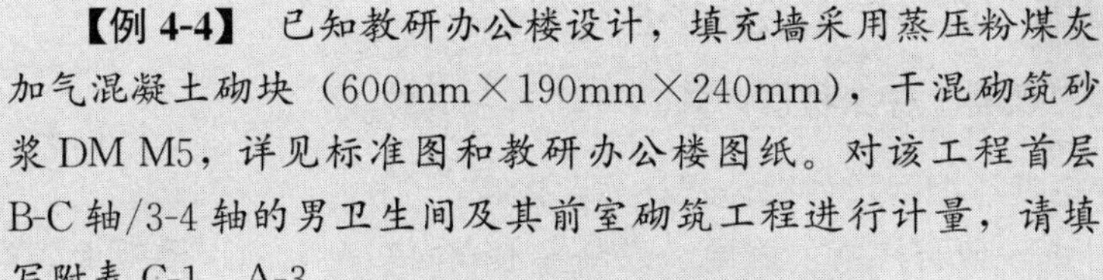
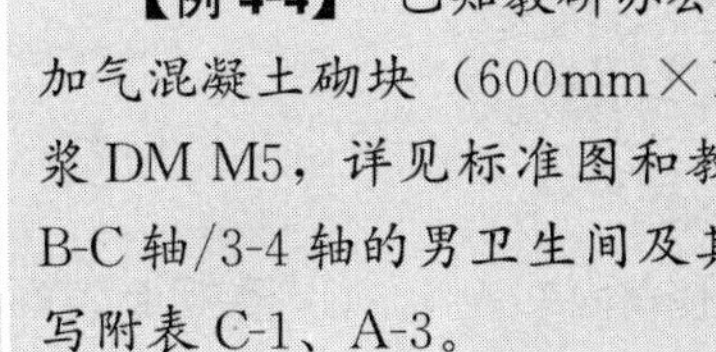

【例 4-4】 已知教研办公楼设计，填充墙采用蒸压粉煤灰加气混凝土砌块（600mm×190mm×240mm），干混砌筑砂浆 DM M5，详见标准图和教研办公楼图纸。对该工程首层 B-C 轴/3-4 轴的男卫生间及其前室砌筑工程进行计量，请填写附表 C-1、A-3。

【例 4-4】 答案解析及相关资料

难点四：基础与墙（柱）身的划分

基础与墙（柱）身使用同一种材料时，以设计室内地面为界（有地下室者，以地下室室内设计地面为界），地面以下为基础，地面以上为墙（柱）身。基础与墙身使用不同材料时，位于设计室内地面高度≤±300mm 时，以不同材料为分界线，高度大于±300mm 时，以设计室内地面为分界线。砖围墙应以设计室外地坪为界，以下为基础，以上为墙身。

解析：

基础与墙（柱）身使用同一种材料时如图 4-23（*a*）所示，基础与墙（柱）身使用不同材料时如图 4-23（*b*）、（*c*）所示。

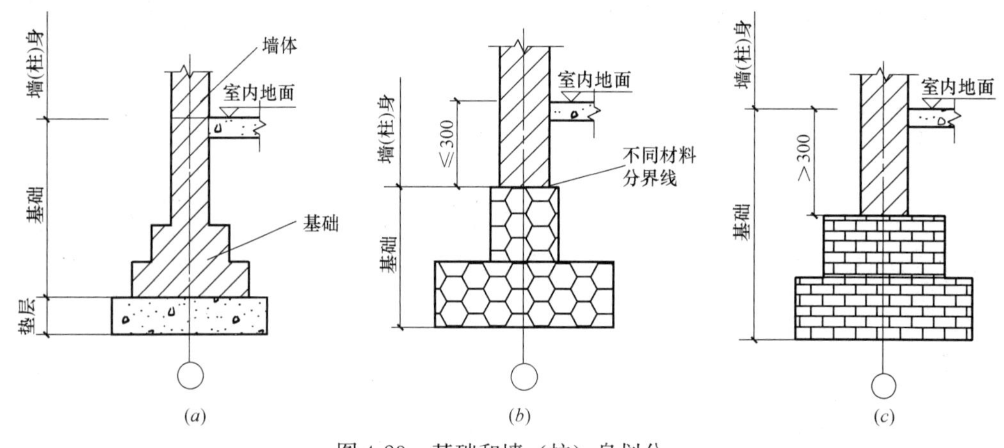

图 4-23　基础和墙（柱）身划分

（*a*）同一种材料时；（*b*）不同材料时高度≤±300mm；（*c*）不同材料时高度＞±300mm

表 4-6　混凝土及钢筋混凝土工程清单内容

4.3.5　混凝土及钢筋混凝土工程

1. 房屋建筑与装饰工程工程量计算规范内容

混凝土及钢筋混凝土工程清单内容（表 4-6）扫码获得。

2. 房屋建筑与装饰工程工程量计算难点解析

难点一：现浇混凝土基础工程量计算

现浇混凝土基础按设计图示尺寸以体积计算。不扣除伸入承台基础的桩头所占体积。

解析：

现浇混凝土基础包括垫层、带形基础（图 4-24）、独立基础（图 4-25）、满堂基础（图 4-26）、桩承台基础（图 4-27）、设备基础项目。

难点二：现浇混凝土柱工程量计算

现浇混凝土柱按设计图示尺寸以体积计算，柱高：

① 有梁板的柱高，应自柱基上表面（或楼板上表面）至上一层楼板上表面之间的高度计算，如图 4-28 所示。

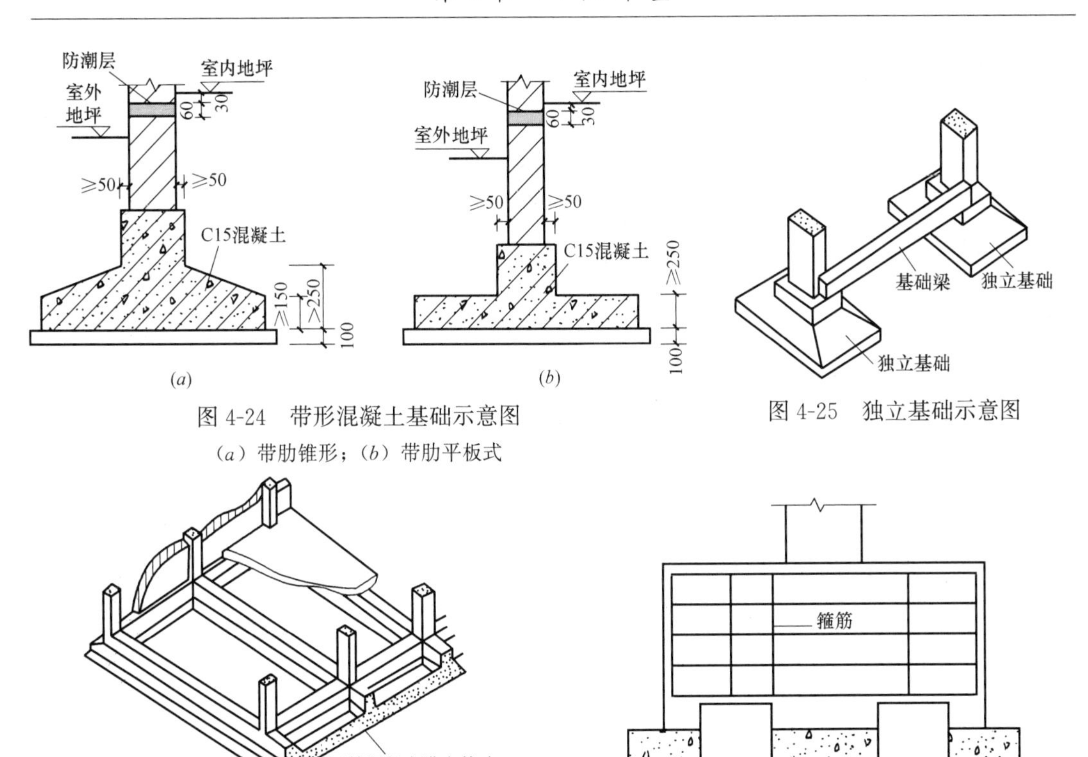

图 4-24　带形混凝土基础示意图

（*a*）带肋锥形；（*b*）带肋平板式

图 4-25　独立基础示意图

图 4-26　满堂基础示意图

图 4-27　承台基础示意图

② 无梁板的柱高，应自柱基上表面（或楼板上表面）至柱帽下表面之间的高度计算，如图 4-28 所示。

③ 框架柱的柱高应自柱基上表面至柱顶高度计算，如图 4-29 所示。

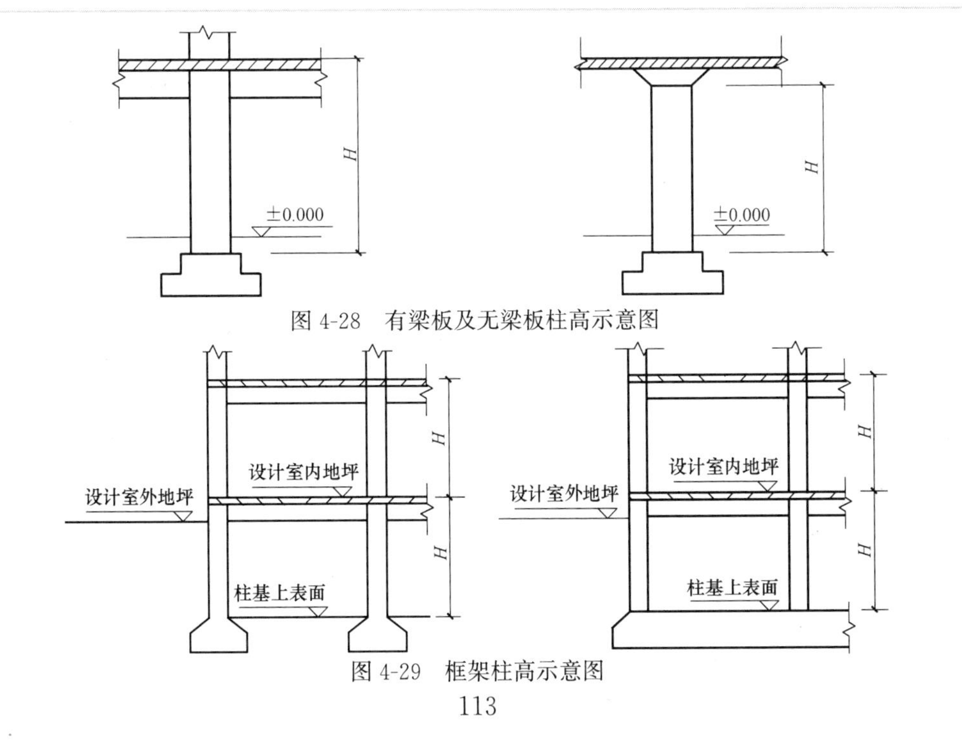

图 4-28　有梁板及无梁板柱高示意图

图 4-29　框架柱高示意图

解析：

【例 4-5】答案解析及相关资料

柱高如图 4-28、图 4-29 所示（柱混凝土工程量计算详见【例 4-5】）。

【例 4-5】 根据教研办公楼图纸，对该工程首层 B-C 轴/3-4 轴间的 KL3、L2、整根的 KZ11、楼板的混凝土工程进行计量，请填写附表 C-1、A-3。

难点三：构造柱工程量计算

① 构造柱按全高计算，嵌接墙体部分并入柱身体积，如图 4-30 所示。
② 依附柱上的牛腿和升板的柱帽，并入柱身体积计算，如图 4-31 所示。

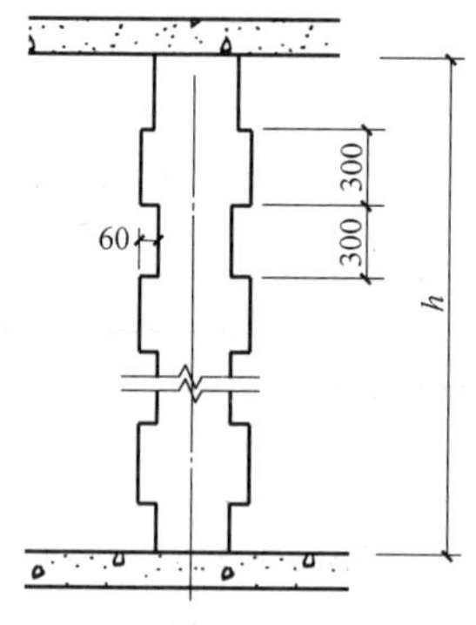

图 4-30 构造柱高示意图

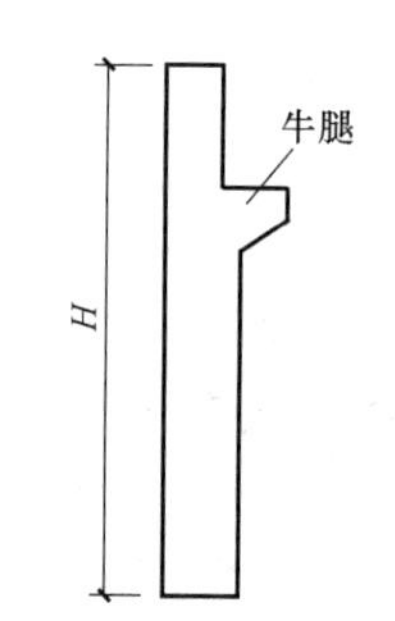

图 4-31 带牛腿的现浇混凝土柱示意图

解析：

构造柱（带马牙槎）的平面形式有四种，如图 4-32 所示（构造柱混凝土工程量计算详见【例 4-6】）。

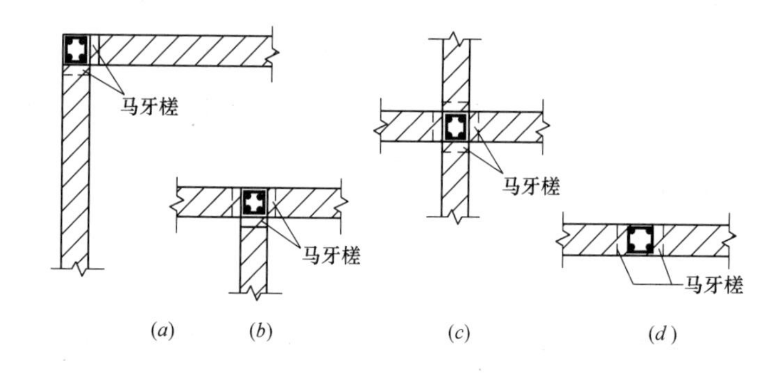

图 4-32 构造柱断面形式示意图（L 形、T 形、十字形、一字形）

一般构造柱的马牙槎及净间距均为 300mm，宽为 60mm，如图 4-30 所示。为便于计算，马牙槎咬接宽度按柱全高平均考虑为 1/2×60mm＝30mm。以一砖墙为例列出构造柱断面面积计算表如表 4-7 所示。

一砖墙构造柱计算断面面积表　　表 4-7

咬接形式	咬接边数	柱芯部分断面面积/m^2	带马牙槎的柱断面面积/m^2
一字形	2	0.24×0.24−0.0576	0.0576+0.24×0.03×2=0.0720
L 形	2		0.0576+0.24×0.03×2=0.0720
T 形	3		0.0576+0.24×0.03×3=0.0792
十字形	4		0.0576+0.24×0.03×4=0.0864

【例 4-6】 根据教研办公楼图纸，对该工程首层 B-C 轴/3-4 轴间的男卫生间及其前室的二次构件的混凝土工程进行计量（构造柱马牙槎宽 100m），请填写附表 C-1、附表 A-3。

【例 4-6】答案解析及相关资料

难点四：现浇混凝土墙工程量计算

① 现浇混凝土墙按设计图示尺寸以体积计算。扣除门窗洞口及单个面积大于 0.3m^2 的孔洞所占体积，墙垛及突出墙面部分并入墙体体积内计算。

② 短肢剪力墙是指截面厚度不大于 300mm、各肢截面高度与厚度之比的最大值大于 4 但不大于 8 的剪力墙；各肢截面高度与厚度之比的最大值不大于 4 的剪力墙按柱项目编码列项。

解析：

如图 4-33 所示，判断是短肢剪力墙还是柱。在（*a*）图中，截面高度与厚度之比为：500/200=2.5，所以按异形柱列项；在（*b*）图中，各肢截面高度与厚度之比为：1000/200=5，大于 4 不大于 8，按短肢剪力墙列项。

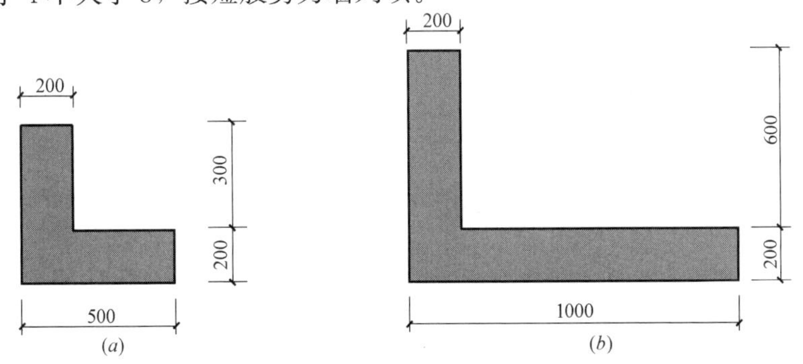

图 4-33　短肢剪力墙与柱区分

【例 4-7】 根据教研办公楼图纸，对该工程首层 D 轴/5-6 轴间的剪力墙、连梁 LL1 的混凝土工程进行计量，请填写附表 C-1、附表 A-3。

【例 4-7】答案解析及相关资料

难点五：现浇混凝土梁工程量计算

按设计图示尺寸以体积计算。不扣除构件内钢筋、预埋铁件所占体积，伸入墙内的梁头、梁垫并入梁体积内。

解析：

梁长的确定：梁与柱连接时，梁长算至柱侧面；主梁与次梁连接时，次梁长算至主梁侧面。如图 4-34、图 4-35 所示。

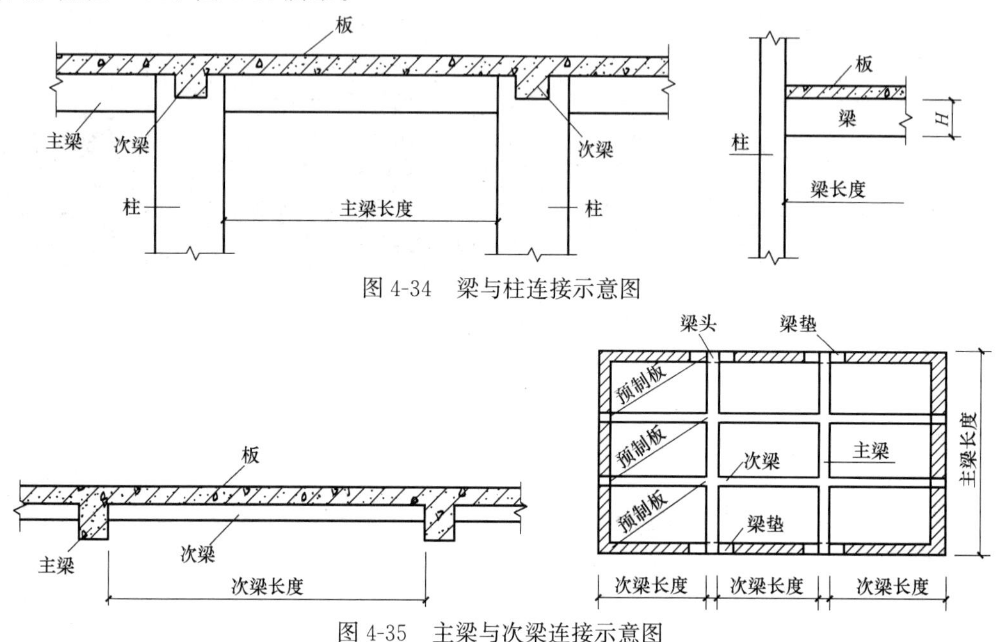

图 4-34　梁与柱连接示意图

图 4-35　主梁与次梁连接示意图

难点六：现浇混凝土板工程量计算

有梁板、无梁板、平板、拱板、薄壳板、栏板按设计图示尺寸以体积计算，不扣除单个面积≤0.3m^2 的柱、垛以及孔洞所占体积，压形钢板混凝土楼板扣除构件内压形钢板所占体积，有梁板（包括主、次梁与板）按梁、板体积之和计算，无梁板按板和柱帽体积之和计算，各类板伸入墙内的板头并入板体积内，薄壳板的肋、基梁并入薄壳体积内计算。

雨篷、悬挑板、阳台板按设计图示尺寸以墙外部分体积计算，包括伸出墙外的牛腿和雨篷反挑檐的体积。

解析：

有梁板（包括主、次梁与板）按梁、板体积之和计算（图 4-36）；无梁板按板和柱帽体积之和计算（图 4-37）；根据《房屋建筑与装饰工程消耗量定额》TY01-31-2015，对有梁板项目与平板项目进行划分，其区分见图 4-38。

现浇挑檐、天沟板、雨篷、阳台与板（包括屋面板、楼板）连接时，以外墙外边线为分界线；与圈梁（包括其他梁）连接时，以梁外边线为分界线。外边线以外为挑檐、天

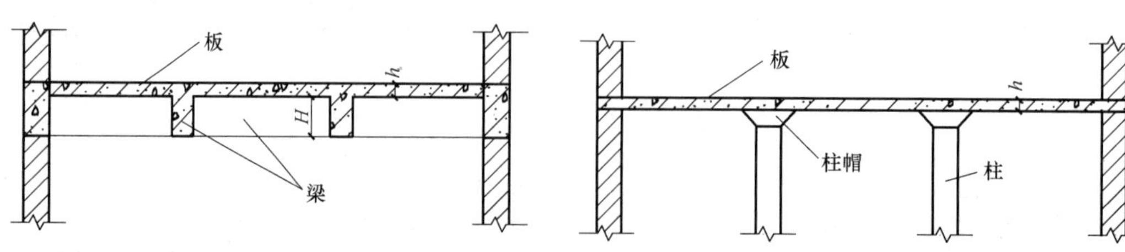

图 4-36　有梁板（包括主、次梁与板）　　图 4-37　无梁板（包括柱帽）

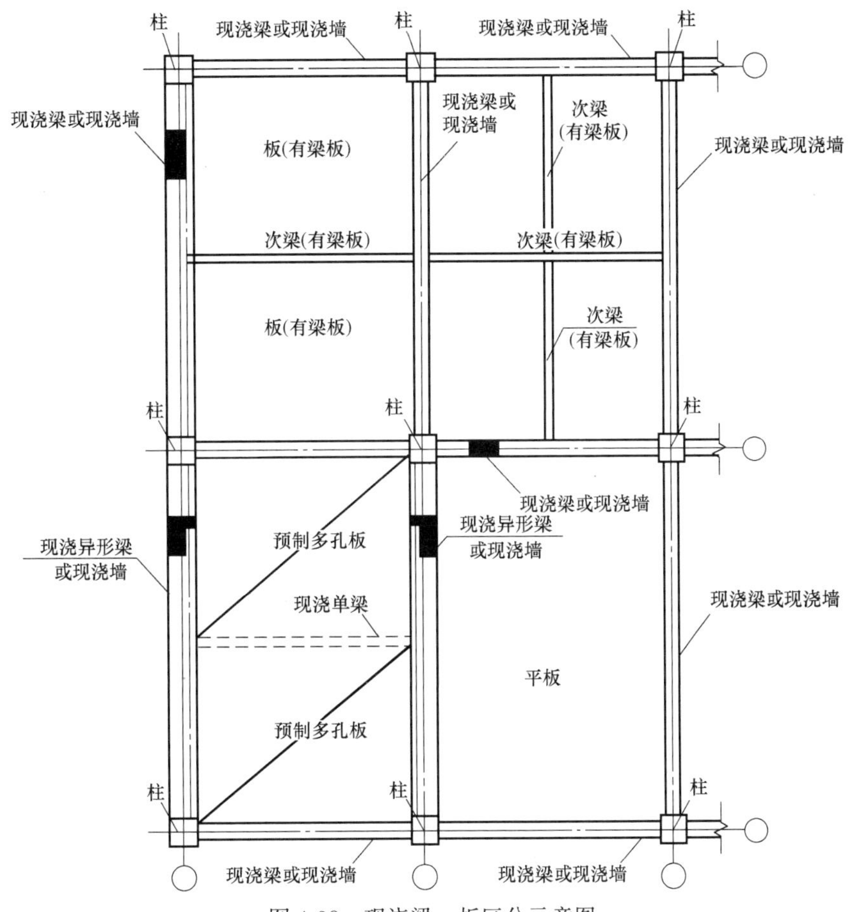

图 4-38　现浇梁、板区分示意图

沟、雨篷或阳台。如图 4-39 所示。

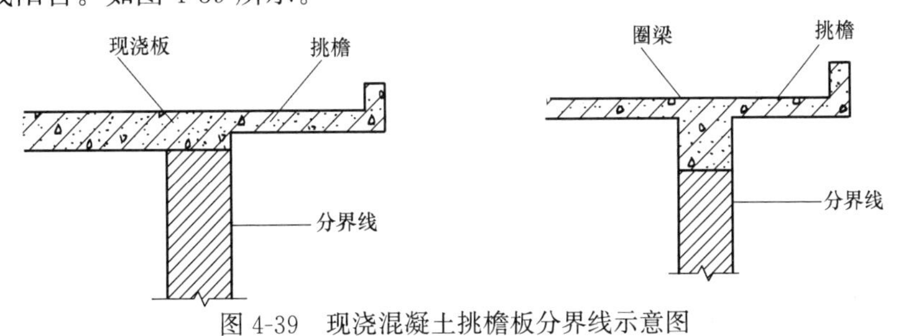

图 4-39　现浇混凝土挑檐板分界线示意图

【例 4-8】 已知教研办公楼屋面层预应力预制空心板采用外购，预制厂距离施工现场 15km，空心板预制厂不包含运输费用，预制板安装灌缝等见标准图集。除预制板外，剩下部分采用现浇混凝土板，双层主筋上下两层均为 4 根 ⌀10@200，分布筋上下两层均为 ⌀10@200。对该工程屋面预制板工程进行计量，请填写附表 C-1、附表 A-3。

【例 4-8】答案解析及相关资料

难点七：现浇混凝土楼梯工程量计算

以 m^2 计量，按设计图示尺寸以水平投影面积计算，不扣除宽度小于或等于 500mm 的楼梯井，伸入墙内部分不计算；或以 m^3 计量，按设计图示尺寸以体积计算。

解析：

现浇混凝土楼梯，见图 4-40。

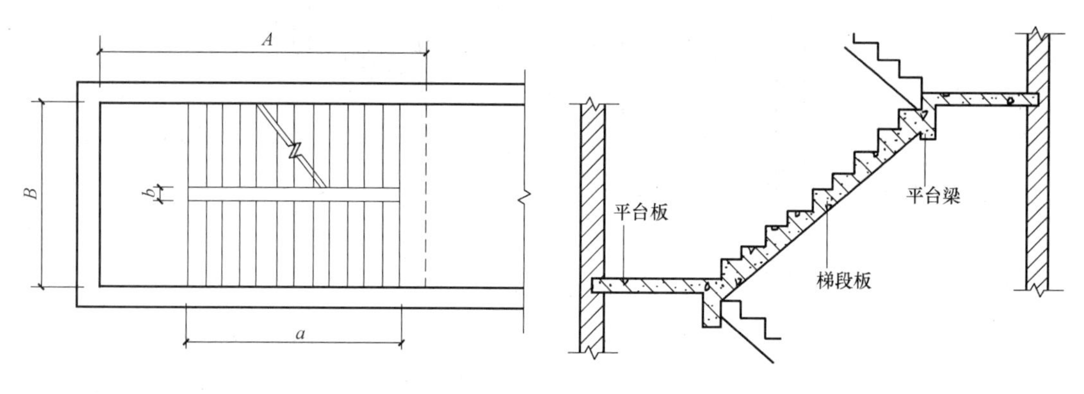

图 4-40　现浇混凝土楼梯示意图

整体楼梯（包括直形楼梯、弧形楼梯）水平投影面积包括休息平台、平台梁、斜梁和楼梯的连接梁。当整体楼梯与现浇楼板无梯梁连接时，以楼梯的最后一个踏步边缘加 300mm 为界。

【例 4-9】答案解析及相关资料

【例 4-9】 根据教研办公楼图纸，对该工程首层楼梯 B-D 轴/10 轴间的 ATb2 的混凝土和预埋铁件工程进行计量，请填写附表 C-1、附表 A-3。

【例 4-10】答案解析及相关资料

【例 4-10】 根据教研办公楼图纸，对教研办公楼工程首层 6-7 轴/D 轴外混凝土台阶的混凝土工程进行计量，请填写附表 C-1、附表 A-3。

现浇混凝土柱、梁、板、基础和剪力墙构件的平法识读

难点八：现浇混凝土柱、梁、板、基础和剪力墙构件的平法识读

根据平法图集的内容，简要介绍现浇混凝土柱、梁、板、基础和剪力墙等构件的平法标注，构件的详细注写方式和节点构造请参阅 G101 系列图集。

解析：

(1) 柱平法施工图的注写方式

柱平法施工图有列表注写方式和截面注写方式。列表注写方式系在柱平面布置图上，分别在同一编号的柱中选择一个截面标注几何参数代号，在柱表中注写柱编号、柱段起止标高、几何尺寸与配筋的具体数值，并配以各种柱截面形状及其箍筋类型图的方式，来表达柱平法施工图。

柱编号由柱类型代号和序号组成，柱的类型代号有框架柱（KZ）、转换柱（ZHZ）、芯柱（XZ）、梁上柱（LZ）、剪力墙上柱（QZ）。

截面注写方式是在柱平面布置图的柱截面上，分别在同一编号的柱中选择一个截面，以直接注写截面尺寸和配筋的具体数值的方式来表达柱平法施工图。

（2）梁平法施工图的注写方式

梁平法施工图分平面注写方式、截面注写方式。梁的平面注写包括集中标注与原位标注。集中标注表达梁的通用数值，原位标注表达梁的特殊数值。当集中标注中的某项数值不适用于梁的某部位时，则将该项数值原位标注。施工时，原位标注优先于集中标注。

（3）基础平法施工图的注写方式

G101图集中混凝土基础的平法标注规则包括独立基础、条形基础、筏形基础和桩基础。独立基础按施工方式可分为："普通独立基础（现浇整体式）"和"杯口独立基础（装配式）"两种；按底板截面形式，分为阶梯形和坡形两种。独立基础平法施工图有平面注写与截面注写两种表达方式。

（4）有梁楼盖板平法施工图的注写方式

有梁楼盖板平法施工图，系在楼面板和屋面板布置图上，采用平面注写的表达方式。板平面注写主要包括板块集中标注和板支座原位标注两种方式。为方便设计表达和施工识图，规定结构平面的坐标方向为：当两向轴网正交布置时，图面从左至右为X向，从下至下为Y向；当轴网向心布置时，切向为X向，径向为Y向。

（5）剪力墙平法施工图的注写方式

剪力墙不是一个独立的构件，而是由墙身、墙梁和墙柱共同组成的。剪力墙构件的平面表达方式有列表注写和截面注写两种。

① 剪力墙构件列表注写方式。列表注写方式系分别在剪力墙柱表、剪力墙身表和剪力墙梁表中，对应于剪力墙平面布置图上的编号，用绘制截面配筋图并注写几何尺寸与配筋具体数值的方式，来表达剪力墙平法施工图。

② 剪力墙构件截面注写方式。截面注写方式系在分标准层绘制的剪力墙平面布置图上，以直接在墙柱、墙身、墙梁上注写截面尺寸和配筋具体数值的方式来表达剪力墙平法施工图。

难点九：现浇构件钢筋工程量计算应考虑的参数

钢筋工程量按照设计图示钢筋长度乘单位理论质量计算，在计算纵向钢筋图示长度时，需要考虑混凝土保护层厚度、钢筋弯钩增加长度、弯起钢筋增加长度、钢筋的锚固长度、纵向受拉钢筋的搭接长度。

解析：在计算纵向钢筋图示长度时，需要考虑以下参数：

（1）混凝土保护层厚度。混凝土保护层是结构构件中钢筋外边缘至构件表面的距离。根据现行国家标准《混凝土结构设计规范》GB 50010规定，构件中受力钢筋的保护层厚度不应小于钢筋的公称直径 d；设计使用年限为 50 年的混凝土结构，最外层钢筋的保护层厚度应符合混凝土保护层最小厚度表（表 4-8）的规定；设计使用年限为 100 年的混凝土结构，最外层钢筋的保护层厚度不应小于混凝土保护层最小厚度表（表 4-8）中数值的 1.4 倍。

混凝土保护层最小厚度（mm） 　　**表 4-8**

环境类别	板、墙、壳	梁、柱、杆
一	15	20
二 a	20	25
二 b	25	35
三 a	30	40
三 b	40	50

注：1. 混凝土强度等级不大于 C25 时，表中保护层厚度数值应增加 5mm。
2. 钢筋混凝土基础宜设置混凝土垫层，基础钢筋的混凝土保护层厚度应从垫层顶面算起，且不应小于 40mm。

（2）钢筋弯钩增加长度。钢筋的弯钩主要有半圆弯钩（180°）、直弯钩（90°）和斜弯钩（135°），如图 4-41 所示。对于 HPB300 级光圆钢筋受拉时，钢筋末端作 180°弯钩时，钢筋弯折的弯弧内直径不应小于钢筋直径 d 的 2.5 倍，弯钩的弯折后平直段长度不应小于钢筋直径 d 的 3 倍。按弯弧内径为钢筋直径 d 的 2.5 倍，平直段长度为钢筋直径 d 的 3 倍。确定弯钩的增加长度为：半圆弯钩增加长度为 $6.25d$，直弯钩增加长度为 $3.5d$，斜弯钩增加长度为 $4.9d$。当平直段长度为其他数值时，可相应换算得到弯钩增加长度，如斜弯钩平直段长度为 $10d$ 时，弯钩增加长度为 $11.9d$（$4.9d-3d+10d=11.9d$）。对于现浇混凝土板上负筋直弯钩，为减少马凳筋的用量，直弯钩取板厚减两个保护层。

弯起钢筋增加长度计算

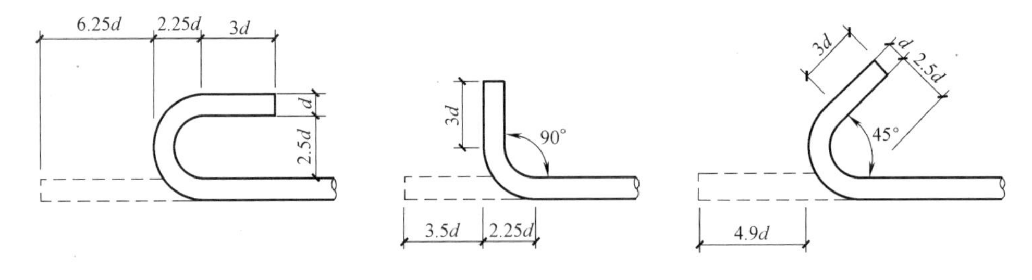

图 4-41　钢筋弯钩长度示意图

（3）弯起钢筋增加长度。弯起钢筋的弯曲度数有 30°、45°、60°。弯起钢筋增加的长度可查询弯起钢筋增加的长度表。

（4）钢筋的锚固长度。受拉钢筋的锚固长度应符合现行国家标准《混凝土结构设计规范》GB 50010 要求。为便于钢筋工程量计算，钢筋的锚固长度可以通过查 16G101 图集确定。

（5）纵向受拉钢筋的搭接长度。纵向受拉钢筋绑扎搭接接头的搭接长度应符合现行国家标准《混凝土结构设计规范》GB 50010 的要求。纵向受拉钢筋搭接长度可以通过查

16G101图集确定。

难点十：箍筋长度的计算

在计算箍筋长度时，应该考虑单根箍筋长度和根数。

解析：箍筋长度的计算：

箍筋是为了固定主筋位置和组成钢筋骨架而设置的一种钢筋。计算长度时，要考虑混凝土保护层、箍筋的形式、箍筋的根数和箍筋单根长度。

以双肢箍筋为例说明箍筋长度的计算。如图4-42所示，双肢箍筋单根长度可按下式计算：

箍筋单根长度＝构件截面周长－8×保护层厚－4×箍筋直径＋2×弯钩增加长度　　(4-5)

拉筋单根长度可按下式计算：

拉筋单根长度＝构件宽度－2×保护层厚＋2×弯钩增加长度　　(4-6)

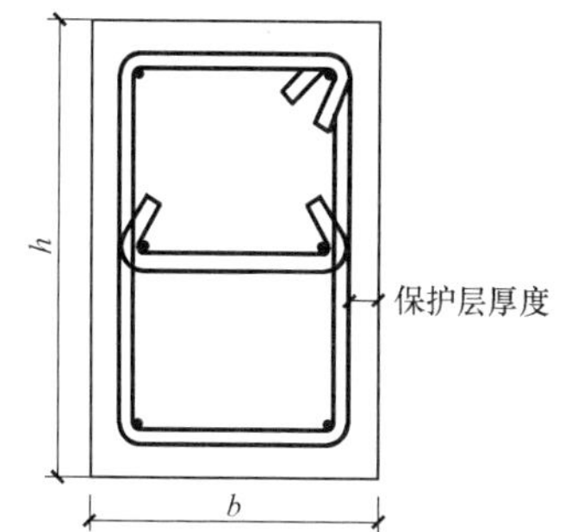

图4-42　双肢箍、拉筋示意图

《混凝土结构工程施工规范》GB 50666—2011对箍筋、拉筋末端弯钩的要求：对一般结构构件，箍筋弯钩的弯折角度不应小于90°，弯折后平直段长度不应小于箍筋直径的5倍；对有抗震设防要求或设计有专门要求的结构构件，箍筋弯钩的弯折角度不应小于135°，弯折后平直段长度不应小于箍筋直径的10倍和75mm两者之中的较大值。所以，HPB300级光圆钢筋用作有抗震设防要求的结构箍筋，其斜弯钩增加长度为：$1.9d+\mathrm{Max}(10d, 75\mathrm{mm})$。

箍筋根数的计算，应按下式计算：

$$\text{箍筋根数}=\frac{\text{箍筋分布长筋}}{\text{箍筋间筋}}+1 \qquad (4\text{-}7)$$

难点十一：措施钢筋马凳筋的计算

马凳筋作为板的措施钢筋是必不可少的，从技术和经济角度来说，有时也是举足轻重的，但却往往被忽略和漏算。目前没有具体的理论依据和数据来规范其计算方法，下面以常规方法介绍马凳筋的计算，仅供参考。

解析：

(1) 马凳筋的设计要求

当h（板厚）≤140mm，板受力筋和分布筋≤10时，马凳筋直径可采用ϕ8；

当140mm<h≤200mm，板受力筋≤12时，马凳筋直径可采用Φ10；

当200mm<h≤300mm时，马凳直径可采用Φ12；

当300mm<h≤500mm时，马凳直径可采用Φ14；

当500mm<h≤700mm时，马凳直径可采用Φ16。

厚度大于800mm最好采用钢筋支架或角钢支架。

(2) 马凳筋的计算

马凳筋的根数可按面积计算：

马凳筋个数＝板面积/(马凳筋横向间距×纵向间距)　　(4-8)

如果板筋设计成底筋加支座负筋的形式，且没有温度筋时，马凳个数必须扣除中空部分。梁可以起到马凳筋作用，所以马凳个数需扣除梁。电梯井、楼梯间和板洞部位无须马凳，不应计算；楼梯马凳另行计算。

马凳筋的长度计算：

马凳高度＝板厚－2×保护层－Σ(上部板筋与板最下排钢筋直径之和)　　(4-9)

上平直段为板筋间距＋50mm（也可以是80mm，马凳上放一根上部钢筋），下左平直段为板筋间距＋50mm，下右平直段为100，这样马凳的上部能放置两根钢筋，下部三点平稳地支承在板的下部钢筋上。马凳筋不能接触模板，防止马凳筋返锈。

【例4-11】答案解析及相关资料

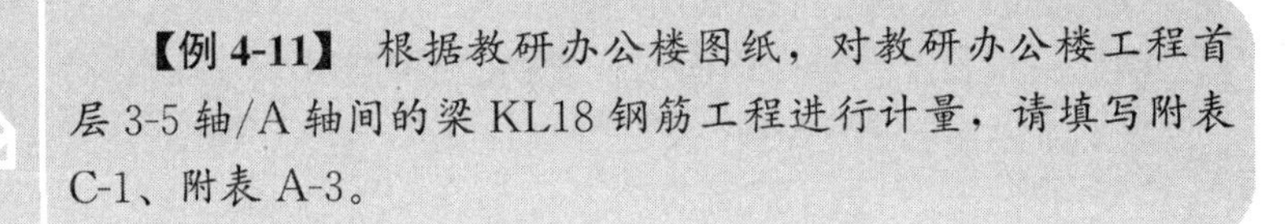

【例4-11】根据教研办公楼图纸，对教研办公楼工程首层3-5轴/A轴间的梁KL18钢筋工程进行计量，请填写附表C-1、附表A-3。

【例4-12】答案解析及相关资料

【例4-12】已知教研办公楼根据工程设计，砌体拉结筋采用植筋方式施工，详见标准图和教研办公楼图纸，对该工程首层1-2轴/C轴间的外墙砌体拉结筋钢筋工程进行计量，请填写附录附表C-1、附表A-3。

【例4-13】答案解析及相关资料

【例4-13】已知教研办公楼图纸和标准图，对该工程首层B-C轴/3-4轴的男卫生间及前室的砌筑及二次结构的钢筋工程进行计量，请填写附表C-1、附表A-3。

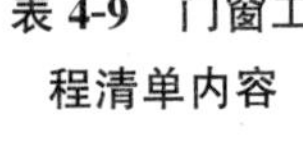

表4-9　门窗工程清单内容

4.3.6　门窗工程

1. 房屋建筑与装饰工程工程量计算规范内容

门窗工程清单内容（表4-9）扫码获得。

木质防火门

2. 房屋建筑与装饰工程工程量计算难点解析（木门）

难点：木门工程量计算

（1）木质门带套计量按洞口尺寸以面积计算，不包括门套的面积，但门套应计算在综合单价中。

（2）单独制作安装木门框按木门框项目编码列项。

断桥窗、门窗套

解析：

通常，一套正常、完整的实木套装门的配置由门扇、门套（含门套线）、安装配件等组成，木质门是单独的门扇，木质门带套是门扇和门套。

成品套装门需要按不同尺寸分开计算（成品木门工程量计算详见【例4-14】）。

【例4-14】答案解析及相关资料

【例4-14】 教研办公楼首层普通门采用成品木门，且每樘门安装执手锁、门吸、门眼猫眼三种五金配件，试对该工程首层门窗工程进行计量，请填写附表C-1、附表A-3。

4.3.7　屋面及防水工程

表4-10　屋面及防水工程清单内容

1. 房屋建筑与装饰工程工程量计算规范内容

屋面及防水工程清单内容（表4-10）扫码获得。

2. 房屋建筑与装饰工程工程量计算难点解析

瓦、型材及其他屋面包括瓦屋面、型材屋面、阳光板屋面、玻璃钢屋面、膜结构屋面。瓦屋面若是在木基层上铺瓦，项目特征不必描述粘结层砂浆的配合比，瓦屋面铺防水层，按屋面防水项目编码列项。型材屋面、阳光板屋面、玻璃钢屋面的柱、梁、屋架，按金属结构工程、木结构工程中相关项目编码列项。

难点一：屋面斜面积计算

瓦屋面、型材屋面。按设计图示尺寸以斜面积计算。不扣除房上烟囱、风帽底座、风道、小气窗、斜沟等所占面积，小气窗的出檐部分不增加面积。

解析：

瓦屋面斜面积按屋面水平投影面积乘以屋面延尺系数。延尺系数可根据屋面坡度的大小确定。见表4-11和图4-43。

屋面坡度系数表　　表4-11

坡度		角度 θ	延尺系数 $C(A=1)$	隅延尺系数 $D(A=1)$	坡度		角度 θ	延尺系数 $C(A=1)$	隅延尺系数 $D(A=1)$
$B(A=1)$	$B/2A$				$B(A=1)$	$B/2A$			
1	1/2	45°	1.1442	1.7320	0.4	1/5	21°48′	1.077	1.4697
0.75		36°52′	1.2500	1.6008	0.35		19°47′	1.0595	1.4569
0.7		35°	1.2207	1.5780	0.3		16°42′	1.0440	1.4457
0.666	1/3	33°40′	1.2015	1.5632	0.25	1/8	14°02′	1.0380	1.4362
0.65		33°01′	1.1927	1.5564	0.2	1/10	11°19′	1.0198	1.4283
0.6		30°58′	1.662	1.5362	0.15		8°32′	1.0112	1.4222
0.577		30°	1.1545	1.5274	0.125	1/16	7°08′	1.0078	1.4197
0.55		28°49′	1.143	1.5174	0.1	1/20	5°42′	1.0050	1.4178
0.5	1/4	26°34′	1.1180	1.5000	0.083	1/24	4°45′	1.0034	1.4166
0.45		24°14′	1.0966	1.4841	0.066	1/30	3°49′	1.0022	1.4158

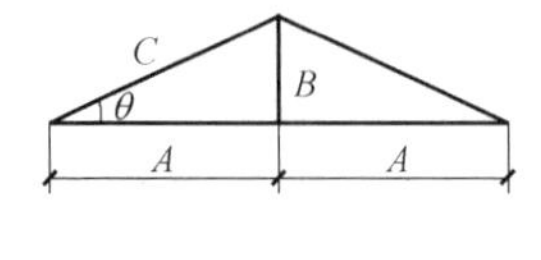

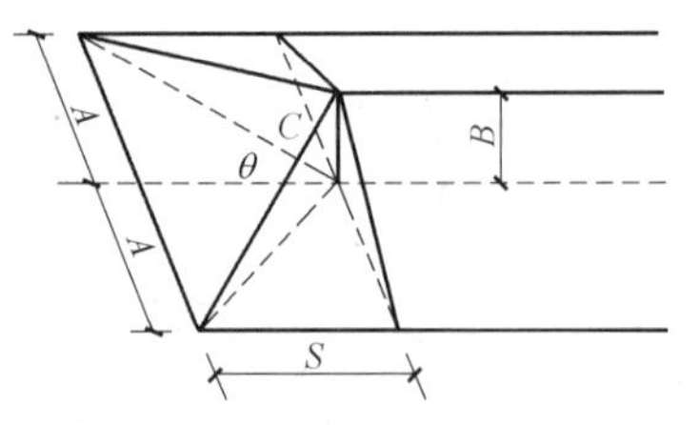

图 4-43　两坡水及四坡水屋面示意图

难点二：膜结构屋面工程量计算

膜结构屋面。按设计图示尺寸以需要覆盖的水平投影面积计算，如图 4-44 所示。

解析：

膜结构屋面的膜布水平投影面积与需要覆盖的水平投影面积如图 4-44 所示。

难点三：屋面排水管工程量计算

屋面排水管，按设计图示尺寸以长度计算。如设计未标注尺寸，以檐口至设计室外散水上表面垂直距离计算。

解析：

排水管构件如图 4-45 所示。

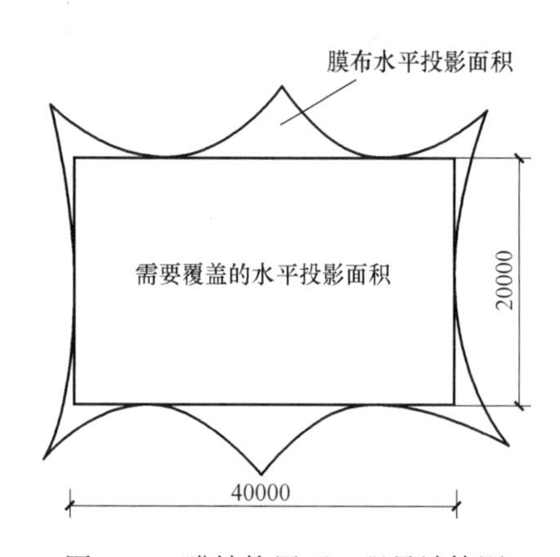

图 4-44　膜结构屋面工程量计算图

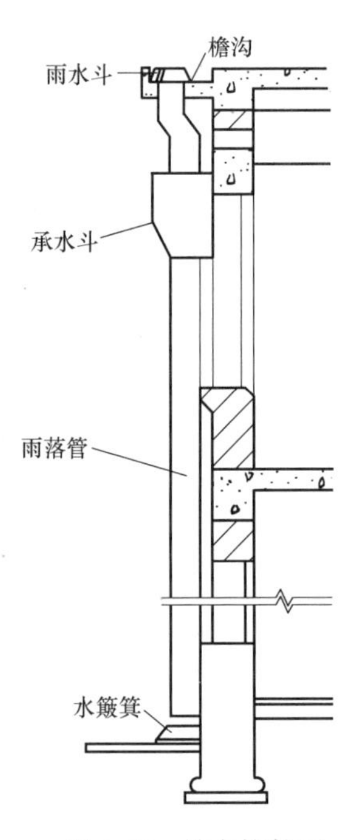

图 4-45　排水构件图

【例 4-15】答案解析及相关资料

【例 4-15】 根据教研办公楼图纸，对该工程屋面层 4-5 轴/A-B 轴间的瓦屋面及防水工程进行计量，请填写附表 C-1、附表 A-3。

难点四：墙面防水搭接计算

墙面卷材防水、墙面涂膜防水、墙面砂浆防水（潮）。按设计图示尺寸以面积计算。墙面防水搭接及附加层用量不另行计算，在综合单价中考虑。

解析：

屋面防水弯起部分如图 4-46 所示，卷材防水附加层如图 4-47 所示。

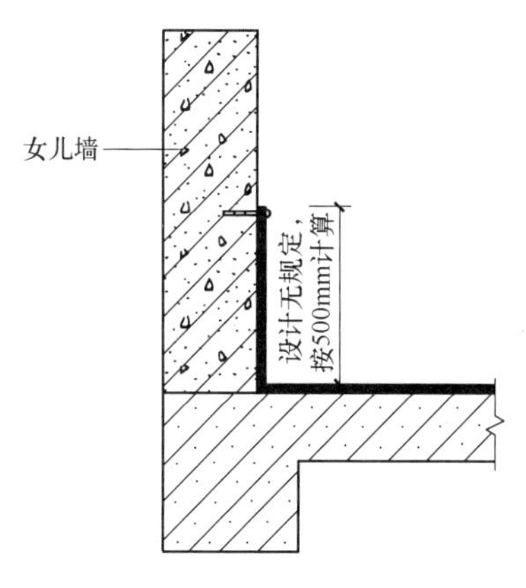

图 4-46 屋面防水弯起部分

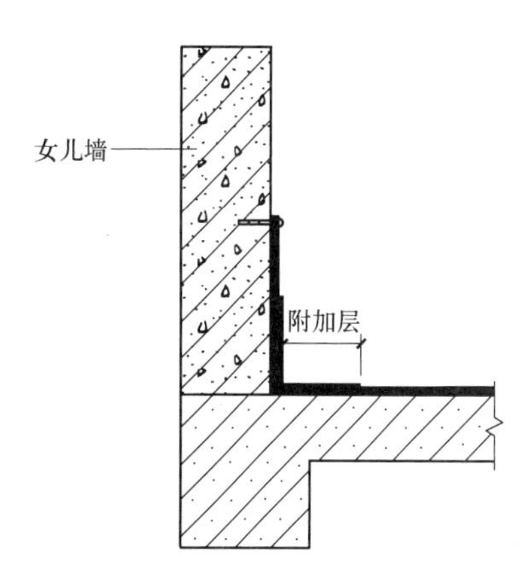

图 4-47 附加层部分

难点五：楼地面防水工程量计算

楼(地）面卷材防水、楼（地）面涂膜防水、楼（地）面砂浆防水（潮），按设计图示尺寸以面积计算。楼（地）面防水搭接及附加层用量不另行计算，在综合单价中考虑。

（1）楼（地）面防水：按主墙间净空面积计算，扣除凸出地面的构筑物、设备基础等所占面积，不扣除间壁墙及单个面积小于或等于 0.3m^2 柱、垛、烟囱和孔洞所占面积。

（2）楼（地）面防水反边高度小于或等于 300mm 算作地面防水，反边高度大于 300mm 按墙面防水计算。

解析：

楼（地）面防水搭接及附加层用量不另行计算，在综合单价中考虑。楼地面防水上翻高度如图 4-48 所示，(*a*）按展开面积并入楼地面工程量内计算，(*b*）按墙面防水项目计算（楼地面上翻高度详见【例 4-16】)。

【例 4-16】 根据教研办公楼图纸和标准图，对该工程首层 3-4 轴/B-C 轴间的男卫生间及其前室地面防水工程进行计量，请填写附表 C-1、附表 A-3。

【例 4-16】答案解析及相关资料

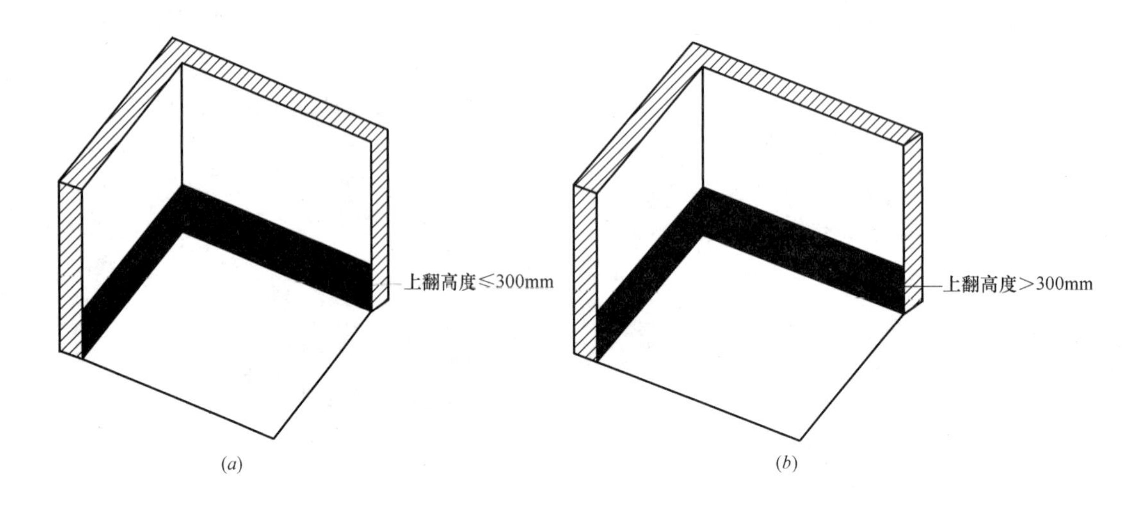

图 4-48 楼地面防水上翻高度
(a) 楼地面防水上翻高度≤300mm；(b) 楼地面防水上翻高度>300mm

表 4-12 保温、隔热、防腐工程清单内容

4.3.8 保温、隔热、防腐工程

1. 房屋建筑与装饰工程工程量计算规范内容

保温、隔热、防腐工程清单内容（表 4-12）扫码获得。

2. 房屋建筑与装饰工程工程量计算难点解析

难点：天棚、墙面保温隔热层工程量计算

（1）保温隔热天棚。按设计图示尺寸以面积计算。扣除面积大于 0.3m^2 柱、垛、孔洞所占面积，与天棚相连的梁按展开面积，计算并入天棚工程量内。柱帽保温隔热应并入天棚保温隔热工程量内。

（2）保温隔热墙面。按设计图示尺寸以面积计算。扣除门窗洞口以及面积大于 0.3m^2 梁、孔洞所占面积；门窗洞口侧壁以及与墙相连的柱，并入保温墙体工程量。

（3）保温柱、梁。保温柱、梁适用于不与墙、天棚相连的独立柱、梁。按设计图示尺寸以面积计算。

1）柱按设计图示柱断面保温层中心线展开长度乘保温层高度以面积计算，扣除面积大于 0.3m^2 梁所占面积；

2）梁按设计图示梁断面保温层中心线展开长度乘保温层长度以面积计算。

解析：

天棚保温隔热层、墙面保温隔热层工程量按设计图示尺寸以面积计算。与天棚相连的梁按展开面积计算，其工程量并入天棚内。门窗洞口侧壁（含顶面）以及与墙相连的柱，并入保温墙体工程量内。

与天棚连接的梁如图 4-49 所示，门窗洞口侧壁如图 4-50 所示。

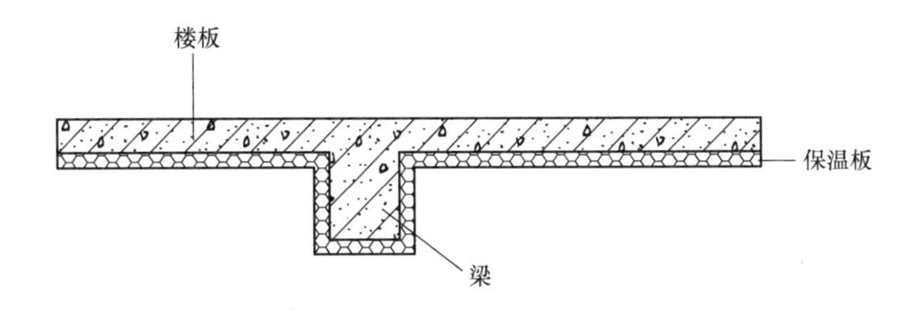

图 4-49　带梁天棚保温隔热层

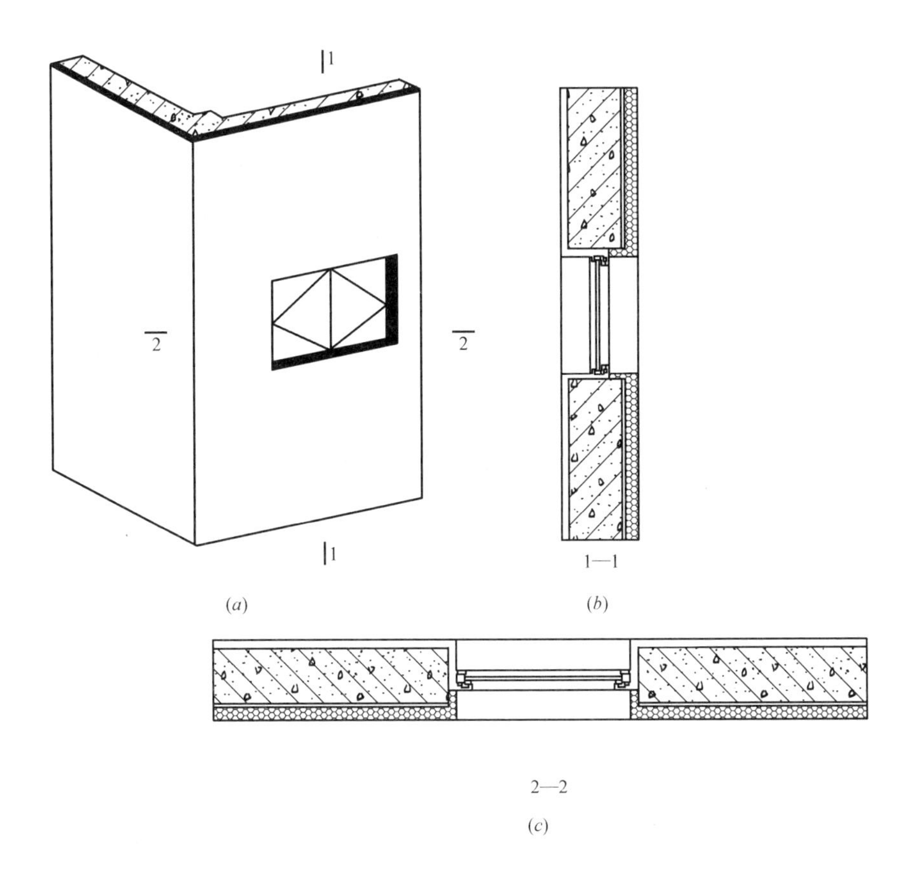

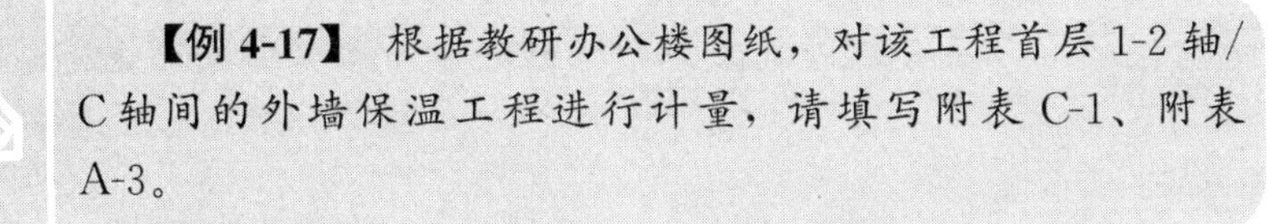

图 4-50　门窗侧壁

(*a*) 门窗洞口侧壁及与墙相连的柱；(*b*) 门窗洞口侧壁立面剖；(*c*) 门窗洞口侧壁平面剖

【例 4-17】 根据教研办公楼图纸，对该工程首层 1-2 轴/C 轴间的外墙保温工程进行计量，请填写附表 C-1、附表 A-3。

【例 4-17】答案解析及相关资料

表 4-13 楼地面装饰工程清单内容

4.3.9 楼地面装饰工程

1. 房屋建筑与装饰工程工程量计算规范内容

楼地面装饰工程清单内容（表 4-13）扫码获得。

2. 房屋建筑与装饰工程工程量计算难点解析

难点一：楼地面不同面层工程量计算

（1）整体面层（水泥砂浆楼地面、现浇水磨石楼地面、细石混凝土楼地面、菱苦土楼地面、自流平楼地面）。按设计图示尺寸以面积计算。扣除凸出地面构筑物、设备基础、室内管道、地沟等所占面积，不扣除间壁墙及小于或等于 0.3m^2 柱、垛、附墙烟囱及孔洞所占面积。门洞、空圈、暖气包槽、壁龛的开口部分不增加面积。

（2）块料面层、橡塑面层及其他材料面层按设计图示尺寸以面积计算。门洞、空圈、暖气包槽、壁龛的开口部分并入相应的工程量内。

解析：

整体面层与找平层如图 4-51（*a*），计算时不包含门洞位置；块料面层、橡塑面层及其他材料面层如图 4-51（*b*），计算时包含门洞位置。

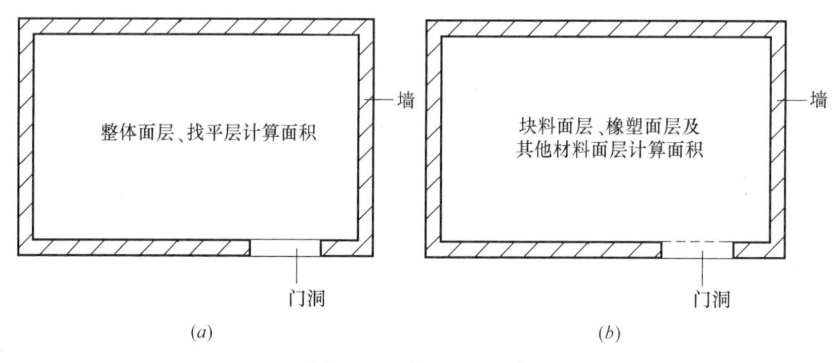

图 4-51 楼地面面层
（*a*）整体面层面积；（*b*）块料面层、其他材料面层面积

【例 4-18】答案解析及相关资料

【例 4-18】 根据教研办公楼图纸，对该工程首层 1-2 轴/B-C 轴间卫生保健室的楼地面工程（包含踢脚线）进行计量，请填写附表 C-1、附表 A-3。

【例 4-19】答案解析及相关资料

【例 4-19】 根据教研办公楼图纸，对该工程首层 3-4 轴/B-C 轴的男卫生间及其前室的楼地面工程进行计量，请填写附表 C-1、附表 A-3。

难点二：楼梯及台阶面层工程量计算

楼梯面层及台阶面层按设计图示尺寸以水平投影面积计算，其中楼梯包括踏步、休息平台及≤500mm 的楼梯井，楼梯与楼地面相连时，计算至梯口梁内侧边沿；无梯口梁者，计算至最上一层踏步边沿加 300mm；台阶面层包括最上层踏步边沿加 300mm。

解析：

有梯口梁如图 4-52（*a*）所示，无梯口梁如图 4-52（*b*）所示（台阶面层工程量计算详见【例 4-20】）。

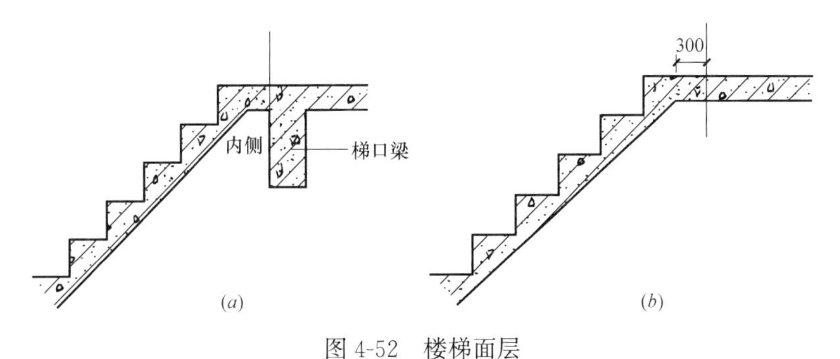

图 4-52 楼梯面层

（*a*）楼梯有梯口梁；（*b*）无梯口梁

难点三：楼梯靠墙踢脚线工程量计算

楼梯靠墙踢脚线（含锯齿形部分）贴块料按设计图示面积计算。

解析：

楼梯靠墙踢脚线如图 4-53 所示。

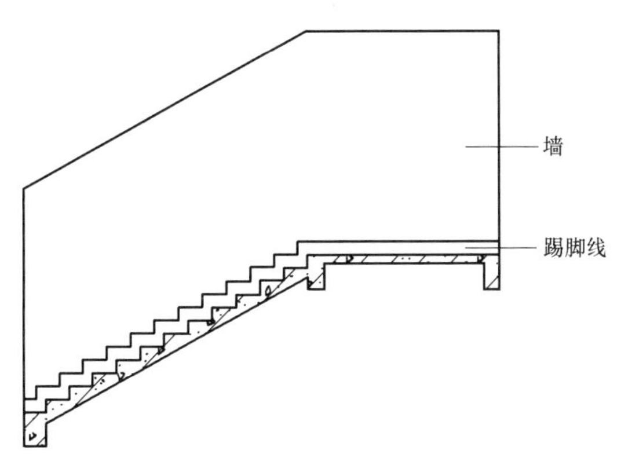

图 4-53 楼梯靠墙踢脚线

【例 4-20】答案解析及相关资料

【例 4-20】 根据教研办公楼图纸和标准图，对该工程首层 6-7 轴/D 轴上部的台阶饰面工程进行计量，请填写附表 C-1、附表 A-3。

表 4-14 墙、柱面装饰与隔断、幕墙工程清单内容

4.3.10 墙、柱面装饰与隔断、幕墙工程

1. 房屋建筑与装饰工程工程量计算规范内容

墙、柱面装饰与隔断、幕墙工程清单内容（表 4-14）扫码获得。

2. 房屋建筑与装饰工程工程量计算难点解析

难点一：墙、柱面抹灰工程量计算

1）墙面抹灰：按施工部位分为内墙面、外墙面及墙裙。其中：墙面抹灰扣除墙裙、门窗洞口及单个>0.3m^2 的孔洞面积，扣除踢脚线、挂镜线和墙与构造交接处的面积，门窗洞口、孔洞的侧壁及顶面不增加面积，附墙柱、梁、垛、烟囱侧壁并入相应的墙面面积。墙面抹灰面积应扣除墙裙抹灰。

2）外墙抹灰面积按外墙垂直投影面积计算，外墙裙抹灰面积按其长度乘以高度计算，飘窗凸出外墙面增加的抹灰并入外墙工程量内。

解析：

（1）墙面抹灰不增加门窗侧壁（内墙抹灰工程量计算详见【例 4-21】）。

【例 4-21】答案解析及相关资料

（2）墙裙面积单独计算，如墙面和墙裙抹灰种类相同者，工程量合并计算。

【例 4-21】 根据教研办公楼图纸和标准图，对该工程 1-2 轴/B-C 轴间的内墙面抹灰工程进行计量，请填写附表 C-1、附表 A-3。

难点二：墙、柱面块料工程量计算

（1）墙面块料面层，按镶贴表面积计算；

（2）石材、块料与粘接材料的结合面刷防渗材料的种类在防护层材料种类中描述；

（3）项目特征中“安装的方式”可描述为砂浆或胶粘剂粘贴、挂贴、干挂等，不论哪种安装方式，都要详细描述与组价相关的内容。

解析：

【例 4-22】答案解析及相关资料

注意只要组成的价格不同，应该分别列项（墙面块料工程量计算详见【例 4-22】）。

【例 4-22】 根据教研办公楼图纸及标准图，对该工程 3-4 轴/B-C 轴间男卫生间及其前室的墙面块料工程进行计量，请填写附表 C-1、附表 A-3。

表 4-15 天棚工程清单内容

4.3.11 天棚工程

1. 房屋建筑与装饰工程工程量计算规范内容

天棚工程清单内容（表 4-15）扫码获得。

2. 房屋建筑与装饰工程工程量计算难点解析

（1）天棚抹灰

难点：天棚抹灰工程量计算

天棚抹灰适用于各种天棚抹灰。按设计图示尺寸以水平投影面积计算。不扣除间壁墙、垛、柱、附墙烟囱、检查口和管道所占的面积，带梁天棚、梁两侧抹灰面积并入天棚面积内，板式楼梯底面抹灰按斜面积计算，锯齿形楼梯底板抹灰按展开面积计算。

【例 4-23】 根据教研办公楼图纸，对该工程首层B-C轴/3-4轴的男卫生间及其前室的天棚抹灰工程进行计量，请填写附表C-1、附表A-3。

【例 4-23】答案解析及相关资料

（2）天棚吊顶

难点：天棚吊顶工程量计算

天棚吊顶包括吊顶天棚、格栅吊顶、吊筒吊顶、藤条造型悬挂吊顶、织物软雕吊顶、装饰网架吊顶。

（1）吊顶天棚。按设计图示尺寸以水平投影面积计算。天棚面中的灯槽及跌级、锯齿形、吊挂式、藻井式天棚面积不展开计算。不扣除间壁墙、检查口、附墙烟囱、柱垛和管道所占面积，扣除单个大于0.3m^2的孔洞、独立柱及与天棚相连的窗帘盒所占的面积。

（2）格栅吊顶、吊筒吊顶、藤条造型悬挂吊顶、织物软雕吊顶、装饰网架吊顶。按设计图示尺寸以水平投影面积计算。

【例 4-24】 根据教研办公楼图纸，对该工程首层1-2轴/B-C轴间的天棚吊顶工程进行计量，请填写附表C-1、附表A-3。

【例 4-24】答案解析及相关资料

4.3.12 油漆、涂料、裱糊工程

1. 房屋建筑与装饰工程工程量计算规范内容

油漆、涂料、裱糊工程清单内容（表4-16）扫码获得。

表4-16 油漆、涂料、裱糊工程清单内容

2. 房屋建筑与装饰工程工程量计算难点解析

难点：喷刷涂料工程量计算

墙面、天棚喷刷涂料工程量按设计图示尺寸以面积计算。

解析：

带梁天棚刷涂料如图4-54所示。

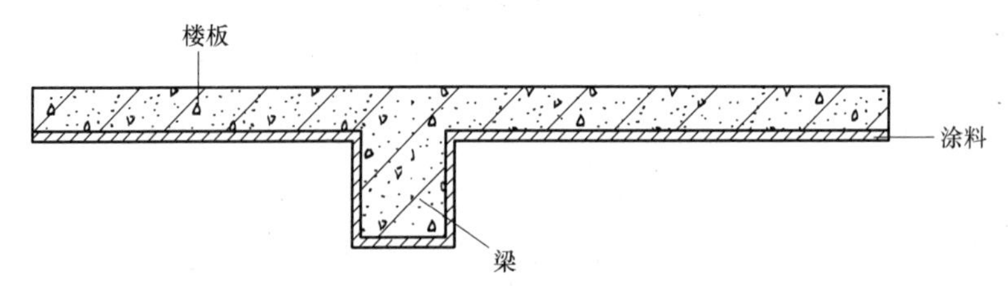

图 4-54　带梁天棚涂料

表 4-17　措施项目清单内容

4.3.13　措施项目

1. 房屋建筑与装饰工程工程量计算规范内容

措施项目清单内容（表 4-17）扫码获得。

2. 房屋建筑与装饰工程工程量计算难点解析

难点一：综合脚手架的计算

按建筑面积计算。

解析：

综合脚手架针对整个房屋建筑的土建和装饰装修部分。在编制清单项目时，当列出综合脚手架项目时，不得再列出外脚手架、里脚手架等单项脚手架项目。综合脚手架适用于能够按"建筑面积计算规则"计算建筑面积的建筑工程脚手架，不适用于房屋加层、构筑物及附属工程脚手架。同一建筑物有不同的檐高时，按建筑物竖向切面分别按不同檐高编列清单项目。建筑物的檐口高度是指设计室外地坪至檐口滴水的高度（平屋顶系指屋面板底高度），突出主体建筑物屋顶的电梯机房、楼梯出口间、水箱间、瞭望塔、排烟机房等不计入檐口高度。

难点二：满堂脚手架的工程量计算

工程量按搭设的水平投影面积计算。

解析：

满堂脚手架应按搭设方式、搭设高度、脚手架材质分别列项。根据《房屋建筑与装饰工程消耗量定额》TY01-31—2015，满堂脚手架高度在 3.6～5.2m 之间时计算基本层；5.2m 以外，每增加 1.2m 计算一个增加层，不足 0.6m 按一个增加层乘以系数 0.5 计算。

【例 4-25】答案解析及相关资料

【例 4-25】 根据教研办公楼图纸，对该工程首层 3-4 轴/B-C 轴间的脚手架工程进行计量，请填写附表 C-1、附表 A-3。

难点三：墙梁板柱模板工程量计算

混凝土基础、柱、梁、墙板等主要构件模板及支架工程量按模板与现浇混凝土构件的接触面积计算。

（1）现浇钢筋混凝土墙、板单孔面积小于或等于 $0.3m^2$ 的孔洞不予扣除，洞侧壁模板亦不增加；单孔面积大于 $0.3m^2$ 时应予扣除，洞侧壁模板面积并入墙、板工程量内计算。

（2）现浇框架分别按梁、板、柱有关规定计算；附墙柱、暗梁、暗柱并入墙内工程量内计算。

（3）柱、梁、墙、板相互连接的重叠部分，均不计算模板面积。

（4）构造柱按图示外露部分计算模板面积。

解析：

矩形柱模板部分如图 4-55 所示，框架梁模板部分如图 4-56 所示、平板模板部分如图 4-57 所示、剪力墙模板部分如图 4-58 所示、构造柱模板部分如图 4-59 所示。

图 4-55　矩形柱模板

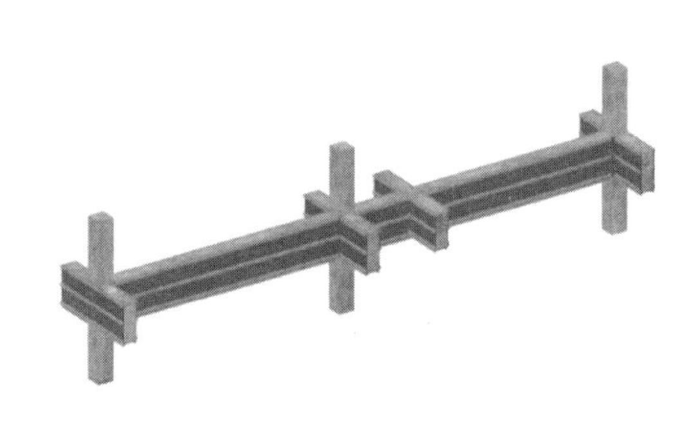

图 4-56　框架梁模板

图 4-57　平板模板

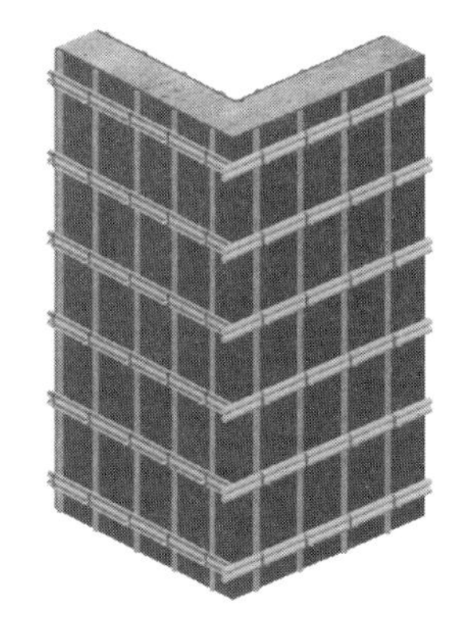

图 4-58　剪力墙模板

图 4-59　构造柱模板

【例 4-26】 根据教研办公楼图纸，对该工程首层 3-4 轴/B-C 轴间的 KL3、L2、KZ11、楼板的模板工程进行计量，并填写附表 C-1、附表 A-3。

【例 4-26】答案解析及相关资料

【例 4-27】答案解析及相关资料

【例 4-27】 根据教研办公楼图纸，对该工程首层 3-4 轴/B-C 轴间的男卫生间及其前室的二次构件模板工程进行计量，并填写附表 C-1、附表 A-3。

【例 4-28】答案解析及相关资料

【例 4-28】 已知教研办公楼设计采用的是复合木板，清水混凝土墙支模，对该工程电梯间 5 轴/B-D 轴间的混凝土墙模板工程进行计量，请填写附表 C-1、附表 A-3。

难点四：楼梯模板面积工程量计算

按楼梯(包括休息平台、平台梁、斜梁和楼层板的连接梁）的水平投影面积计算，不扣除宽度≤500mm 的楼梯井所占面积，楼梯踏步、踏步板、平台梁等侧面模板不另计算，伸入墙内部分亦不增加。

解析：

楼梯模板部分如图 4-60 所示。

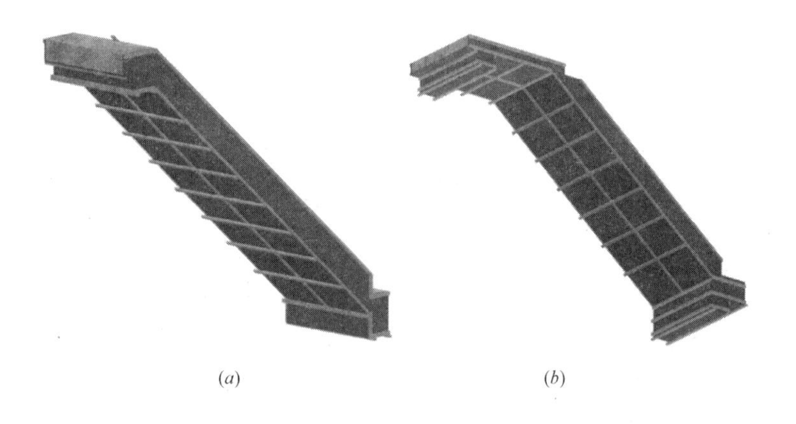

(*a*)　　(*b*)

图 4-60　楼梯模板示意图

【例 4-29】答案解析及相关资料

【例 4-29】 已知教研办公楼施工方案中，垂直运输采用自升式塔式起重机（400kN·m），塔式起重机下面设置固定式基础（图 4-61），并配置施工单笼施工电梯（1t，75m），对该垂直运输工程、建筑物超高增加费、大型机械进出场及安拆及塔式起重机基础的工程量进行计量（不包括基础拆除），请填写附表 C-1、附表 A-3。

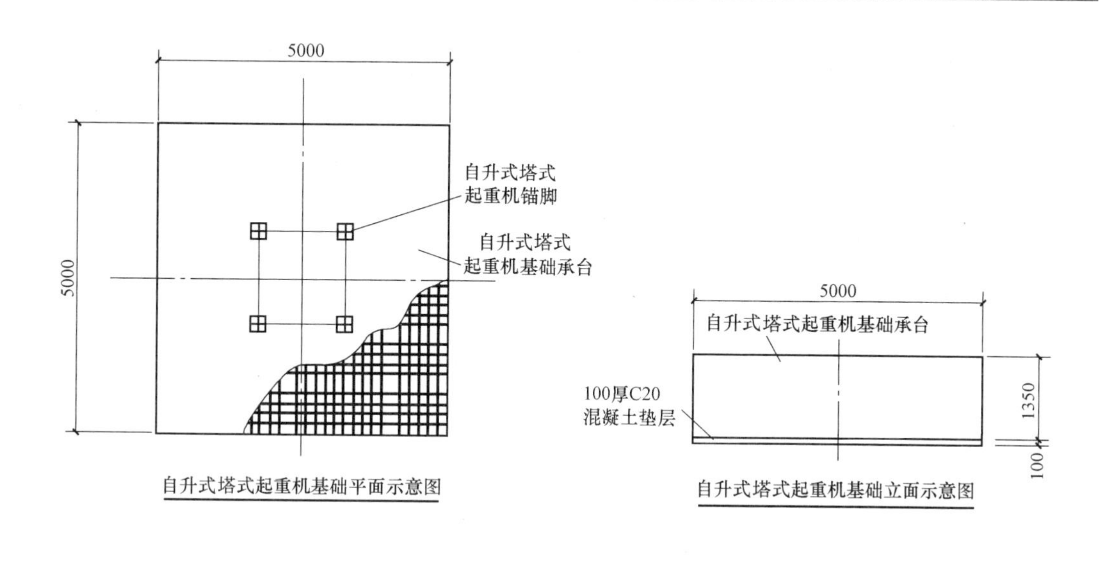

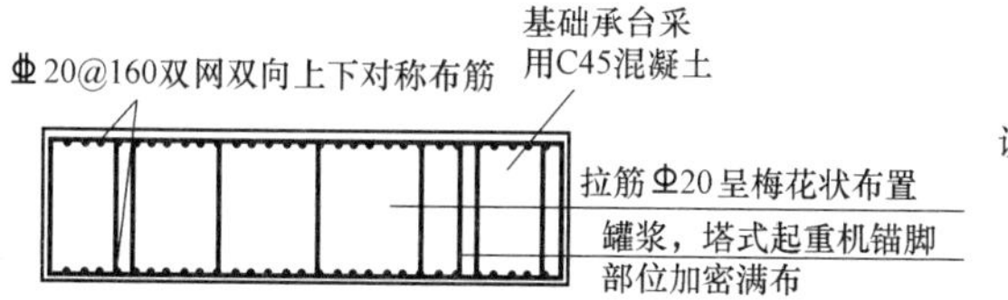

说明：自升式塔式起重机基础截面为5000×5000。
高度均为1350，未标注单位均为mm。
混凝土强度等级：C45。
基础周围要挖排水沟。

图4-61　塔式起重机基础平面示意图

本章综合训练

（1）个人作业：

① 运用本章所学的内容，说明教研办公楼工程量的计算顺序。

② 运用本章所学的内容，根据教研办公楼图纸，完成该工程建筑面积计算。

③ 运用本章所学的内容，根据教研办公楼首层B-D轴/4-5轴男卫生间及其前室相关资料，编制该部分各项分部分项工程量清单。

（2）小组作业：

1）运用本章所学的内容，重新对车棚工程各个分部分项工程进行计量。

2）运用本章所学的内容，根据教研办公楼图纸及相关方案，完成该工程土石方分部分项工程计量。

3）运用本章所学的内容，根据教研办公楼图纸，完成该工程首层以下各分部分项工程计量：

① 砌筑工程

② 混凝土及钢筋工程

③ 门窗工程

④ 屋面及防水工程

⑤ 保温、隔热、防腐工程

⑥ 楼地面工程

⑦ 墙、柱面装饰与隔断、幕墙工程

⑧ 天棚工程
⑨ 油漆、涂料、裱糊工程
⑩ 措施项目（模板工程）
4）推荐作业内容：

分部分项	作业内容	推荐位置
砌筑工程	砌块砌体	首层 B-D 轴/1-7 轴
混凝土及钢筋混凝土工程	现浇混凝土主体构件	首层 B-D 轴/1-7 轴
	现浇混凝土二次构件	首层 B-D 轴/1-7 轴
	梁钢筋	首层 B 轴/1-7 轴 KL14 首层 B 轴/1-7 轴 L9
	柱钢筋	B-C 轴/2-3 轴基础-顶层
	板、墙钢筋	首层 B-D 轴/1-7 轴
	二次构件钢筋	首层 B-D 轴/1-7 轴
	砌体拉结筋	首层 B-D 轴/1-7 轴
保温、隔热、防腐工程	墙面保温	首层 B-D 轴/1-7 轴
楼地面工程	—	首层 B-D 轴/1-7 轴
墙、柱面装饰与隔断、幕墙工程	空调板加零星抹灰	首层 B-D 轴/1-7 轴
措施项目	模板工程	首层 B-D 轴/1-7 轴

教学目标

本章总结与思考

通过回顾本章内容和教学目标，结合个人学习情况，思考下述目标你都实现了吗？

第 4 章　教学目标清单

类别	教学目标	是否实现 （实现打√，没有打×）	未实现原因
知识目标	掌握建筑面积计算规则		
	掌握房屋建筑与装饰工程工程量计算规则		
	了解工程建设项目全过程计量的原理与方法		
专业能力目标	具有分部分项工程项目算量分解与组合的能力		
	具有工程结构施工图纸识读能力和标准图集使用能力		
	具有运用钢筋平法进行工程量计算的基本能力		
	具有运用工程量计算规则计算工程量的基本能力		
	具有运用清单规范编制工程量清单的基本能力		
其他	自行填写自己认为获得的其他知识、能力		

（注：填写的教学目标清单扫码获取）

第5章

计价定额应用

节 标 题	内 容
计价定额概述	定额说明
	定额应用应注意的问题
房屋建筑与装饰工程定额	土石方工程
	桩基础工程
	砌筑工程
	混凝土、钢筋工程
	门窗工程
	屋面及防水工程
	保温、隔热、防腐工程
	楼地面工程
	墙、柱面装饰与隔断、幕墙工程
	天棚工程
	油漆、涂料、裱糊工程
	措施项目
其他工程定额	绿色建筑工程定额
	装配式建筑工程定额

知识目标

- 掌握房屋建筑与装饰工程定额工程量计算规则
- 掌握一般土建工程与装饰工程定额的应用
- 熟悉定额计价的基本原理；
- 了解装配式建筑工程和绿色建筑工程等其他工程定额。

专业能力目标

- 具有结合工程实际准确选用定额子目的基本能力；
- 具有运用定额规则计算工程量的基本能力；
- 具有运用定额进行人、材、机费用和综合单价计取的能力；
- 具有根据人、材、机市场价格进行工程费用调整的能力；

➢ 具有实体项目和措施项目费用分析的能力。

导学与思考

(1) 在前导案例计价过程中，需要哪些计价依据进行计价？是否必须采用定额进行计价？有哪些定额可以应用？

(2) 如果应用《17辽宁房建计价定额》对前导案例进行计价，如何计算案例中土方工程的人工、材料、机械费用？哪些资源价格需要调整？

(3) 以教研办公楼案例为例，对比应用《13房建计量规范》计算规则获得的工程量清单和应用《17辽宁房建计价定额》计算的工程量分项，二者是否完全相同，不同的原因是什么？

(4) 以教研办公楼案例为例，如何应用《17辽宁房建计价定额》对各分部分项工程进行人工、材料、机械费用的计算？

5.1　计价定额概述

工程计价定额是指工程定额中直接用于工程计价的定额或指标，包括预算定额、概算定额、概算指标和投资估算指标等。不同的计价定额用于建设项目的不同阶段，作为确定和计算工程造价的依据。工程计价定额已经成为独具中国特色的工程计价依据的核心内容，工程计价定额也是科学计价的基础资料，无论采用何种计价方式，工程的成本与造价管理均离不开定额在工料计划与组织方面的基础性作用。

我国的工程计价定额体系依据建设工程的阶段不同，划分为投资估算指标、概算定额和预算定额；按照建设项目的性质不同，又分为全国统一的房屋建筑及市政工程、通用安装工程计价定额；此外，还包括铁路、公路、冶金、建材等各专业工程计价定额，地方的房屋建筑及市政工程、通用安装工程计价定额。

作为一种典型的计价性定额，预算定额的计价对象是工程项目中最基础的分项工程和结构构件，而概算定额的计价对象一般是扩大的分项工程和结构构件，概算指标的计价对象是单位工程，投资估算指标的计价对象可以是建设项目。因此，预算定额是编制概算定额、概算指标和投资估算指标的基础，在建设工程计价过程中预算定额的应用也最为广泛。我国的建设工程预算定额分别为各地区工程造价管理机构发布的建筑工程、市政工程等的预算定额，以及各专业部门工程造价管理机构发布的专业工程预算定额。2017年辽宁省发布的《房屋建筑与装饰工程定额》(以下简称《17辽宁房建计价定额》) 属于计价定额（预算定额）类型，本章的应用部分主要结合该定额编写。

5.1.1　定额说明

《17辽宁房建计价定额》主体是预算定额手册，由文字说明、分项工程定额项目表、附录三部分构成。

1. 文字说明

定额的总说明概述了定额的作用、编制依据、适用范围以及有关问题的说明和使用方法等。分部分项定额说明包括分部分项的定额项目工作内容、分部工程定额项目工程量计算规则、分部工程定额综合的内容及允许换算和不得换算的界限等内容。

2. 分项工程定额项目表

分项工程定额项目表一般包括分项工程表头说明和定额项目表两部分。分项工程表头说明一般放在每节的表头，即工作内容，是定额的重要组成部分，如果表头说明不准确明了，就会造成定额项目的错套、漏套。存在有量无价的定额时，定额项目表就是各个分项工程定额的人工、材料和机械台班的消耗量指标；《17 辽宁房建计价定额》是量价合一的定额，定额项目所反映的就是定额分项工程的人、材、机价格。定额项目表是定额的核心内容，表头标有分项工程名称、规格和幅度范围、定额计量单位。有统一编排的项目编号，表后有的列有附注，说明调整的范围和方法，有些附录还带有补充定额的性质。

3. 附录

附录在定额手册的最后，是定额应用的重要补充资料。一般可以将建筑工程、施工机械台班费用标准，混凝土、砂浆配合比标准及一些附图作为附录的内容。量价合一定额一般还包括材料预算价格取定表等。《17 辽宁房建计价定额》附录中有《房屋建筑与装饰工程定额》附图、《建筑工程费用标准》《施工机械台班费用标准》《混凝土、砂浆配合比标准》，目的是便于造价人员计价时进行参考和查阅。

5.1.2 定额应用应注意的问题

预算定额是编制施工图预算进行工程结算的基础资料，因此，熟练使用定额是专业技术人员必备的一项基本能力。定额的应用主要包括定额的套用、换算和补充三个内容。

1. 定额的直接套用

当施工图设计要求与定额项目内容完全一致时，可以直接套用，但需注意以下几点：

（1）根据施工图、设计说明、标准图做法说明，选择预算定额项目。

（2）应从工程内容、技术特征和施工方法上仔细核对，才能准确地确定与施工图相对应的定额项目。

（3）施工图中分项工程的名称、内容和计量单位要与定额项目相对应，保持一致。

套用定额应根据施工图纸、设计要求、做法说明，从工程内容、技术特征、施工方法等方面认真核对，当与定额条件完全相符时，才能直接套用。此外，在套价时一定要使实际工程量的单位与定额规定的单位一致，以免造成价格套用错误。

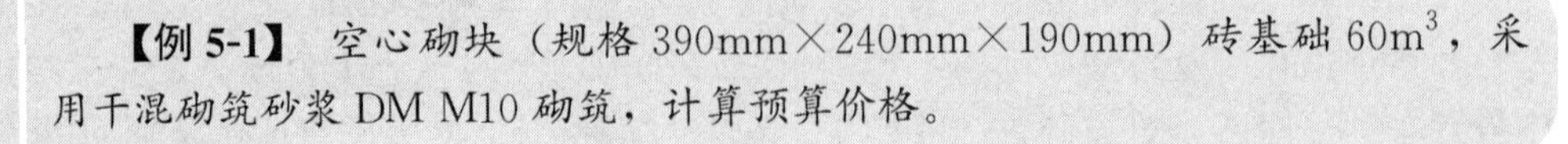

【例 5-1】 空心砌块（规格 390mm×240mm×190mm）砖基础 $60m^3$，采用干混砌筑砂浆 DM M10 砌筑，计算预算价格。

解： 已在《17 辽宁房建计价定额》4-3 中查到 $10m^3$ 干混砌筑砂浆 DM M10 砌筑空心砌块砖基础的综合单价为 4276.89 元，因此其综合单价为 4276.89×6＝25661.34 元，另外还可以根据定额查询人工、材料、机械费及直接费。

2. 定额的换算

当工程内容或设计要求与定额不相同时，首先要确定定额是否允许换算，如允许换算，应按定额的要求进行换算。

（1）混凝土、砂浆强度等级的换算

一般定额规定，当定额中的混凝土和砂浆强度等级与设计要求不同时，允许按附录材料单价换算，但定额中各种配合比的材料用量不得调整。因此，换算时应按照换价不换量的原则进行。

（2）工程量系数换算

工程量系数换算是将某工程量乘上一个规定的系数，使原工程量变大或变小，再按规定套用相应定额求预算价格的方法。工程量系数一般会在各分部的计算说明中列明。

（3）其他换算

其他换算是指对基价中的人工费、材料费或机械费中的某些项目进行换算。

3. 定额的补充

当工程项目在预算定额中没有对应的子目可以套用，也无法通过对某一子目进行换算得到时，就只有按照定额编制的方法编制补充项目，经建设单位审查认可后，由合同双方编制临时性定额用于本项目预算的编制，并报工程所在地造价管理部门审查批准备案。编制补充定额项目在定额编号的部位注明“补”字以示区别。做法如下：

（1）定额代用法：利用性质相似、材料大致相同、施工方法很接近的定额项目估算出适用的系数。这种方法一定要在施工实践中进行观察和测定，以便调整系数，保证定额的精确性，为以后补充定额项目做基础。

（2）定额组合法：尽量利用现行预算定额进行组合，因为一个新定额项目所包含的工艺与消耗量往往是现有定额项目的变形与演变。在补充制定新定额项目时，直接利用现行部分或全部定额内容可以达到事半功倍的效果。

（3）计算补充法：按定额编制方法进行计算补充是最精确的补充定额的方法，这种方法可以按图纸构造做法计算相应材料，再加入损耗量得到。人工和机械按劳动定额和机械台班定额进行相应的计算得到。

有一些计价依据采用“量价分离”的原则，仅测定了正常施工条件下完成单位合格建筑产品所需消耗人工、材料、施工机械台班的数量，称之为消耗量定额。可以依据这类定额确定分部分项工程的人材机消耗量，并通过一定的市场询价或者套用单位估价表等手段获取人、材、机、直接费。此外，对于有些带有价格的计价定额，如果认为其价格与工程实际不符或者有特殊需求，也可以只套取其人材机消耗量指标，进而另行取价，完成定额计价。

【例 5-2】 以《房屋建筑与装饰工程消耗量定额》TY 01-31—2015 为依据，计算教研办公楼砌筑 450m^3 的 1 砖混水砖墙所需要的主要材料消耗量和人工用量。

解： 套用定额 4-10 子目，则主要材料消耗量及人工用量为：

人工用量：11.251 工日/10m^3×450m^3＝506.30 工日；

干混砌筑砂浆（DM M10）：2.313m^3/10m^3×450m^3＝104.09m^3；

烧结普通砖：5.337 千块/10m^3×450m^3＝240.17 千块；

水：1.060m^3/10m^3×450m^3＝47.7m^3。

【例 5-3】 上题中，若知辽宁省某市 2018 年第四季度人材机价信息为：普工、一般技工和高级技工单价分别为 100 元/工日、120 元/工日、140 元/工日，烧结砖、干混砂浆、水单价分别为 602.4 元/千块、520 元/m^3、4.65 元/m^3，机械费为 180.57 元/台班，计算该分项工程人材机费用。

解： 人工费＝2.756 工日/$10m^3$×100 元/工日＋7.281 工日/$10m^3$×120 元/工日＋1.214 工日/$10m^3$×140 元/工日＝1319.28 元/$10m^3$；

材料费＝(5.337 千块/$10m^3$×602.4 元/千块＋2.313m^3/$10m^3$×520 元/m^3＋1.060m^3/$10m^3$×4.65 元/m^3)/0.9982＝4430.67 元/$10m^3$；

机械费＝0.228 台班/$10m^3$×180.57 元/台班＝41.17 元/$10m^3$；

定额基价＝人工费＋材料费＋机械费＝5791.12 元/$10m^3$；

分项人材机费用＝基价×工程量＝5791.12 元/$10m^3$×450m^3＝260600.4 元。

5.2 房屋建筑与装饰工程定额

本节内容结合《17 辽宁房建计价定额》编写。

（1）本定额的适用范围

辽宁省行政区域内的国有投资或国有投资为主的新建、扩建、改建的工业与民用房屋建筑与装饰工程项目工程。非国有资金投资主体可执行本定额，并按照本定额的规定进行工程计价。

定额总说明

（2）本定额的特点

① 本定额是在国家规范、消耗量定额基础上结合辽宁省实际，对项目设置、计量单位、计算规则进行了适当的补充和完善；一个定额项目就是一个清单项目。

② 本定额是以综合单价的形式表现的，内容包括人工费、材料费、机械费、管理费和利润。

表 5-1 土石方工程定额内容

5.2.1 土石方工程

1. 定额内容

土石方工程定额内容（表 5-1）扫码获得。

2. 定额计量规则难点解析

难点一：平整场地计算

平整场地，按设计图示尺寸，以建筑物首层建筑面积计算。建筑物地下室结构外边线突出首层结构外边线时，其突出部分的建筑面积合并计算。

土石方工程工程量计算规则

解析：

建筑物地下室结构外边线突出首层结构外边线时，计算平整场地工程量，要按照地下室建筑面积计算（图 5-1，计算平整场地时，建筑面积要计算采光井部分）。

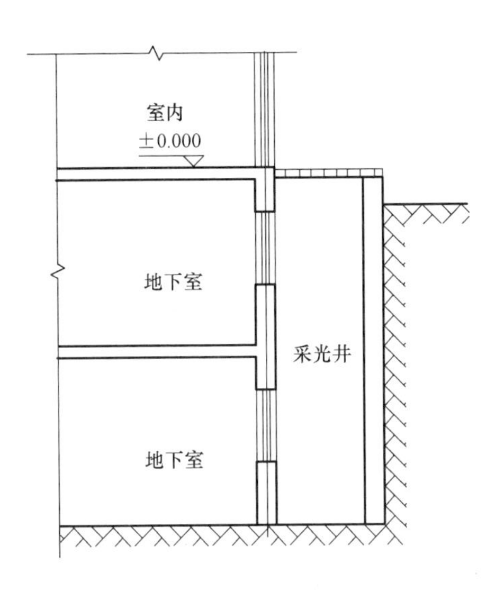

图 5-1　地下室与首层结构外边线不一致

难点二：土方开挖工程量计算

沟槽土石方:按设计图示沟槽长度乘以沟槽断面面积，以体积计算（沟槽土石方体积公式详见表 5-2 和图 5-2）。

基坑土石方：按设计图示基础（含垫层）尺寸，另加工作面宽度、土方放坡宽度或石方允许超挖量乘以开挖深度，以体积计算（基坑土石方体积公式详见表 5-2 和图 5-2）。

一般土石方：按设计图示基础（含垫层）尺寸，另加工作面宽度、土方放坡宽度或石方允许超挖量乘以开挖深度，以体积计算。机械施工坡道的土石方工程量，并入相应工程量内计算。

其中：

（1）应按基础（含垫层）底标高至设计室外地坪标高（含石方允许超挖量）确定。进场交付施工场地标高与设计室外地坪标高不同时，应按进场交付施工场地标高确定。

（2）当组成基础的材料不同或施工方式不同时，基础施工的工作面宽度也有所不同，具体详见定额说明。

（3）土方放坡的深度和放坡坡度，按施工组织设计计算；施工组织设计无规定时，按定额相关数据计算。混合土质的基础土方，其放坡的起点深度和放坡坡度，按不同土类厚度加权平均计算。计算基础土方放坡时，不扣除放坡交叉处的重复工程量。基础土方支挡土板时，土方放坡不另计算。

解析：

工作面是指基础施工时，因某些项目的需求或为保证施工人员施工方便，挖土时要在垫层两侧增加部分面积。实际工程施工时，需要考虑工作面的宽度。定额规定了混合土质的基础土方放坡起点“需要按不同土类厚度加权平均计算”（工作面应用详见【例 5-4】）。

表 5-2 中给出了一些常用的基础土方计算公式，可供大家直接使用。

土方工程量计算公式表 **表 5-2**

序号	工程量		计算公式		备注
1	沟槽土方		$V=S\times L$	V 为沟槽工程量； S 为沟槽断面面积； L 为沟槽长度	计算时要按土质，区别是否放坡和留工作面，或支挡土板情况分别考虑
2	挖基坑或挖土方	矩形放坡	$V=(a+2c)(b+2c)H+2\times 1/2KH\times(a+2c)H+2\times 1/2KH\times(b+2c)H+4\times 1/3K^2H^3=(a+2c+KH)(b+2c+KH)+1/3K^2H^3$	—	详见图 5-2
		圆形放坡	$V=1/3(R_1{}^2+R_2{}^2+R_1R_2)H$	R_1 为坑底半径； R_2 为坑口半径	—

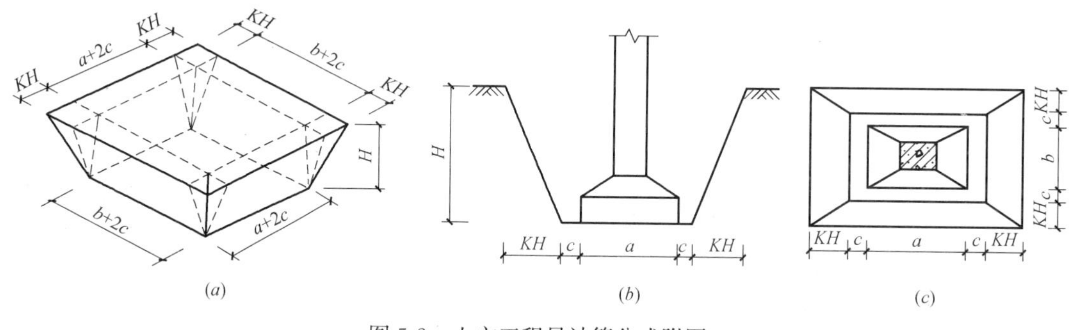

图 5-2 土方工程量计算公式附图

【例 5-4】答案解析及相关资料

【例 5-4】 已知教研办公楼基础分成 8 个分区，详见土方分区图，土壤类别为三类土，地下水位距本工程相对±0.00 距离为 6.2m。根据施工方案采用反铲挖掘机（斗容 0.75m^3）挖土，预留 300mm 进行人工清槽，自卸汽车（8t）运土，弃土运距为 5km，该分区土方全部运输至弃渣场，回填土采用外购，并运送至现场，再用装载机（斗容量 3m^3）将回填土运送到基坑（运距 20m 以内）。采用明沟集水坑明排降水法，沿坑底四周挖宽 1m、深 0.8m 的排水沟。查询市场价可知，回填土（虚方）到场价格 45 元/m^3（包含运费）。根据以上条件对分区一的土方工程（包括挖土、运土、夯填）进行计量与计价，请填写附表 B-1、附表 B-6、附表 B-9。

难点三：土方回填及其他工程量计算

回填土区分夯填、松填，按图示回填体积并依下列规定。沟槽、基坑回填，按挖方体积减去设计室外地坪以下建筑物、基础（含垫层）体积计算。管道沟槽回填，按挖方体积减去管道基础和下表管道折合回填体积计算。

房心（含地下室内）回填，按主墙间净面积（扣除单个面积 $2m^2$ 以上的设备基础等面积）乘以回填厚度以体积计算。

解析：

按主墙之间的面积乘以回填土厚度计算，隔墙不扣除。

3. 定额计价难点解析

难点一：土壤类别的划分

土壤按一、二类土，三类土，四类土分类。

解析：

土方计价时应该通过地勘资料掌握土质类别，按照地质条件注意土壤类别划分，以此进行不同定额子目的套用（土壤类别应用详见【例5-4】）。

难点二：干土、湿土、淤泥的人材机调整

干土、湿土的划分，以地质勘测资料的地下常水位为准。地下常水位以上为干土，以下为湿土。地表水排出后，土壤含水率≥25%、不超过液限的为湿土。含水率超过液限，土和水的混合物呈现流动状态时为淤泥。

解析：

定额土方项目按干土编制，挖运湿土需考虑人工还是机械，调整系数见土石方工程工程系数汇总表（表5-3），如采用降水措施后，则按照干土考虑。另外注意如果工程涉及排水问题，应该参考措施项目相应章节进行计价，依据施工方案采取降水措施后，挖、运土方按干土考虑，相应人工、机械费不再进行调整（干土、湿土的划分应用详见【例5-4】）。

难点三：沟槽、基坑、一般土石方的划分

底宽（设计图示垫层或基础的底宽，下同）≤7m、且底长＞3倍底宽为沟槽；底长≤3倍底宽，且底面积≤$150m^2$ 为基坑；超出上述范围，又非平整场地的，为一般土方。

解析：

沟槽考虑底宽和底长，基坑考虑底长和底面积，一般土石方考虑底宽、底长、底面积和挖填厚度（与平整场地区别开）（沟槽应用详见【例5-4】）。

难点四：机械挖土方与人工清理与修理人材机调整

挖掘机（含小型挖掘机）挖土方项目，已综合了挖掘机挖土方和挖掘机挖土后，基底和边坡遗留厚度≤0.3m的人工清理和修整。使用时不得调整，人工基底清理和边坡修整不另行计算。

解析：

挖掘机挖土时，人工基底清理和边坡修整已包含在定额项目内，其工程量包括机械挖土方工程量内，不需要另计算人工基底清理和边坡修整的费用（机械挖土、人工基底清理应用详见【例 5-4】）。

难点五：定额机械使用

土石方工程定额计价说明

> 小型挖掘机系指斗容量≤$0.3m^3$ 的挖掘机。小型自卸汽车系指载重量≤6t 的自卸汽车。
>
> 本章定额的施工机械是综合考虑的，在执行中不得因机械型号不同而调整。

解析：

根据定额规定的小型挖掘、小型自卸汽车的型号套用相应的定额，施工方案中的机械与定额机械型号不同时，依据定额规定不得调换机械型号（小型挖掘、小型自卸汽车应用详见【例 5-4】）。

★在实际工程中与定额做法不一致时，用定额不能直接计算出工程量或分部分项工程费，定额中允许在系数上进行调整换算，本节工程系数汇总见表 5-3。

土石方工程工程系数汇总表 **表 5-3**

分类		调整内容	调整系数
挖湿土	人工挖、运湿土	相应项目人工乘以系数	1.18
	机械挖湿土	相应项目人工乘以系数	1.15
人工挖一般土方、沟槽、基坑	6m<深度≤7m	按深度≤6m 相应项目人工乘以系数	1.25
	7m<深度≤8m	按深度≤6m 相应项目人工乘以系数	1.25
挡土板内人工挖槽坑		相应项目人工乘以系数	1.43
桩间挖土	桩间外边线间距 1.2m 范围内的挖土	相应项目人工、机械乘以系数	1.5
满堂基础垫层以下局部加深的槽坑		相应项目人工、机械乘以系数	1.25
推土机推土	土层平均厚度≤0.30m	相应项目人工、机械乘以系数	1.25
挖掘机在垫板上作业时		相应项目人工、机械乘以系数	1.25
挖密实的钢碴，按挖四类土	人工挖土项目	乘以系数	2.50
	机械挖土项目	乘以系数	1.50
基础（地下室）周边回填材料	执行“第二章 地基处理与边坡支护工程”中相应项目	人工、机械乘以系数	0.90

表 5-4 桩基础工程定额内容

5.2.2 桩基础工程

1. 定额内容

桩基础工程定额内容（表 5-4）扫码获得。

2. 定额计量规则难点解析

难点：预制桩、送桩、凿桩头工程量计算

（1）打、压预制钢筋混凝土方桩按设计桩长（包括桩尖）乘以桩截面面积，以体积计算；打、压预应力钢筋混凝土管桩按设计桩长（不包括桩尖），以长度计算。其中，钢桩尖按设计图示尺寸，以质量计算。

（2）凿桩头（除预制管桩外）按设计图示桩截面积乘以凿桩头长度，以体积计算。

桩基础工程工程量计算规则

解析：

（1）方桩和管桩计量单位不同，钢桩尖单独计量。

（2）凿桩头长度根据实际施工情况，设计有规定时，按规定计算；如果设计无规定时，桩头长度按桩体主筋直径 40 倍计算，主筋直径不同时取大者（打桩、送桩、凿桩头工程量计算详见【例 5-5】）。

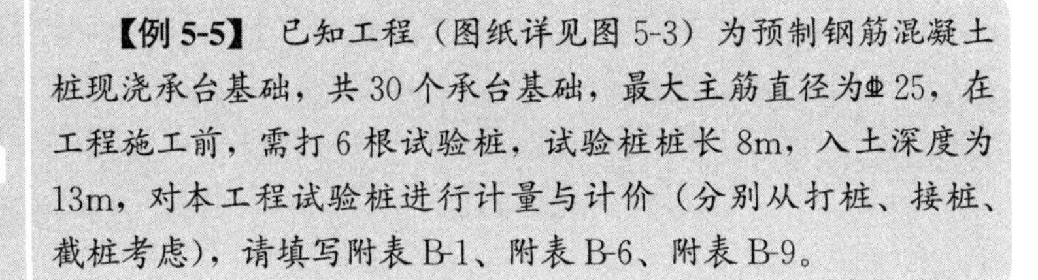

【例 5-5】 已知工程（图纸详见图 5-3）为预制钢筋混凝土桩现浇承台基础，共 30 个承台基础，最大主筋直径为⌀25，在工程施工前，需打 6 根试验桩，试验桩桩长 8m，入土深度为 13m，对本工程试验桩进行计量与计价（分别从打桩、接桩、截桩考虑），请填写附表 B-1、附表 B-6、附表 B-9。

【例 5-5】答案解析及相关资料

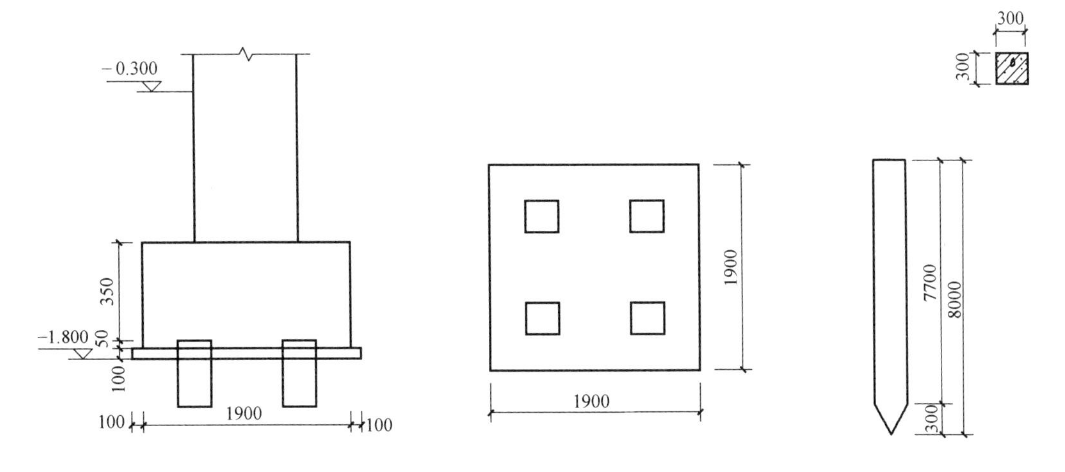

图 5-3　预制钢筋混凝土桩现浇承台基础详图

3. 定额计价难点解析

难点一：特殊桩人材机调整

打桩工程如遇单独打试桩、锚桩、打斜桩、坡度＞15°打桩时，均需进行人材机调整。

桩基础工程定额计价说明

解析：

本定额打桩工程是按陆地打垂直桩、平地打桩编制的，在遇到上述情况时，原定额中人工和机械费用不满足实际施工发生，需调整人材机（打试桩详见【例 5-5】）。

难点二：打桩、钢桩尖、桩头灌芯部的定额子目套用及截桩计价应用

在打桩工程计价过程中，如遇下列情况时，要注意定额子目套用：

（1）如遇送桩时，按相应定额项目执行；

（2）本章定额内未包括预应力钢筋混凝土管桩钢桩尖制安项目，实际发生时按“混凝土、钢筋工程”中的预埋铁件项目执行；

（3）截桩长度≤1m 时，不扣减相应桩的打桩工程量；截桩长度＞1m 时，其超过部分按实扣减打桩工程量，但桩体的价格不扣除。

解析：

（1）送桩是应用于在设计桩顶低于目前地面，且场地限制无法大面积开挖后，打桩时打桩机械及交通无法开展的情况下，在现地面处打桩，用送桩器将桩顶打至地面以下。截桩是应用于在基坑开挖后，将高于使用标高这部分截除掉，根据截桩长度不同，工程量及价格根据定额调整。

（2）钢桩尖常见的形式有平底十字形桩尖、尖底十字形桩尖、锯齿十字形桩尖等，无论哪种形式，均按照预埋铁件项目执行。

★在实际工程中与定额做法不一致时，用定额不能直接计算出工程量或分部分项工程费，定额中允许在系数上进行调整换算，本节工程系数汇总见表 5-5。

桩基础工程工程系数汇总表 **表 5-5**

<table>
<tr><th colspan="2">分类</th><th>调整内容</th><th>调整系数</th></tr>
<tr><td>单位工程的桩基工程量</td><td>少于表内相应数量（详见二维码）</td><td>相应项目人工、机械乘以系数</td><td>1.25</td></tr>
<tr><td colspan="2">单独打试桩、锚桩</td><td>按相应定额的打桩人工及机械乘以系数</td><td>1.5</td></tr>
<tr><td rowspan="2">设计要求打斜桩</td><td>斜度≤1：6</td><td>相应项目人工、机械乘以系数</td><td>1.25</td></tr>
<tr><td>斜度＞1：6</td><td>相应项目人工、机械乘以系数</td><td>1.43</td></tr>
<tr><td>打桩工程在坡地</td><td>坡度大于 15°打桩</td><td>按相应人工及机械乘以系数</td><td>1.15</td></tr>
<tr><td colspan="2">1. 坑内作业坑深度＞1.5m，坑底面积≤500m²；
2. 在地坪上打坑槽内，作业坑槽深度＞1m 打桩</td><td>按相应人工及机械乘以系数</td><td>1.11</td></tr>
<tr><td colspan="2">在桩间补桩或在强夯后的地基上打桩</td><td>相应项目人工、机械乘以系数</td><td>1.15</td></tr>
<tr><td>预应力钢筋混凝土管桩桩头灌芯部分</td><td>执行人工挖孔桩灌桩芯定额</td><td>人工、机械乘以系数</td><td>1.25</td></tr>
<tr><td>桩孔空钻部分回填碎石</td><td>按“第二章 地基处理与边坡支护工程”碎石垫层项目</td><td>乘以系数</td><td>0.7</td></tr>
<tr><td colspan="2">注浆管埋如设计采用侧向注浆</td><td>人工、机械乘以系数</td><td>1.2</td></tr>
</table>

5.2.3　砌筑工程

表 5-6　砌筑工程定额内容

1. 定额内容

砌筑工程定额内容（表 5-6）扫码获得。

2. 定额计量规则难点解析

难点：砌筑工程量计算

（1）砖基础、砖墙和砌块墙工程量均按设计图示尺寸以体积计算。其中基础长度：外墙按外墙中心线长度计算；内墙按内墙基净长线计算；墙长度：外墙按中心线、内墙按净长计算。

（2）框架间墙：不分内外墙按墙体净尺寸以体积计算。

（3）空心砖、多孔砖墙，不扣除其孔、空心部分体积，其中实心砖砌体部分已包括在项目内，不另计算。加气混凝土砌块墙、硅酸盐砌块墙、小型空心砌块墙，按设计规定需要镶嵌实心砖砌体部分已包括在项目内，不另计算。

砌筑工程工程量计算规则

解析：

砖基础、砖墙、砌块墙和框架间墙均以体积计算，各种砌筑工程中实心砖砌体部分不单独计量（加气混凝土砌块墙工程量计算详见【例 5-6】）。

【例 5-6】 根据教研办公楼图纸，该工程填充墙采用蒸压粉煤灰加气混凝土砌块（600mm×190mm×240mm），干混砌筑砂浆 DM M5，详见标准图和教研办公楼图纸。对该工程首层 B-C 轴/3-4 轴的男卫生间及其前室的砌筑工程进行计量与计价，请填写附表 B-1、附表 B-6、附表 B-9。

【例 5-6】答案解析及相关资料

3. 定额计价难点解析

难点一：砌体及砂浆人材机调整

定额中砖、砌块和石料按标准或常用规格编制，设计规格与定额不同时，砌体材料和砌筑（黏结）材料用量应作调整换算，砌筑砂浆按干混预拌砌筑砂浆编制。定额所列砌筑砂浆种类和强度等级、砌块专用砌筑胶粘剂品种，如设计与定额不同时，应作调整换算。

解析：

本定额中普通砖为 240mm×115mm×53mm、多孔砖为 190mm×240mm×90mm、140mm×240mm×90mm 等，其余材料也按常用规格编制，不同时可调整换算（砂浆换算详见【例 5-6】）。

难点二：砌筑及毛料石护坡高层超定额设计时人材机调整

（1）定额中的墙体是按每层砌筑高度 3.6m 编制的，如超过 3.6m 时，其超过部分工程量需要进行人工调整；

（2）毛料石护坡高度超过 4m 时，定额需要进行人工调整。

砌筑工程定额计价说明

解析：

墙体 3.6m 超高和毛料石护坡 4m 超高时，人工需要调整，详见系数表（表 5-7，墙体 3.6m 超高详见【例 5-6】）。

★在实际工程中与定额做法不一致时，用定额不能直接计算出工程量或分部分项工程费，定额中允许在系数上进行调整换算，本节工程系数汇总见表 5-7。

砌筑工程工程系数汇总表 **表 5-7**

分类		调整内容	调整系数
墙体高度超过 3.6m	超过部分工程量	人工乘以系数	1.3
双面清水围墙	按相应单面清水墙项目	人工用量乘以系数	1.15
毛料石护坡	高度超过 4m 时	人工乘以系数	1.15
砌块及石砌体	弧形墙	相应人工用量乘以系数	1.10
		砌块、石砌体及砂浆(胶粘剂)用量乘以系数	1.03
圆形烟囱基础	按砖基础项目	人工乘以系数	1.2

5.2.4 混凝土、钢筋工程

表 5-8 混凝土、钢筋工程定额内容

1. 定额内容

混凝土、钢筋工程定额内容（表 5-8）扫码获得。

2. 定额计量规则难点解析

难点一：主体混凝土工程量计算

混凝土、钢筋工程工程量计算规则

基础、柱、墙、梁、板均按设计图示尺寸以体积计算，楼梯、散水、坡道与台阶以水平投影面积计算，其中：

（1）柱：带柱帽的柱，柱与板相连的柱高，应自柱基上表面（或楼板上表面）至柱帽下表面之间的高度计算。柱帽工程量合并到柱子工程量内计算。柱帽工程量算至板底；构造柱的柱高按全高计算，嵌接墙体部分（马牙槎）并入柱身体积。

（2）墙：直形墙中门窗洞口上的梁并入墙体积；短肢剪力墙结构砌体内门窗洞口上的梁并入梁体积；未凸出墙面的暗梁、暗柱合并到墙体积计算。

（3）梁：主梁与次梁连接时，次梁长算至主梁侧面；圈梁与过梁连接者，分别套用圈梁、过梁定额，其过梁长度按门、窗口外围宽度两端共加 50cm 计算。

解析：

直形墙中门窗洞口上的梁、短肢剪力墙结构砌体内门窗洞口上的梁、未凸出墙面的暗梁、暗柱如图 5-4 所示（墙混凝土工程量计算详见【例 5-8】）。

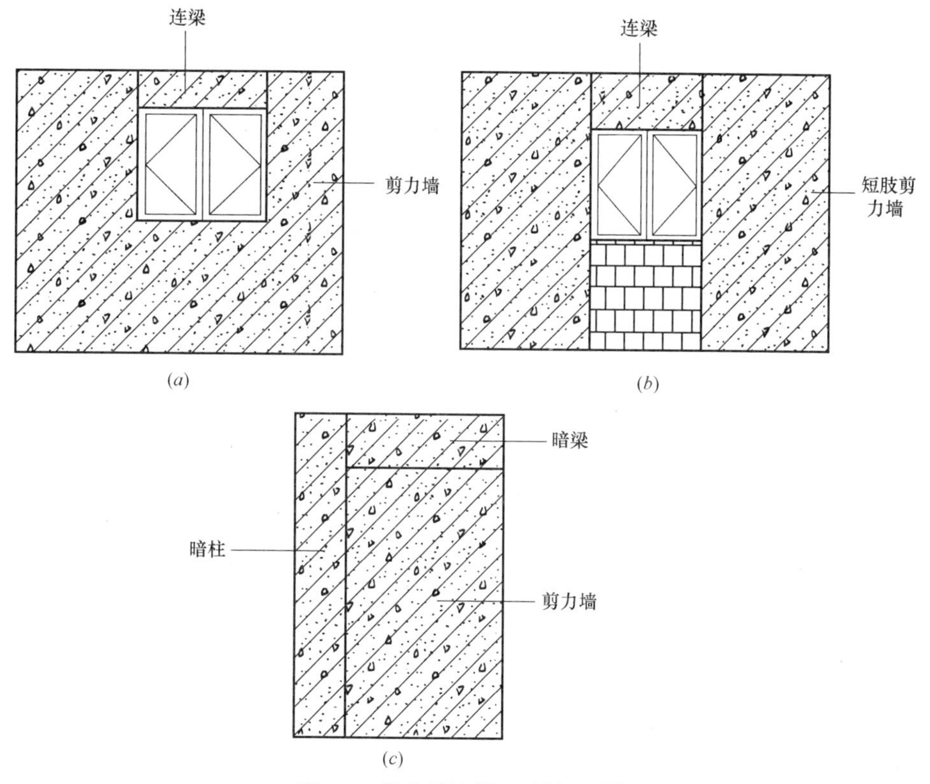

图 5-4　剪力墙连梁、暗梁、暗柱

(a) 直形墙中门窗洞口上的梁；(b) 短肢剪力墙结构砌体内门窗洞口上的梁；(c) 未凸出墙面的暗梁、暗柱

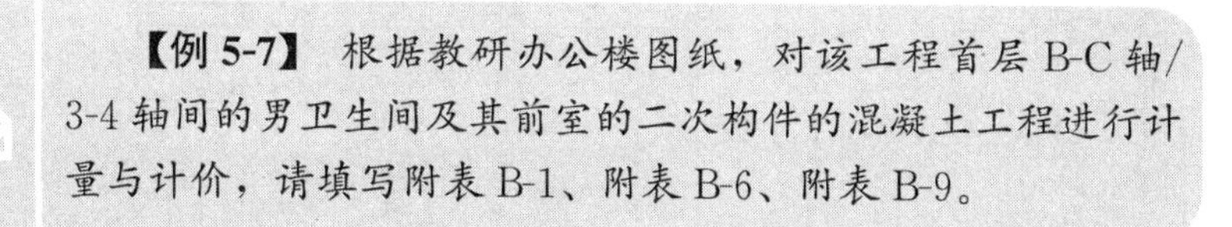

【例 5-7】 根据教研办公楼图纸，对该工程首层 B-C 轴/3-4 轴间的男卫生间及其前室的二次构件的混凝土工程进行计量与计价，请填写附表 B-1、附表 B-6、附表 B-9。

【例 5-7】答案解析及相关资料

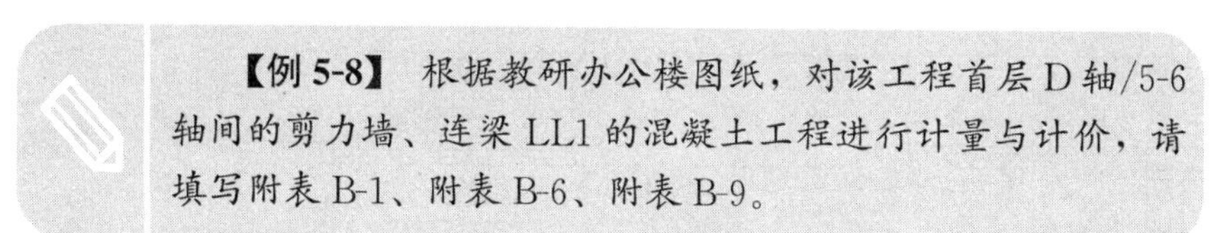

【例 5-8】 根据教研办公楼图纸，对该工程首层 D 轴/5-6 轴间的剪力墙、连梁 LL1 的混凝土工程进行计量与计价，请填写附表 B-1、附表 B-6、附表 B-9。

【例 5-8】答案解析及相关资料

难点二：其他构件混凝土工程量计算

(1) 楼梯重叠部分单独计算水平投影面积。

(2) 三步以内的整体台阶的平台面积并入台阶投影面积内计算。三步以上的台阶，与平台连接时其投影面积应以最上层踏步外沿加 300mm 计算。

解析：

(1) 三跑楼梯如图 5-5 所示，其中有两跑重叠（楼梯工程量计算详见【例 5-9】）。

(2) 三步以内及三步以上台阶如图 5-6 所示（台阶工程量计算详见【例 5-10】）。

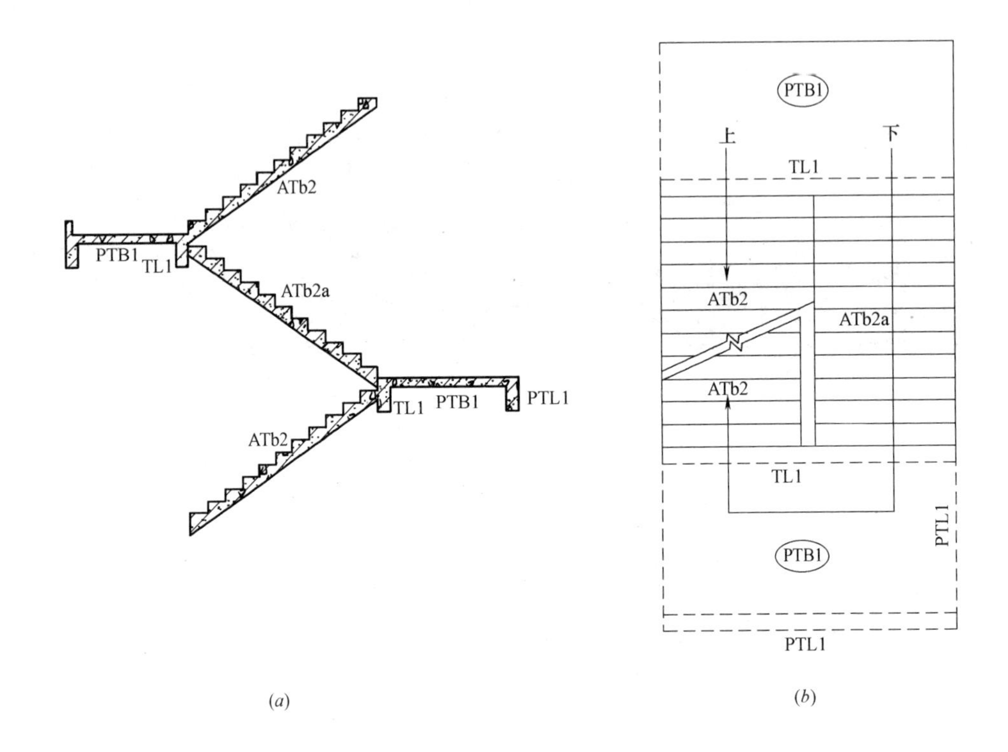

图 5-5 三跑楼梯
（*a*）三跑楼梯；（*b*）三跑楼梯投影

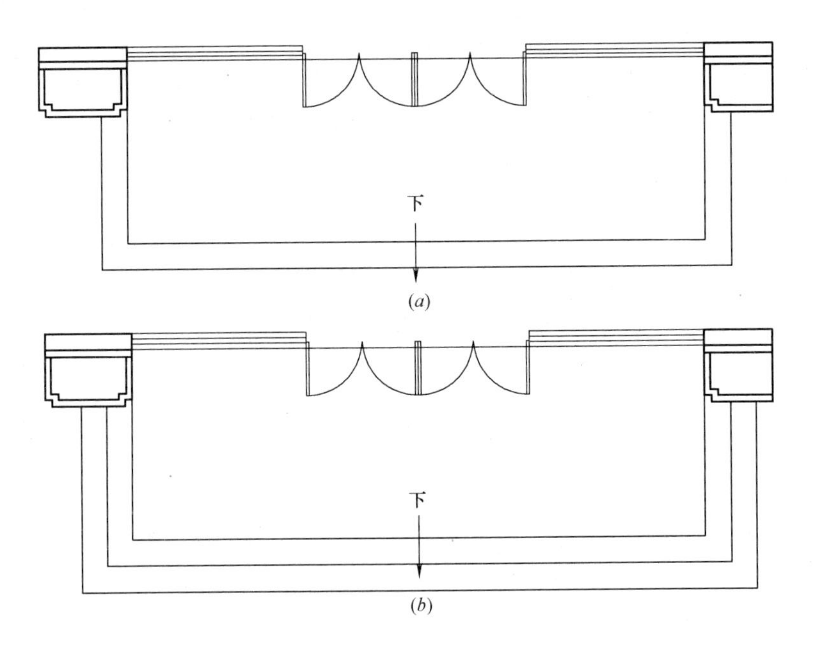

图 5-6 两步台阶和三步台阶
（*a*）两步台阶；（*b*）三步台阶

【例 5-9】 根据教研办公楼图纸，对该工程首层楼梯 B-D 轴/10 轴间的 ATb2 的混凝土和预埋铁件工程进行计量与计价，请填写附表 B-1、附表 B-6、附表 B-9。

【例 5-9】答案解析及相关资料

【例 5-10】 根据教研办公楼图纸，对教研办公楼工程首层 6-7 轴/D 轴外混凝土台阶的混凝土工程进行计量与计价，请填写附表 B-1、附表 B-6、附表 B-9。

【例 5-10】答案解析及相关资料

难点三：预制混凝土接头灌缝工程量计算

预制混凝土构件接头灌缝预制混凝土构件接头灌缝,均按预制混凝土构件体积计算。

解析：

预制柱、梁、板等构件接头灌缝，均按构件体积计算（预制混凝土接头灌缝详见【例 5-11】）。

【例 5-11】 已知教研办公楼屋面层预应力预制空心板采用外购，预制厂距离施工现场 15km，空心板预制厂不包含运输费用，预制板安装灌缝等见标准图集。除预制板外，剩下部分采用现浇混凝土板，双层主筋上下两层均为 4 根⌀ 10@200，分布筋上下两层均为⌀ 10@200。对该工程屋面预制板工程进行计量与计价，请填写附表 B-1、附表 B-6、附表 B-9。

【例 5-11】答案解析及相关资料

难点四：钢筋搭接工程量计算

本定额在定尺搭接部分,根据直径及方向不同，考虑不同的连接方式，具体为：

（1）⌀ 14 及以上的竖向钢筋的连接按电渣压力焊考虑，⌀ 25 及以上水平方向钢筋的连接按机械连接考虑。

（2）⌀ 22 以内（⌀ 12 以下的竖向钢筋的连接）的钢筋绑扎接头搭接长度是按绑扎、焊接综合考虑的，搭接需要增加系数，具体增加的系数详见“定尺搭接增加系数表”。

解析：

需按照不同直径、不同方向考虑钢筋的连接方式，如需绑扎时还要考虑增加系数（钢筋搭接工程量计算详见【例 5-12】）。

【例 5-12】 根据教研办公楼图纸，对教研办公楼工程首层 3-5 轴/A 轴间的梁 KL18 钢筋工程进行计量与计价，请填写附表 B-1、附表 B-6、附表 B-9。

【例 5-12】答案解析及相关资料

难点五：植筋和预埋铁件螺栓工程量计算

（1）植筋：按数量计算；植入的钢筋质量按外露和植入部分长度之和乘以单位理论质量计算。

（2）混凝土构件预埋铁件、螺栓：按设计图示尺寸，以质量计算。

解析：

（1）植筋埋深长度按照：钢筋直径规格 20mm 及以下，按钢筋直径的 15 倍计算，并≥100mm；钢筋规格为 20mm 以上，按钢筋直径的 20 倍计算。

（2）钢筋理论质量（kg/m）计算公式：0.00617×直径（mm）×直径（mm）；钢板理论质量（kg/m^2）计算公式：7.85×厚度（mm）（植筋工程量计算详见【例 5-14】；混凝土构件预埋铁件详见【例 5-9】）。

难点六：特殊工程部位（构件）划分

（1）栏板与墙的界限划分：栏板高度 1.2m 以下（含压顶扶手及翻沿）为栏板，1.2m 以上为墙；屋面混凝土女儿墙高度>1.2m 时执行相应墙项目，≤1.2m 时执行相应栏板项目。

（2）挑檐、天沟板与板（包括屋面板）连接时，以外墙外边线为分界线；与梁（包括圈梁等）连接时，以梁的外边线为分界线；外墙外边线以外的板为挑檐、天沟。

（3）雨篷梁、板工程量合并，按雨篷以体积计算，高度≤400mm 的栏板并入雨篷体积内计算，栏板高度>400mm 时，其全高按栏板计算。

解析：

（1）栏板与墙的界限划分如图 5-7 所示，（*a*）为栏板，（*b*）为墙。

（2）雨篷栏板如图 5-8 所示，（*a*）并入雨篷体积内计算，（*b*）按栏板计算。

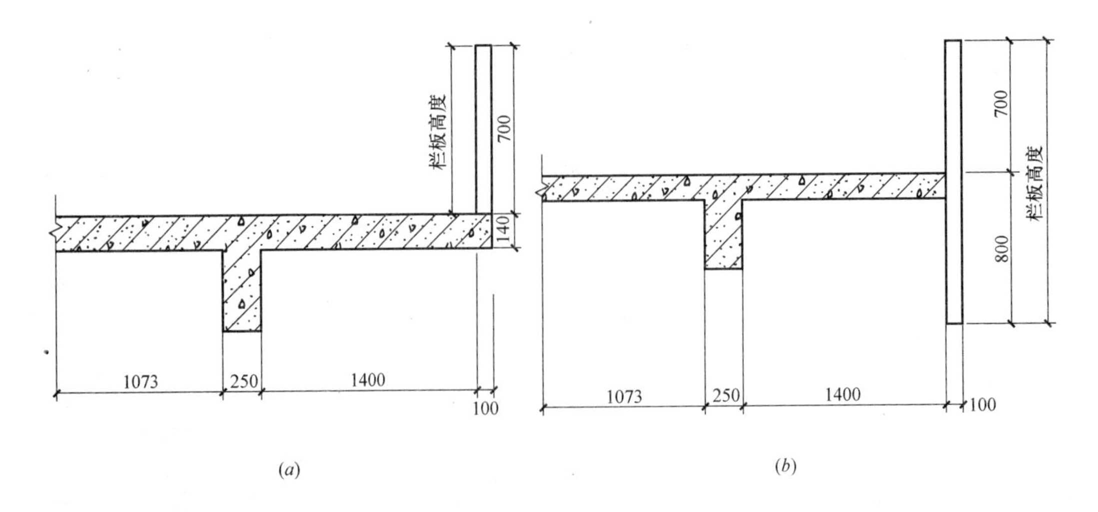

图 5-7　栏板高度

（*a*）栏板高度 1.2m 以下；（*b*）栏板高度 1.2m 以上

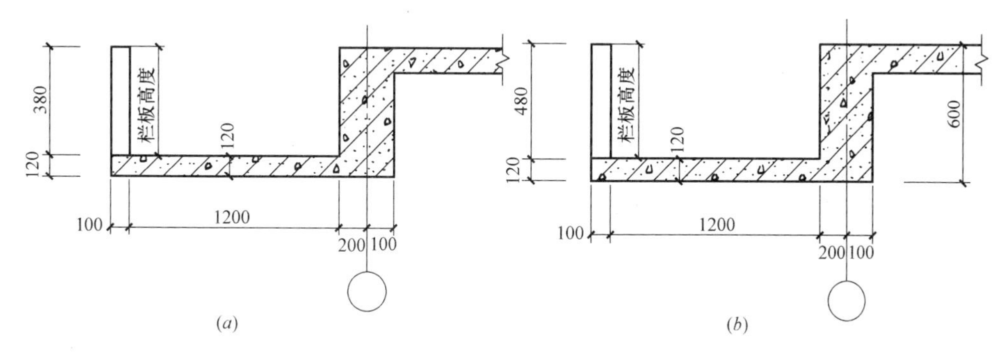

图 5-8　雨篷栏板高度

（a）栏板高度≤400mm；（b）栏板高度＞400mm

3. 定额计价难点解析

难点一：混凝土工程人材机调整

混凝土按预拌混凝土编制，采用现场搅拌时，执行相应的预拌混凝土项目，再执行现场搅拌混凝土调整费项目。其中混凝土按常用强度等级考虑，设计强度等级不同时可以换算。除预拌混凝土本身所含外加剂外，设计要求增加的其他各种外加剂另行计算。

混凝土、钢筋工程定额计价说明

解析：

混凝土定额中各构件常用等级：现浇混凝土基础、柱、梁、板、墙、楼梯均为 C30，其他构件为 C20、C30；混凝土外加剂常见的有早强剂、防水剂、防冻剂、膨胀剂等（混凝土等级换算详见【例 5-13】）。

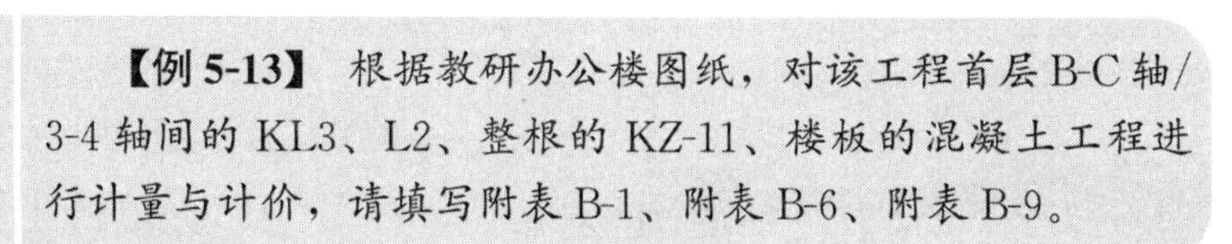

【例 5-13】 根据教研办公楼图纸，对该工程首层 B-C 轴/3-4 轴间的 KL3、L2、整根的 KZ-11、楼板的混凝土工程进行计量与计价，请填写附表 B-1、附表 B-6、附表 B-9。

【例 5-13】答案解析及相关资料

难点二：楼梯工程人材机调整

当楼梯设计混凝土用量与定额消耗量不同时，混凝土消耗量按设计用量调整，人工按相应比例调整。

解析：

楼梯 $10m^2$ 中混凝土含量为 $2.586m^3$，本定额中混凝土工程每 m^3 消耗量为 $1.01m^3$，如实际工程楼梯混凝土用量不同时，按实调整（楼梯详见【例 5-9】）。

难点三：电梯井壁与墙工程部位划分

电梯井壁与墙连接时，以电梯井壁外边线为界，外边线以内为电梯井壁，外边线以外为墙。

解析：

电梯井壁与墙的划分如图 5-9 所示。

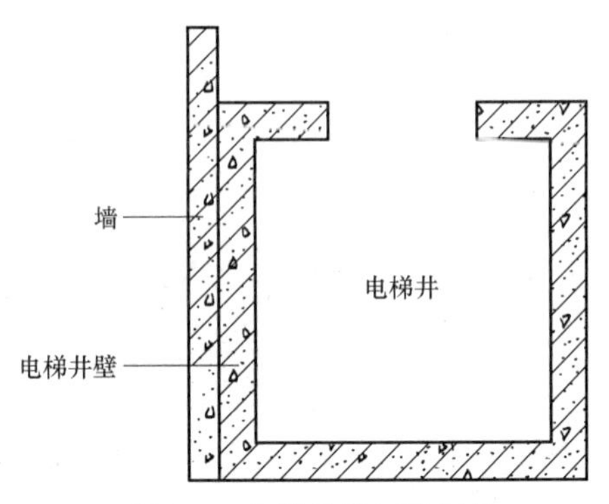

图 5-9　电梯井壁与墙划分

难点四：挑檐、天沟壁定额子目套项

挑檐、天沟壁高度≤400mm，执行天沟、挑檐板项目；挑檐、天沟壁高度>400mm，按全高执行栏板项目。其中如挑檐、天沟的单体体积在 $0.1m^3$ 以内，执行小型构件项目。

解析：

檐沟高度如图 5-10 所示，（*a*）执行天沟、挑檐板项目，（*b*）执行栏板项目。

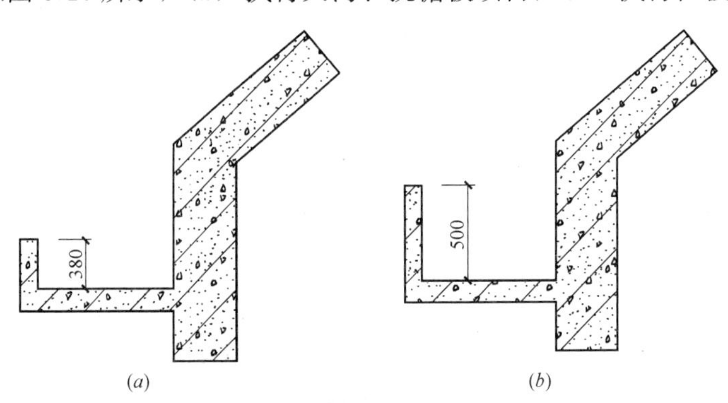

图 5-10　挑檐、天沟壁高度

（*a*）执行天沟、挑檐板项目；（*b*）执行栏板项目

难点五：预制板现浇缝的定额子目套用

预制板之间补现浇板缝，适用于板缝小于预制板的模数，但需支模才能浇筑的混凝土板缝。

解析：

预制板之间补现浇板缝执行现浇混凝土板项目（预制现浇板浇缝详见【例 5-11】）。

难点六：台阶的定额子目套用

台阶分为混凝土台阶和整体台阶：

（1）混凝土台阶（5-53）项目中，工作内容包括混凝土浇筑、压实、养护表面压实抹光及嵌缝。未包括台阶土方的挖、填、基础夯实、垫层等内容。

（2）整体台阶（5-54、5-55）项目中，包括台阶找平层以内的全部工作内容（不包括梯带、挡墙）。

解析：

套用混凝土台阶子目时，台阶土方的挖、填、基础夯实、垫层等内容要单独计算（台阶套用详见【例 5-10】）。

难点七：混凝土翻边的定额子目套用

与主体结构不同时浇捣的厨房、卫生间等处墙体下部的现浇混凝土翻边执行圈梁相应项目。

解析：

与主体结构同时浇捣的，执行主体结构项目（卫生间墙体下部的混凝土翻边详见【例 5-13】）。

难点八：钢筋定额子目套用及植筋埋深长度规定

（1）钢筋工程按钢筋的不同品种和规格以现浇构件、预制构件、预应力构件以及箍筋分别列项。螺纹钢筋适用于二级钢筋和三级钢筋。

（2）植筋：其中植筋钢筋埋深长度有设计要求，并与本规定不同时，定额中的人工和材料可以按相应比例调整。如设计无规定时，按以下规定计算：

① 钢筋直径规格 20mm 及以下，按钢筋直径的 15 倍计算，并≥100mm；

② 钢筋规格为 20mm 以上，按钢筋直径的 20 倍计算。

解析：

箍筋单列、连接方式单列、植筋钢筋量在计算时要考虑埋深长度（箍筋单列、连接方式单列详见【例 5-12】；植筋钢筋量详见【例 5-14】）。

【例 5-14】 已知教研办公楼根据工程设计，砌体拉结筋采用植筋方式施工，详见标准图和教研办公楼图纸，对该工程首层 1-2 轴/C 轴间的外墙砌体拉结筋钢筋工程进行计量与计价，请填写附表 B-1、附表 B-6、附表 B-9。

【例 5-14】答案解析及相关资料

【例 5-15】 已知教研办公楼图纸和标准图，对该工程首层 B-C 轴/3-4 轴的男卫生间及其前室的砌筑及二次结构的钢筋工程进行计量与计价，请填写附表 B-1、附表 B-6、附表 B-9。

【例 5-15】答案解析及相关资料

难点九：混凝土构件运输与安装

（1）构件运输适用于构件堆放场地或构件加工厂至施工现场的运输。运距按 30km 以内考虑，30km 以上另行计算。其中构件运输基本运距按场内运输 1km、场外运输 10km 分别列项，实际运距不同时，按场内每增减 0.5km、场外每增减 1km 项目调整。

（2）在运输过程中，不同类别的预制混凝土构件费用会有所不同，具体分类表格详见混凝土、钢筋工程定额计价说明。

解析：

运距 30km 以上不在本定额计算范围，30km 以内区分场内运输基本运距 1km，以增减 0.5km 进行调整；场外运输基本运距 10km，以增减 0.5km 进行调整（混凝土构件运输详见【例 5-11】）。

★在实际工程中与定额做法不一致时，用定额不能直接计算出工程量或分部分项工程费，定额中允许在系数上进行调整换算，本节工程系数汇总见表 5-9。

混凝土、钢筋工程工程系数汇总表 **表 5-9**

分类		调整内容	调整系数
斜梁(板)	坡度系数大于 10 且≤30°综合考虑的	—	—
	坡度在 10°以内的执行梁板项目	—	—
	坡度在 30°以上、45°以内时	人工乘以系数	1.05
	坡度在 45°以上、60°以内时	人工乘以系数	1.10
	(单面支模)坡度在 60°以上时	人工乘以系数	1.20
	(双面支模)坡度在 60°以上时	人工乘以系数	1.05
压型钢板上浇捣混凝土	执行平板项目	人工乘以系数	1.10
型钢组合混凝土构件	执行普通混凝土相应构件项目	人工、机械乘以系数	1.20
楼梯	按建筑物一个自然层两跑楼梯考虑	—	—
	单坡直形楼梯(即一个自然层无休息平台)按相应项目	定额乘以系数	1.20
	三跑楼梯(即一个自然层两个休息平台)按相应项目	定额乘以系数	0.90
	四跑楼梯(即一个自然层三个休息平台)按相应项目	定额乘以系数	0.75
静压管桩	桩芯灌混凝土执行钢管混凝土柱项目	人工乘以系数	1.10
型钢组合混凝土构件	型钢骨架执行"第六章金属结构工程"相应项目，钢筋执行现浇构件钢筋相应项目	人工乘以系数	1.50
		机械乘以系数	1.15
半径小于 9m 的弧形构件	钢筋工程执行钢筋相应项目	人工乘以系数	1.05
混凝土空心楼板(ADS 空心板)中钢筋网片	执行现浇构件钢筋网片项目	人工乘以系数	1.30
		机械乘以系数	1.15
现浇混凝土小型构件中的钢筋	执行现浇构件钢筋相应项目	人工、机械乘以系数	2.00
构件安装	构件安装是按单机作业考虑的，如因构件超重(以起重机械起重量为限)需双机台吊时，按相应项目	人工、机械乘以系数	1.20
	构件安装高度以 20m 以内为准，安装高度(除塔式起重机施工外)超过 20m 并小于 30m 时，按相应项目	人工、机械乘以系数	1.20
	安装高度(除塔式起重机施工外)超过 30m 时，另行计算	—	—
预制混凝土构件	单层房屋建筑，其屋面系统的预制混凝土构件，必须在建筑物外安装的，按相应项目	人工、机械乘以系数	1.18

5.2.5　门窗工程

1. 定额内容

门窗工程定额内容（表 5-10）扫码获得。

表 5-10　门窗工程定额内容

2. 定额计量规则难点解析

难点：木门工程量计算

（1）成品木门框安装和木门扇安装需要单独计算，其中木门框安装按设计图示框外围尺寸长度计算；木门扇安装按设计图示扇面积计算。

（2）成品套装木门安装按设计图示数量计算。

（3）木质防火门安装按设计图示洞口面积计算。

门窗工程工程量计算规则

解析：

成品套装门需要按不同尺寸分开计算（成品木门工程量计算详见【例 5-16】）。

【例 5-16】 教研办公楼首层普通门采用成品木门，且每樘门安装执手锁、门吸、门眼猫眼三种五金配件，试对该工程首层门窗工程进行计量与计价，请填写附表 B-1、附表 B-6、附表 B-9。

【例 5-16】答案解析及相关资料

3. 定额计价难点解析

难点：门连窗及五金定额子目套用

金属门连窗，门、窗应分别执行相应项目。

成品木门（扇）安装项目中五金配件的安装仅包括合页安装人工和合页数量，合页数量可按实际调整。设计要求的其他五金另按本章“门五金”一节中门特殊五金相应项目执行。

门窗工程定额计价说明

解析：

门连窗分别列项，门五金包含门锁、地弹簧、门吸、猫眼、闭门器等（门五金详见【例 5-16】）。

★在实际工程中与定额做法不一致时，用定额不能直接计算出工程量或分部分项工程费，定额中允许在系数上进行调整换算，本节工程系数汇总见表 5-11。

门窗工程工程系数汇总表　　表 5-11

分类		调整内容	调整系数
铝合金成品门窗安装	按隔热断桥铝合金型材考虑，当设计为普通铝合金型材时，按相应项目执行	人工乘以系数	0.8
金属卷帘(闸)	按卷帘侧装考虑，当设计为中装时，按相应项目执行	人工乘以系数	1.1
金属卷帘(闸)	按不带活动小门考虑，当设计为带活动小门时，按相应项目执行，材料调整为带活动小门金属卷帘(闸)	人工乘以系数	1.07

续表

分类		调整内容	调整系数
厂库房大门	按一、二类木种考虑，如采用三四类木种时，制作按相应项目执行	人工和机械乘以系数	1.3
	安装按相应项目执行	人工和机械乘以系数	1.35
全玻璃门有框亮子安装	按全玻璃有框门扇安装项目执行	人工乘以系数	0.75

表 5-12　屋面及防水工程定额内容

5.2.6　屋面及防水工程

1. 屋面及防水工程定额内容

屋面及防水工程定额内容（表 5-12）扫码获得。

2. 定额计量规则难点解析

难点一：防水工程量计算

屋面及防水工程工程量计算规则

（1）屋面在各处的弯起部分，按设计图示尺寸计算；设计无规定时，按 500mm 计算，计入屋面工程量内。

（2）屋面、楼地面及墙面、基础底板等，其防水搭接、拼缝、压边、留槎用量已综合考虑，不另行计算。卷材防水附加层按设计铺贴尺寸以面积计算。

解析：

屋面防水弯起部分如图 4-46 所示，卷材防水附加层如图 4-47 所示（屋面防水工程量计算详见【例 5-17】）。

【例 5-17】答案解析及相关资料

【例 5-17】 根据教研办公楼图纸，对该工程屋面层 4-5 轴/A-B 轴间的瓦屋面及防水工程进行计量与计价，请填写附表 B-1、附表 B-6、附表 B-9。

难点二：排水构件（设施）工程量计算

屋面排水中水落管、镀锌铁皮天沟、檐沟，按设计图示尺寸，以长度计算。如设计未标注水落管尺寸，以檐口至设计室外散水上表面垂直距离计算；水斗、下水口、雨水口、弯头、短管等，均以设计数量计算。

解析：

排水构件如图 4-45 所示。

难点三：特殊工程部位划分

楼地面防水平面与立面交接处，上翻高度≤300mm 时，按展开面积并入楼地面工程量内计算，高度＞300mm 时，所有上翻工程量均按墙面防水项目计算。

解析：

楼地面防水上翻高度如图 4-48 所示，(*a*) 按展开面积并入楼地面工程量内计算，(*b*) 按墙面防水项目计算（楼地面上翻高度详见【例 5-18】）。

3. 定额计价难点解析

难点：防水附加层定额子目套用

卷材防水附加层套用卷材防水相应项目。

解析：

屋面及防水工程定额计价说明

阴阳角、管道根部、雨落口、各种泛水、伸缩缝、变形缝、施工缝、穿墙管等节点部位，在大面积施工之前如需增加附加层，单独计量。

★在实际工程中与定额做法不一致时，用定额不能直接计算出工程量或分部分项工程费，定额中允许在系数上进行调整换算，本节工程系数汇总见表5-13。

屋面及防水工程工程系数汇总表 **表5-13**

分类		调整内容	调整系数
滑动式采光顶	按设计增加U形滑动盖帽等部件，调整材料	人工乘以系数	1.05
瓦、型材及其他屋面	25%<坡度≤45%及人字形、锯齿形、弧形等不规则瓦屋面	人工乘以系数	1.3
	坡度>45%	人工乘以系数	1.43
屋面防水	15%<坡度≤25%	人工乘以系数	1.18
	25%<坡度≤45%及人字形、锯齿形、弧形等不规则屋面	人工乘以系数	1.3
	坡度>45%	人工乘以系数	1.43
实际施工桩头、地沟、零星部位防水	—	人工乘以系数	1.43
卷材防水附加层	套用卷材防水相应项目	人工乘以系数	1.43
墙面防水	半径在9m以内弧形	人工乘以系数	1.18
冷粘法、热熔法	点、条铺粘	人工乘以系数	0.91
		胶粘剂乘以系数	0.7

【例5-18】 根据教研办公楼图纸和标准图，对该工程首层3-4轴/B-C轴间的男卫生间及其前室地面防水工程进行计量与计价，请填写附表B-1、附表B-6、附表B-9。

【例5-18】答案解析及相关资料

5.2.7 保温、隔热、防腐工程

1. 保温、隔热、防腐工程定额内容

保温、隔热、防腐工程定额内容（表5-14）扫码获得。

表5-14 保温、隔热、防腐工程定额内容

2. 定额计量规则难点解析

保温、隔热、防腐工程工程量计算规则

难点：天棚、墙面保温隔热层工程量计算

天棚保温隔热层、墙面保温隔热层工程量按设计图示尺寸以面积计算。与天棚相连的梁按展开面积计算，其工程量并入天棚内。门窗洞口侧壁（含顶面）以及与墙相连的柱，并入保温墙体工程量内。

解析：

与天棚连接的梁如图 4-18 所示，门窗洞口侧壁如图 4-19 所示（墙面保温工程量计算详见【例 5-19】）。

3. 定额计价难点解析

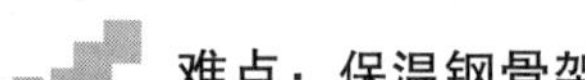

难点：保温钢骨架定额子目套用

保温、隔热、防腐工程定额计价说明

墙面岩棉板保温、聚苯乙烯板保温及保温装饰一体板保温如使用钢骨架，钢骨架按“墙、柱面装饰与隔断、幕墙工程”相应项目执行。

解析：

保温工程如使用钢骨架时，保温子目不包含钢骨架费用，需要单独套项。

★在实际工程中与定额做法不一致时，用定额不能直接计算出工程量或分部分项工程费，定额中允许在系数上进行调整换算，本节工程系数汇总见表 5-15。

保温、隔热、防腐工程工程系数汇总表　　表 5-15

分类		调整内容	调整系数
半径 9m 以内的弧形墙	墙面保温隔热层	人工乘以系数	1.1
柱面保温	按墙面保温定额项	人工乘以系数	1.19
		材料乘以系数	1.04
块料面层踢脚线	按立面砌块相应项目	人工乘以系数	1.2

【例 5-19】答案解析及相关资料

【例 5-19】 根据教研办公楼图纸，对该工程首层 1-2 轴/C 轴间的外墙保温工程进行计量与计价，请填写附表 B-1、附表 B-6、附表 B-9。

表 5-16　楼地面工程定额内容

5.2.8　楼地面工程

1. 楼地面工程定额内容

楼地面工程定额内容（表 5-16）扫码获得。

2. 定额计价说明难点解析

楼地面工程工程量计算规则

难点一：细石混凝土定额子目套用

厚度≤60mm 的细石混凝土按找平层项目执行，厚度＞60mm 的按“第四章 砌筑工程”混凝土垫层项目执行。

解析：

细石混凝土地面，根据厚度不同，执行不同项目。

难点二：楼梯抹灰定额子目套用

楼梯不包括踢脚线、侧边板底抹灰，另按相应项目计算。

楼地面工程定额计价说明

解析：

楼梯面层仅包含楼梯顶面（含踏步立面），其余各工程量均要单独计算，零星项目面层适用于楼梯侧面。

★在实际工程中与定额做法不一致时，用定额不能直接计算出工程量或分部分项工程费，定额中允许在系数上进行调整换算，本节工程系数汇总见表 5-17。

楼地面工程工程系数调整汇总表　　　　表 5-17

分　类		调整内容	调整系数
采用地暖的地板垫层	按不同材料执行相应项目	人工乘以系数	1.3
		材料乘以系数	0.95
石材楼地面需做分格、分色	按相应项目	人工乘以系数	1.1
木地板安装	按成品企业考虑，若采用平口安装	人工乘以系数	0.85
弧形或楼梯段踢脚线	按相应项目	人工、机械乘以系数	1.15
石材螺旋形楼梯	按弧形楼梯项目	人工乘以系数	1.2
圆弧形等不规则地面镶贴面层	按相应项目，块料消耗量损耗按实调整	人工乘以系数	1.3

【例 5-20】答案解析及相关资料

【例 5-20】 根据教研办公楼图纸，对该工程首层 1-2 轴/B-C 轴间卫生保健室的楼地面工程（包含踢脚线）进行计量与计价，请填写附表 B-1、附表 B-6、附表 B-9。

【例 5-21】答案解析及相关资料

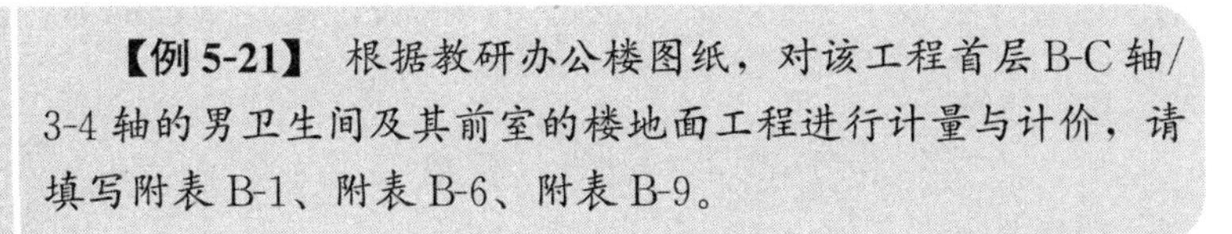

【例 5-21】 根据教研办公楼图纸，对该工程首层 B-C 轴/3-4 轴的男卫生间及其前室的楼地面工程进行计量与计价，请填写附表 B-1、附表 B-6、附表 B-9。

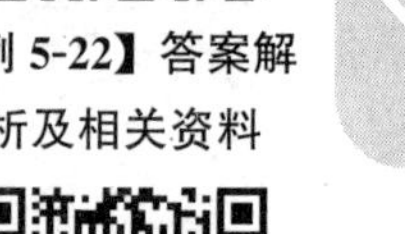

【例 5-22】答案解析及相关资料

【例 5-22】 根据教研办公楼图纸和标准图，对该工程首层 6-7 轴/D 轴上部的台阶饰面工程进行计量与计价，请填写附表 B-1、附表 B-6、附表 B-9。

表 5-18 墙、柱面装饰与隔断、幕墙工程定额内容

5.2.9 墙、柱面装饰与隔断、幕墙工程

1. 墙、柱面装饰与隔断、幕墙工程定额内容

墙、柱面装饰与隔断、幕墙工程定额内容（表 5-18）扫码获得。

2. 定额计量规则难点解析

墙、柱面装饰与隔断、幕墙工程工程量计算规则

难点：墙、柱面装饰工程量计算

吊顶天棚的内墙面一般抹灰，其高度按室内地面或者楼面至吊顶底面另加 100mm 计算。

解析：

有吊顶时墙面高度不按结构净高计算（内墙抹灰工程量计算详见【例 5-23】）。

【例 5-23】答案解析及相关资料

【例 5-23】 根据教研办公楼图纸和标准图，对该工程 1-2 轴/B-C 轴间的内墙面抹灰工程进行计量与计价，请填写附表 B-1、附表 B-6、附表 B-9。

3. 定额计价难点解析

墙、柱面装饰与隔断、幕墙工程定额计价说明

难点一：墙、柱面装饰人材机调整

抹灰面层中砂浆配合比与设计不同者，按设计要求调整；如设计厚度与定额取定厚度不同者，按相应增减厚度项目调整。

解析：

抹灰面层中砂浆配合比、厚度不同均可调整。

难点二：零星抹灰子目适用范围

“零星抹灰”适用于各种壁柜、碗柜、飘窗板、空调隔板、暖气罩、池槽、花台以及≤$0.5m^2$ 的其他少量分散的抹灰。

解析：

空调隔板抹灰属于零星抹灰。

★在实际工程中与定额做法不一致时，用定额不能直接计算出工程量或分部分项工程

费，定额中允许在系数上进行调整换算，本节工程系数汇总见表 5-19。

墙、柱面装饰与隔断、幕墙工程工程系数汇总表　　表 5-19

分类		调整内容	调整系数
圆弧形、锯齿形、异形等不规则墙面抹灰、镶嵌块料、幕墙	按相应项目	乘以系数	1.15
抹灰工程的装饰线条	＞300mm 且≤400mm	乘以系数	1.33
	＞400mm 且≤500mm	乘以系数	1.67
木龙骨基层	按双向计算，如设计为单向	人工、材料乘以系数	0.55

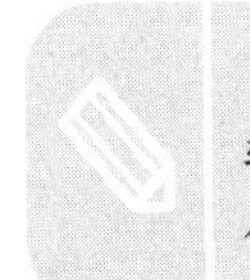

【例 5-24】 根据教研办公楼图纸及标准图，对该工程 3-4 轴/B-C 轴间男卫生间及其前室的墙面块料工程进行计量与计价，请填写附表 B-1、附表 B-6、附表 B-9。

【例 5-24】答案解析及相关资料

5.2.10　天棚工程

1. 天棚抹灰定额内容

天棚工程定额内容（表 5-20）扫码获得。

表 5-20　天棚工程定额内容

2. 定额计量规则难点解析

难点一：天棚抹灰工程量计算

带梁天棚的梁两侧抹灰面积并入天棚面积内。板式楼梯底面抹灰面积（包括踏步、休息平台以及≤500mm 宽的楼梯井）按水平投影面积乘以系数 1.15 计算，锯齿形楼梯底面抹灰面积（包括踏步、休息平台以及≤500mm 宽的楼梯井）按水平投影面积乘以系数 1.37 计算。

天棚工程工程量计算规则

解析：

带梁天棚如图 5-11 所示（天棚抹灰工程量计算详见【例 5-25】）。

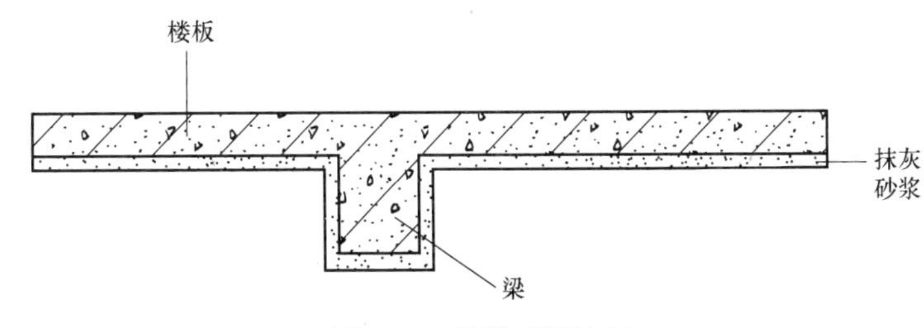

图 5-11　带梁天棚抹灰

【例 5-25】 根据教研办公楼图纸，对该工程首层 B-C 轴/3-4 轴的男卫生间及其前室的天棚抹灰工程进行计量与计价，请填写附表 B-1、附表 B-6、附表 B-9。

【例 5-25】答案解析及相关资料

难点二：天棚吊顶工程量计算

天棚吊顶龙骨、基层和面层要分开计算，其中龙骨按主墙间水平投影面积计算，基层和面层均按设计图示尺寸以展开面积计算，斜面龙骨按斜面计算。

解析：

【例 5-26】答案解析及相关资料

龙骨常见的有轻钢龙骨、木龙骨、铝合金龙骨等（天棚吊顶工程量计算详见【例 5-26】）。

【例 5-26】 根据教研办公楼图纸，对该工程首层 1-2 轴/B-C 轴间的天棚吊顶工程进行计量与计价，请填写附表 B-1、附表 B-6、附表 B-9。

3. 定额计价难点解析

天棚工程定额计价说明

难点一：天棚抹灰人材机调整

抹灰项目中砂浆配合比与设计不同时，可按设计要求予以换算；如设计厚度与定额取定厚度不同时，按相应项目调整。

解析：

抹灰面层中砂浆配合比、厚度不同均可调整。

难点二：跌级天棚定额子目套用

天棚面层按照其是否在同一标高，分为平面天棚和跌级天棚，跌级天棚面层不在同一标高，如高差在 400mm 以下、跌级三级以内的一般直线型平面天棚按跌级天棚相应项目执行；高差在 400mm 以上或跌级超过三级，以及圆弧形、拱形等造型天棚按吊顶天棚中的艺术造型天棚相应项目执行。

解析：

跌级天棚如图 5-12 所示，其中（*a*）按跌级天棚相应项目执行，（*b*）按艺术造型天棚相应项目执行。

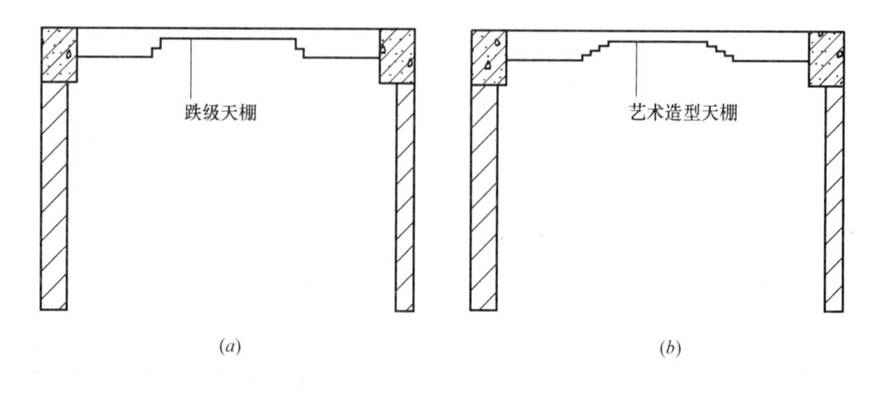

图 5-12 跌级天棚

（*a*）高差在 400mm 以下，跌级三级以内；（*b*）高差在 400mm 以上或跌级超过三级

难点三：特殊部位定额子目套用

檐口、阳台底面、雨篷底面或顶面及楼梯底面抹灰按天棚抹灰执行。

解析：

板式楼梯及锯齿形楼梯底面抹灰均需调整人材机，详见系数表（表 5-21）。

★在实际工程中与定额做法不一致时，用定额不能直接计算出工程量或分部分项工程费，定额中允许在系数上进行调整换算，本节工程系数汇总见表 5-21。

天棚工程工程系数汇总表　　　　**表 5-21**

分类		调整内容	调整系数
混凝土天棚刷素水泥浆或界面剂	按“第十二章 墙、柱面抹灰、装饰与隔断、幕墙工程”相应项目	人工乘以系数	1.15
跌级天棚其面层	按相应项目	人工乘以系数	1.30
轻钢龙骨、铝合金龙骨	龙骨为单层结构	人工乘以系数	0.85

5.2.11　油漆、涂料、裱糊工程

表 5-22　油漆、涂料、裱糊工程定额内容

1. 油漆、涂料、裱糊工程定额内容

油漆、涂料、裱糊工程定额内容（表 5-22）扫码获得。

2. 定额计量规则难点解析

难点：抹灰面油漆、涂料工程量计算

油漆、涂料、裱糊工程工程量计算规则

（1）抹灰面油漆、涂料（另作说明的除外）按设计图示尺寸以面积计算。

（2）墙面及天棚面刷石灰油浆、白水泥、石灰浆、石灰大白浆、普通水泥浆、可赛银浆、大白浆等涂料工程量按实际展开面积计算。

解析：

注意墙面及天棚面刷涂料按实际用量计算（墙面涂料工程量计算详见【例 5-27】）。

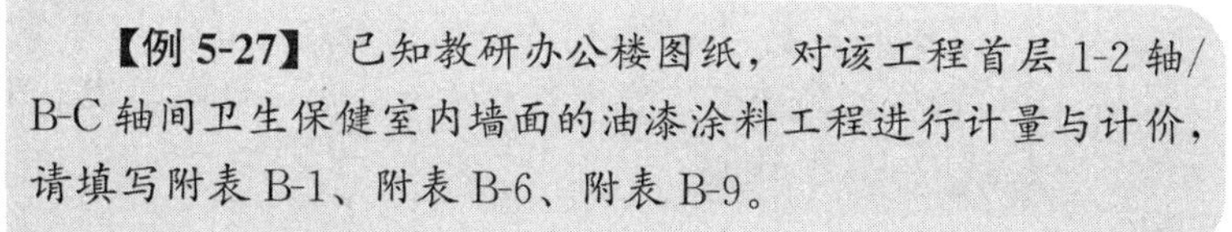

【例 5-27】 已知教研办公楼图纸，对该工程首层 1-2 轴/B-C 轴间卫生保健室内墙面的油漆涂料工程进行计量与计价，请填写附表 B-1、附表 B-6、附表 B-9。

【例 5-27】答案解析及相关资料

3. 定额计价难点解析

难点：设计遍数与定额遍数

油漆、涂料定额中均已考虑刮腻子。当抹灰面油漆、喷刷涂料设计与定额取定的刮腻子遍数不同时，可按本章喷刷涂料一节中刮腻子每增减一遍项目进行调整。

油漆、涂料、裱糊工程定额计价说明

解析：

根据不同的油漆、涂料，定额中取定的腻子遍数为一遍或二遍，不同时可进行人材机调整（涂料刷遍数不同详见【例 5-27】）。

★在实际工程中与定额做法不一致时，用定额不能直接计算出工程量或分部分项工程费，定额中允许在系数上进行调整换算，本节工程系数汇总见表 5-23。

油漆、涂料、裱糊工程工程系数汇总表 **表 5-23**

分类		调整内容	调整系数
门窗套、窗台板、腰线、压顶、扶手等抹灰面刷油漆	与整体墙面分色，单独计算，按墙面相应项目执行	人工乘以系数	1.43
独立柱抹灰面喷刷油漆、涂料、裱糊	按墙面相应项目执行	人工乘以系数	1.2
设计要求金属面刷二遍防锈漆	按金属面刷防锈漆一遍项目执行	人工乘以系数	1.74
		材料均乘以系数	1.90
艺术造型天棚吊顶、墙面装饰的积层板缝粘贴后浇带		人工乘以系数	1.2
木门采用单面刷油		人工、材料含量乘以系数	0.49

表 5-24 措施项目定额内容

5.2.12 措施项目

1. 措施项目定额内容

措施项目定额内容（表 5-24）扫码获得。

2. 定额计量规则难点解析

措施项目工程量计算规则

难点一：满堂脚手架工程量计算

满堂脚手架按室内净面积计算，其高度在 3.6～5.2m 之间时计算基本层，5.2m 以外，每增加 1.2m 计算一个增加层，不足 0.6m 按一个增加层乘以系数 0.5 计算。

解析：

其中满堂脚手架计算公式为：满堂脚手架增加层＝(室内净高－5.2)/1.2m（满堂脚手架工程量计算详见【例 5-28】）。

【例 5-28】答案解析及相关资料

【例 5-28】 根据教研办公楼图纸，对该工程首层 3-4 轴/B-C 轴间的脚手架工程进行计量与计价，请填写附表 B-1、附表 B-6、附表 B-9。

难点二：模板超高支撑工程量计算

现浇钢筋混凝土柱、梁、板、墙的支模高度是指设计室内地坪至板底、梁底或板面至板底、梁底之间的高度，以 3.6m 以内为准。超过 3.6m 部分模板超高支撑费用，按超过部分模板面积，套用相应定额乘以 1.2 的 n 次方（n 为超过 3.6m 后每超过 1m 的次数，若超过高度不足 1.0m 时，舍去不计）。支模高度超过 8m 时，按施工方案另行计算。

解析：

以柱为例，支撑高度超过 3.6m 工程量为（柱高−3.6）×边长之和，套用相应定额乘以的系数为：①当柱高≥3.6 且<4.6 时，n=0，舍去不计；②当柱高≥4.6 且<5.6 时，乘以系数 1.2；③当柱高≥5.6 且<6.6 时，乘以系数 1.44；④当柱高≥6.6 且<7.6 时，乘以系数 1.728；⑤当柱高≥7.6 且<8 时，乘以系数 2.704（柱、梁、板模板工程量计算详见【例 5-29】；墙模板工程量计算详见【例 5-30】）。

【例 5-29】答案解析及相关资料

【例 5-29】 根据教研办公楼图纸，对该工程首层 3-4 轴/B-C 轴间的 KL3、L2、KZ11、楼板的模板工程进行计量与计价，并填写附表 B-1、附表 B-6、附表 B-9。

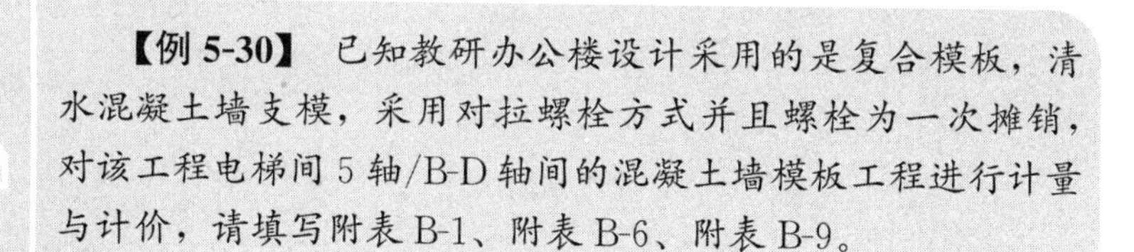

【例 5-30】 已知教研办公楼设计采用的是复合模板，清水混凝土墙支模，采用对拉螺栓方式并且螺栓为一次摊销，对该工程电梯间 5 轴/B-D 轴间的混凝土墙模板工程进行计量与计价，请填写附表 B-1、附表 B-6、附表 B-9。

【例 5-30】答案解析及相关资料

难点三：构造柱模板工程量计算

构造柱均应按图示外露部分计算模板面积。带马牙槎构造柱的宽度按马牙槎最宽处计算。

解析：

构造柱模板不能按照实际接触面积计算（构造柱模板工程量计算工程量计算详见【例 5-31】）。

【例 5-31】答案解析及相关资料

【例 5-31】 根据教研办公楼图纸，对该工程首层 3-4 轴/B-C 轴间的男卫生间及其前室的二次构件模板工程进行计量与计价，并填写附表 B-1、附表 B-6、附表 B-9。

难点四：地下室垂直运输工程量计算

地下室项目，按全现浇结构 30m 内相应项目的 80%计算，地上部分套用相应高度的定额项目。

解析：

【例 5-32】 已知教研办公楼施工方案中，垂直运输采用自升式塔式起重机（400kN·m），塔式起重机下面设置固定式基础（图 4-61），并配置单笼施工电梯（1t，75m），对该垂直运输工程、建筑物超高增加费、大型机械进出场及安拆及塔式起重机基础的工程量进行计量与计价（不包括基础拆除），请填写附表 B-1、附表 B-6、附表 B-9。

【例 5-32】答案解析及相关资料

建筑物垂直运输机械费，区分不同建筑物结构及檐高按建筑面积计算。地下室建筑面积与地上建筑面积分别计算（垂直运输详见【例 5-32】）。

3. 定额计价难点解析

难点一：综合脚手架和单项脚手架同时执行的定额子目套用和人材机调整

措施项目定额计价说明

(1) 满堂基础、条形基础底宽超过 3m 或独立基础高度（垫层上皮至基础顶面）超过 1.2m，按满堂脚手架基本层定额乘以系数 0.3 计算；高度超过 3.6m，每增加 1m 按满堂脚手架增加层定额乘以系数 0.3 计算。以上部分，在综合脚手架基础上，需要考虑满堂脚手架，根据不同基础进行不同系数调整。

(2) 砌筑高度在 3.6m 以外的砖内墙，按超过部分投影面积执行单排脚手架项目；砌筑高度在 3.6m 以外的砌块内墙，按超过部分投影面积执行双排脚手架项目。3.6m 以内范围计算综合脚手架，超过部分根据墙的材质不同，应用的脚手架项目不同。

(3) 墙面及天棚装饰工程用脚手架时，有以下情况：

① 内墙墙面装饰高度在 3.6m 以外的，超过部分执行内墙面装饰脚手架项目。

② 天棚装饰高度在 3.6m 以外的，执行满堂脚手架项目，如实际施工中未采用满堂脚手架，应按满堂脚手架项目基价的 30%计算脚手架费用。

③ 外墙高度在 3.6m 以上墙面装饰不能利用原砌筑脚手架时，可按实际发生计算脚手架。

④ 凡是室内计算了满堂脚手架，不再计算墙面装饰脚手架，只按每 $100m^2$ 墙面垂直投影面积增加改架一般技工工日 1.28 个。

解析：

当内墙和天棚装饰同时搭设脚手架时，如计算天棚装饰的脚手架，不再计算墙面装饰脚手架（满堂脚手架详见【例 5-28】）。

难点二：清水混凝土模板定额子目套用及人材机调整

当设计要求为清水混凝土模板时，执行相应模板项目，并作如下调整：复合模板材料换算为镜面胶合板，机械不变，其人工按表 5-25 增加一般技工工日。

解析：

清水混凝土模板，材料要进行换算（清水混凝土模板详见【例 5-30】）。

难点三：短肢剪力墙模板定额子目套用

短肢剪力墙是指截面厚度≤300mm，各肢截面长度与厚度之比的最大值>4 但≤8 的剪力墙；各肢截面长度与厚度之比的最大值≤4 的剪力墙执行柱项目。

解析：

剪力墙与短肢剪力墙需根据不同形式，分别考虑定额子目套用，具体分类方式详见措施项目计价说明。

难点四：女儿墙与栏板模板定额子目套用

（1）屋面混凝土女儿墙高度>1.2m 时执行相应墙项目，≤1.2m 时执行相应栏板项目。

（2）混凝土栏板高度（含压顶扶手及翻沿），净高按 1.2m 以内考虑，超 1.2m 时执行相应墙项目。

解析：

女儿墙高度如图 5-13 所示，（*a*）执行栏板项目，（*b*）执行墙项目

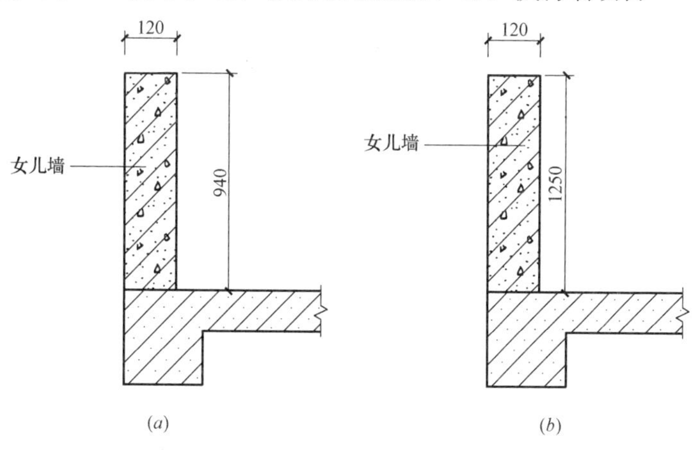

图 5-13　屋面混凝土女儿墙高度

（*a*）女儿墙高度≤1.2m；（*b*）女儿墙高度>1.2m

难点五：补现浇板及混凝土翻边模板定额子目套用

预制板间补现浇板缝执行平板项目。

与主体结构不同时浇筑的厨房、卫生间等处墙体下部现浇混凝土翻边的模板执行圈梁相应项目。

解析：

板缝模板执行平板模板（与混凝土一致），翻边与主体结构同时浇筑时执行主体结构模板。

难点六：电梯井壁支模高度

电梯井壁、电梯间顶盖按建筑物自然层层高确定支模高度。

解析：

根据建筑面积计算规范中，自然层为按楼地面结构分层的楼层，支模高度分层考虑（电梯井壁支模高度详见【例 5-30】）。

难点七：层高超高垂直运输增加费

本定额层高按 3.6m 考虑，超过 3.6m 者，应另计层高超高垂直运输增加费，每超过 1m，其超高部分按相应定额增加 10%，超高不足 1m 按 1m 计算。

解析：

多层及以上建筑物，层高不同时，要按楼层分别考虑，超高时考虑人材机调整（层高超高垂直运输增加费详见【例 5-32】）。

难点八：建筑物超高增加费

建筑物超高增加费定额适用于建筑物檐口高度超过 20m 的工程项目。单层建筑按相应项目乘以系数 0.6。其中建筑物超高增加费按建筑物的建筑面积计算，均不包括地下室部分。

解析：

建筑物檐口高度超过 20m 的工程需要计算建筑物超高增加费，单层建筑物要考虑人材机调整，地下室部分不计算（建筑物超高增加费详见【例 5-32】）。

难点九：大型机械进出场、安装塔式起重机基础处理

大型机械安拆费是安装、拆卸的一次性费用。进出场费中已包括往返一次的费用。

固定式基础适用于混凝土体积在 $10m^3$ 以内的塔式起重机基础，如超出者按实际混凝土工程、模板工程、钢筋工程分别计算工程量，按本定额相应项目执行。

解析：

每台大型机械进出场及安拆工程量为 1，塔式起重机基础分别计量时要结合各章规则及说明考虑（大型设备进出场及安拆详见【例 5-32】）。

★在实际工程中与定额做法不一致时，用定额不能直接计算出工程量或分部分项工程费，定额中允许在系数上进行调整换算，本节工程系数汇总见表 5-25。

措施项目工程系数汇总表 表 5-25

分类			调整内容	调整系数
脚手架工程	满堂基础、条形基础底宽超过 3m 或独立基础高度超过 1.2m	按满堂脚手架基本层	乘以系数	0.3
		高度超过 3.6m，每增加 1m 按满堂脚手架增加层	人工乘以系数	0.3
	室内计算满堂脚手架，不再计算墙面装饰脚手架	按每 $100m^2$ 墙面垂直投影面积增加	技工工日	1.28 个
	独立柱、现浇混凝土单（连续）梁	执行双排外脚手架定额项目	乘以系数	0.3
	架空运输道	架宽超过 2m	按相应项目乘以系数	1.2
		架宽超过 2m	按相应项目乘以系数	1.5
	水塔脚手架	按相应的烟囱脚手架	人工乘以系数	1.11

5.3 其他工程定额

按照工程建设涉及专业的不同，建筑工程定额可分为建筑及装饰工程定额、房屋修缮工程定额、市政工程定额、铁路工程定额、公路工程定额、矿山井巷工程定额、水利工程定额、水运工程定额等。为了贯彻落实创新、协调、绿色、开放、共享的发展理念，按照适用、经济、安全、绿色、美观的要求，推进建造方式创新，促进传统建造方式向现代工业化建造方式转

变，满足绿色建筑、装配式混凝土建筑工程的计价需要，合理确定和有效控制其工程造价，国内各省市积极开展绿色建筑工程定额、装配式建筑工程预算定额的编写工作。辽宁省自 2017 年开始，在原定额体系的基础上，新增加了《装配式建筑工程预算定额》《绿色建筑预算定额》，作为 2017《辽宁省建设工程计价依据》的组成部分，本节主要对这两种定额进行介绍。

5.3.1　绿色建筑工程定额

1. 绿色建筑工程定额概述

自 20 世纪 80 年代以来，绿色建筑的研究已成为国际关注的建筑议题及必然趋势，欧美、日本等地区和国家纷纷提出绿色建筑、可持续建筑、生态建筑等概念。我国也逐步开始重视绿色建筑，2016 年 3 月 5 日政府工作报告中提出：在深入新型城镇化过程中，要“积极推广绿色建筑和建材，大力发展装配式建筑”。大力发展新型建筑工业化，已上升成为推进社会经济发展的国家战略。住房城乡建设部《关于印发建筑业发展“十三五”规划》的通知表明，城镇新建民用建筑全部达到节能标准要求，能效水平比 2015 年提升 20%。到 2020 年，城镇绿色建筑占新建建筑比重达到 50%，新开工全装修成品住宅面积达到 30%，绿色建材应用比例达到 40%。2017 年 4 月 1 日，住房城乡建设部发布了《绿色建筑工程消耗量定额》，扎实推进绿色建筑市场发展。此后，各省市陆续出台了符合本省市的绿色建筑工程定额。

2. 辽宁省绿色建筑工程定额介绍

辽宁省建设工程计价依据《绿色建筑工程定额》，是依据现行国家标准《建设工程工程量清单计价规范》GB 50500、《13 房建计量规范》、《绿色建筑工程消耗量定额》TY01-01（02）—2017、国家有关现行产品标准、设计规范、施工及验收规范、技术操作规程、质量评定标准、安全操作规程以及新技术、新材料、新工艺在施工中的应用编制的。适用于辽宁省行政区域内的国有投资或国有投资为主的，按照国家《绿色建筑评价标准》GB/T50378—2014 要求进行设计、施工及验收的建筑工程项目。本定额是《房屋建筑与装饰工程定额》《通用安装工程定额》《市政工程定额》的补充，与之配套使用。定额仅包括绿色建筑中有代表性的定额项目，对绿色建筑中其他未包括的项目，应根据本定额有关说明按《房屋建筑与装饰工程定额》《通用安装工程定额》《市政工程定额》等相应项目及规定执行。定额包括节地与室外环境、节能与能源利用、节水与水资源利用、室内环境工程四个章节内容。辽宁省《绿色建筑工程定额》定额子目如图 5-14 所示。

2. 节能保温

(1) 屋面保温

工作内容：清理基层，调制砂浆，铺设加气混凝土砌块。　　　　计量单位：$100m^3$

清单编号	001011	001012	001013	001014
定额编号	20-142	20-143	20-144	20-145
项目	加气混凝土块			
	干铺		浆砌	
	厚度(mm)			
	180	每增减 10	180	每增减 10
综合单价(元)	5027.31	276.12	9125.96	311.51

图 5-14　辽宁省《绿色建筑工程定额》定额子目

清单编号			001011	001012	001013	001014
其中	人工费(元)		505.00	25.32	716.97	35.84
	材料费(元)		4441.50	246.75	8294.28	269.93
	机械费(元)		—	—	—	—
	综合费用(元)		80.81	4.05	114.71	5.74
名称		单位	消耗量			
人工	合计工日	工日	4.903	0.246	6.961	0.348
材料	加气混凝土砌块	m^3	18.900	1.050	17.810	1.050
	水泥砂浆 1∶3	m^3	—	—	21.400	0.119
	水	m^3	—	—	1.700	0.095

图 5-14 辽宁省《绿色建筑工程定额》定额子目（续）

【例 5-33】 根据《17 辽宁房建计价定额—绿色建筑工程定额》计算教研办公楼首层窗工程量及人材机费用。

解：

首层窗工程量及人材机费用见表 5-26、表 5-27。

开平窗安装人材机费用表 **表 5-26**

序号	定额编号	项目名称	单位	工程量	人工费/元	材料费/元	机械费/元	综合费用/元	合价/元
1	20-136	隔热断桥铝合金普通窗 平开窗安装	$100m^2$	1.39	2315.66	47201.25	—	370.5	69343.5

门窗工程计量表 **表 5-27**

序号	构件名称	单位	构件数量	计算式	单构件工程量	总工程量
1	BY1809	m^2	2	0.9×1.8	1.62	3.24
2	C0743	m^2	4	4.3×0.7	3.01	12.04
3	C0843	m^2	2	4.3×0.8	3.44	6.88
4	C0943	m^2	4	0.9×4.3	3.87	15.48
5	C1222	m^2	1	2.2×1.2	2.64	2.64
6	C1237	m^2	36	3.7×1.2	4.44	159.84
7	C1837	m^2	16	3.7×1.8	6.66	106.56
8	C0743a	m^2	8	4.3×0.7	3.01	24.08
9	C0843a	m^2	2	4.3×0.75	3.225	6.45

5.3.2 装配式建筑工程定额

1. 装配式建筑工程定额概述

装配式建筑是指用工厂生产的预制构件在现场装配而成的建筑，从结构形式来说，装配式混凝土结构、钢结构、木结构都可以称为装配式建筑，是工业化建筑的重要组成部分。装配式建筑在 20 世纪初就已引起人们的兴趣，到 20 世纪 60 年代终于实现并迅速在世界各地推广。2015 年以来，我国开始着手装配式建筑的规划工作，2015 年末发布《工业化建筑评价标准》，决定 2016 年全国全面推广装配式建筑并取得突破性进展；2016 年 2 月 22 日国务院出台《关于大力发展装配式建筑的指导意见》，要求要因地制宜发展装配式混凝土结构、钢结构和现代木结构等装配式建筑；2016 年 3 月 5 日政府工作报告提出要大力发展钢结构和装配式建筑，提高建筑工程标准和质量；2016 年 9 月 27 日国务院出台《国务院办公厅关于大力发展装配式建筑的指导意见》，对大力发展装配式建筑和钢结构重点区域、未来装配式建筑占比新建筑目标、重点发展城市进行了明确。2016 年 12 月，为贯彻落实《国务院办公厅关于大力发展装配式建筑的指导意见》有关“制修订装配式建筑工程定额”的要求，满足装配式建筑工程计价需要，住房城乡建设部编制了《装配式建筑工程消耗量定额》。此后，各省市陆续出台了符合本省市的装配式建筑工程消耗量定额。

2. 辽宁省装配式工程定额介绍

辽宁省建设工程计价依据《装配式建筑工程定额》，是依据国家《13 房建计价规范》《13 房建计量规范》《装配式建筑工程消耗量定额》TY01-01（01）—2016 编制的。定额适用辽宁省行政区域内的国有投资或国有投资为主的符合装配式建筑特征的建筑工程项目。定额是《房屋建筑与装饰工程定额》《通用安装工程定额》《市政工程定额》的补充，与之配套使用。定额内容包括装配式混凝土结构、钢结构、木结构建筑工程项目。定额包括装配式混凝土结构工程、装配式金属结构、装配式木结构工程、建筑构件及部品工程、措施项目五个章节内容。辽宁省装配式工程定额子目如图 5-15 所示。

(2) 钢柱安装

工作内容：放线、卸料、检验、划线、构件拼装加固，翻身就位、绑扎吊装、校正、焊接、固定、补漆、清理等。

计量单位：t

清单编号			001021	001022	001023	001024
定额编号			19-91	19-92	19-93	19-94
项目			3t 以内	8t 以内	15t 以内	25t 以内
综合单价(元)			625.52	567.98	720.76	849.09
其中	人工费(元)		247.02	200.48	184.03	216.25
	材料费(元)		170.07	149.33	132.52	139.30
	机械费(元)		145.61	160.42	323.08	395.64
	综合费用(元)		62.82	57.75	81.13	97.90
名称		单位	消耗量			
人工	合计工日	工日	2.760	2.240	2.056	2.416
材料	钢柱	t	(1.000)	(1.000)	(1.000)	(1.000)
	环氧富锌底漆	kg	1.060	1.060	1.060	1.060
	低合金钢焊条 E43 系列	kg	1.236	1.236	1.236	1.483
	金属结构铁件	kg	10.588	7.344	3.570	2.550
	二氧化碳气体	m^3	0.715	0.715	0.715	0.858

图 5-15　辽宁省装配式工程定额子目

【例 5-34】 根据《17 辽宁房建计价定额—装配式建筑工程定额》，假设教研办公楼框架柱采用装配式预制构件，试计算首层 2 轴/B 轴 KZ1 安装工程量及人材机费用。

解： 构件安装工程量按成品构件设计图示尺寸以 m^3 计算。

工程量：$0.6 \times 0.6 \times 5.4 = 1.944m^3$。

人材机费用见表 5-28。

人材机费用表 **表 5-28**

序号	定额编号	项目名称	单位	工程量	人工费/元	材料费/元	机械费/元	综合费用/元	合价/元
1	19-1	预制柱构件安装 实心柱	$10m^3$	0.1944	710.55	165.12	2.01	114.01	192.78

本章综合训练

（1）个人作业：

运用本章节所学的内容，根据教研办公楼首层 B-D 轴/4-5 轴图纸及标准图，完成该部分各项分部分项工程计量与计价，请填写附表 B-1、B-6、B-9。

（2）小组作业：

1）运用本章节所学的内容，重新对车棚工程各分部分项工程进行计量与计价。

2）运用本章节所学的内容，根据教研办公楼图纸及相关方案，完成该工程土石方分部分项工程计量与计价，请填写附表 B-1、B-6、B-9。

3）运用本章节所学的内容，根据教研办公楼图纸，完成该工程首层以下各分部分项工程计量与计价，请填写附表 B-1、B-6、B-9。

① 砌筑工程

② 混凝土及钢筋工程

③ 门窗工程

④ 屋面及防水工程

⑤ 保温、隔热、防腐工程

⑥ 楼地面工程

⑦ 墙、柱面装饰与隔断、幕墙工程

⑧ 天棚工程

⑨ 油漆、涂料、裱糊工程

⑩ 措施项目（模板工程）

4）推荐作业设置：

分部分项	作业内容	推荐位置
砌筑工程	砌块砌体	首层 B-D 轴/1-7 轴
混凝土、钢筋工程	现浇混凝土主体构件	首层 B-D 轴/1-7 轴
	现浇混凝土二次构件	首层 B-D 轴/1-7 轴
	梁钢筋	首层 B 轴/1-7 轴 KL14 首层 B 轴/1-7 轴 L9
	柱钢筋	B-C 轴/2-3 轴基础-顶层
	板、墙钢筋	首层 B-D 轴/1-7 轴
	二次构件钢筋	首层 B-D 轴/1-7 轴
	砌体拉结筋	首层 B-D 轴/1-7 轴
保温、隔热、防腐工程	墙面保温	首层 B-D 轴/1-7 轴
楼地面工程	—	首层 B-D 轴/1-7 轴
墙、柱面装饰与隔断、幕墙工程	空调板加零星抹灰	首层 B-D 轴/1-7 轴
措施项目	模板工程	首层 B-D 轴/1-7 轴

5）运用本章节所学的内容，根据教研办公楼屋面层图纸及标准图，完成该工程斜屋面防水及瓦屋面分部分项工程计量与计价，请填写附表 B-1、附表 B-6、附表 B-9。

本章总结与思考

通过回顾本章内容和教学目标，结合个人学习情况，思考下述目标你都实现了吗?

第 5 章　教学目标清单

类别	教学目标	是否实现(实现打√，没有打×)	未实现原因
知识目标	掌握房屋建筑与装饰工程定额工程量计算规则		
	掌握一般土建工程与装饰工程定额的应用		
	熟悉定额计价的基本原理		
	了解装配式建筑工程和绿色建筑工程等其他定额		
专业能力目标	具有结合工程实际准确选用定额子目的基本能力		
	具有运用定额规则计算工程量的基本能力		
	具有运用定额进行人、材、机费用和综合单价计取的能力		
	具有根据人、材、机市场价格进行工程费用调整的能力		
	具有实体项目和措施项目费用分析的能力		
其他	自行填写自己认为获得的其他知识、能力		

教学目标

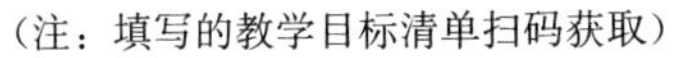
（注：填写的教学目标清单扫码获取）

第6章

施工图预算的编制

节 标 题	内 容
施工图预算概述	施工图预算的概念及其编制内容
	施工图预算的编制依据和原则
国内建筑安装工程费用取费参考	国内建筑安装工程费用计算方法及计价程序
	辽宁省建设工程费用计算方法及计价程序
施工图预算的编制和审查	单位工程施工图预算的编制
	单项工程综合预算的编制
	建设项目总预算的编制
	施工图预算的审查

知识目标

- 掌握施工图预算的编制与审查；
- 熟悉建筑安装工程费用计算方法和计价程序；
- 熟悉施工图预算的组成和内容；
- 了解施工图预算的编制依据和编制原则。

专业能力目标

- 具有根据实际工程及相关文件确定预算工程量的能力；
- 具有建安工程费及其他费用的计取能力；
- 具有预算定额及其他相关文件的应用能力；
- 具有运用现行文件和资料编制施工图预算的能力；
- 具有施工图预算的审查能力。

导学与思考

(1) 以车棚工程为例，如果编制该工程的施工图预算，预算中应当包括哪些费用？

(2) 以车棚工程为例，编制施工图预算可以采用哪几种方法？绘制采用不同方法编制施工图预算的流程。

6.1　施工图预算概述

20 世纪初，随着建筑业的发展，建筑市场开始按施工图计算工料费用。20 世纪 50 年代初正式建立了建筑工程预算制度，先后颁发了具有法规性质的预算定额；统一规定了概算和预算文件的组成和编制程序；制定了人工工日单价、材料预算价格、施工机具台班单价、管理费、利润等费用的计算方法。

6.1.1 施工图预算的概念及其编制内容

1. 施工图预算的概念和作用

（1）施工图预算的概念

施工图预算是以施工图设计文件为依据，按照规定的程序、方法和依据，在工程施工前对工程项目的工程费用进行预测与计算。施工图预算的成果文件称为施工图预算书，简称为施工图预算，它是在施工图设计完成后、工程开工前对建筑安装工程造价做出较为精确计价的技术经济文件。

施工预算与施工图预算的区别

施工图预算既可以是按照政府统一规定的预算定额、取费标准、计价程序计算而得到的属于计划或预期性质的价格；也可以是施工企业依据反映其自身能力的企业定额、资源市场单价以及市场供求及竞争状况计算得到的反映市场性质的价格。

（2）施工图预算的作用

施工图预算作为建设工程建设程序中一个重要的技术经济文件，在工程建设实施过程中具有十分重要的作用，根据主体不同可以归纳为以下几个方面：

1）施工图预算对投资方的作用

① 施工图预算是设计阶段控制工程造价不突破设计概算的重要措施；

② 施工图预算是确定工程招标控制价的依据；

③ 施工图预算是确定合同价款、拨付工程进度款及办理工程结算的基础；

④ 施工图预算是控制造价及确保资金合理使用的依据。

2）施工图预算对施工企业的作用

① 施工图预算是建筑施工企业投标报价的基础；

② 施工图预算是建筑工程预算包干的依据和签订施工合同的主要内容；

③ 施工图预算是施工企业安排调配施工力量、组织材料供应的依据；

④ 施工图预算是施工企业控制工程成本的依据；

⑤ 施工图预算是进行施工图预算和施工预算“两算”对比的依据。

3）施工图预算对其他方面的作用

① 对于工程咨询单位而言，尽可能客观、准确地为委托方做出施工图预算，不仅体现出其水平、素质和信誉，而且强化了投资方对工程造价的控制，有利于节省投资，提高建设项目的投资效益；

② 对于工程项目管理、监督等中介服务企业而言，客观准确的施工图预算是为投资方提供投资控制的依据；

③ 对于工程造价管理部门而言，施工图预算是其监督、检查执行定额标准、合理确定工程造价、测算造价指数以及审定工程招标控制价的重要依据；

④ 如果在履行合同的过程中发生经济纠纷，施工图预算还是有关仲裁、管理、司法机关按照法律程序处理、解决问题的依据。

2. 施工图预算的内容

施工图预算由建设项目总预算、单项工程综合预算和单位工程施工图预算组成。

建设项目总预算是反映施工图设计阶段建设项目投资总额的造价文件，是施工图预算文件的主要组成部分。由组成该建设项目的各个单项工程综合预算和相关费用组成，具体包括：建筑安装工程费、设备及工器具购置费、工程建设其他费用、预备费、建设期利息及铺底流动资金。施工图总预算应控制在已批准的设计总概算投资范围之内。

单项工程综合预算是反映施工图设计阶段一个单项工程造价的文件，是总预算的组成部分，由构成该单项工程的各个单位工程施工图预算组成，具体包括：各个单位工程的建筑安装工程费和设备及工器具购置费总和。

单位工程施工图预算是依据单位工程施工图设计文件、现行预算定额以及人工、材料和施工机具台班价格等，按照规定的计价方法编制的工程造价文件。具体包括：单位建筑工程预算和单位设备及安装工程预算。其中，单位建筑工程预算是建筑工程各专业单位工程施工图预算的总称，按其工程性质分为一般土建工程预算、给水排水工程预算、采暖通风工程预算、煤气工程预算、电气照明工程预算、弱电工程预算、特殊构筑物（烟囱、水塔等）工程预算以及工业管道工程预算等；安装工程预算按其工程性质分为机械设备安装工程预算、电气设备安装工程预算、工业管道工程预算和热力设备安装工程预算等。

施工图预算根据建设项目实际情况可采用三级预算编制或二级预算编制形式。当建设项目有多个单项工程时，应采用三级预算编制形式，由建设项目总预算、单项工程综合预算、单位工程施工图预算组成，如图 6-1 所示。当建设项目只有一个单项工程时，应采用二级预算编制形式，由建设项目总预算和单位工程施工图预算组成。

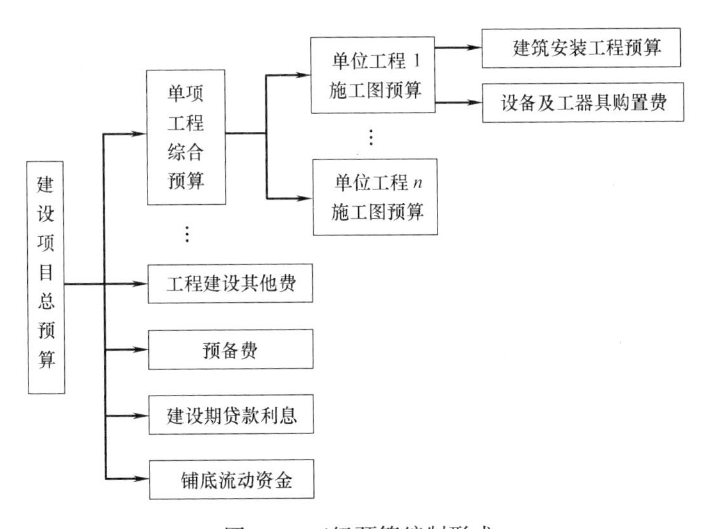

图 6-1　三级预算编制形式

采用三级预算编制形式的工程预算文件包括：封面、签署页及目录、编制说明、建设项目总预算表、其他费用计算表、单项工程综合预算表、单位工程取费表、单位工程预算表、分部分项工程工料分析表、单位工程人材机价差表等附表。采用二级预算编制形式的工程预算文件相比三级预算编制形式的预算文件少了单项工程综合预算表。预算文件表格的设计应能反映各种基本的经济指标，力求简单明了，计算方便。由于各省市、地区的预算规定不尽相同，预算用表无统一的格式。

6.1.2 施工图预算的编制依据和原则

1. 施工图预算的编制依据

施工图预算编制的核心体现为“量”“价”“费”三个要素，因此工程量要计算准确，定额及基价水平要确定合理，取费标准要按照工程造价管理机构发布的费用文件。总而言之，施工图预算的编制必须遵循以下依据：

① 国家、行业和地方的有关规定；

② 相应工程造价管理机构发布的预算定额；

③ 施工图设计文件、相关标准图集和规范；

④ 招标文件、施工合同、协议等项目相关文件；

⑤ 工程所在地的人工、材料、设备、施工机具等资源价格；

⑥ 施工组织设计和施工方案；

⑦ 各种费用标准；

⑧ 项目的管理模式、发包模式及施工条件；

⑨ 工具手册、工具书等其他应提供的资料。

2. 施工图预算的编制原则

（1）严格执行国家的建设方针和经济政策的原则

施工图预算要严格按照党和国家的方针、政策办事，坚决执行勤俭节约的方针，严格执行规定的设计和建设标准。

（2）完整、准确地反映设计内容的原则

编制施工图预算时，要认真了解设计意图，根据设计文件、图纸准确计算工程量，避免重复和漏算。

（3）坚持结合拟建工程的实际，反映工程所在地当时价格水平的原则

编制施工图预算时，要求实事求是地对工程所在地的建设条件、可能影响造价的各种因素进行认真的调查研究。在此基础上，正确使用定额、费率和价格等各项编制依据，按照现行工程造价的构成，根据有关部门发布的价格信息及价格调整指数，考虑建设期的价格变化因素，使施工图预算尽可能地反映设计内容、施工条件和实际价格。

6.2 国内建筑安装工程费用取费参考

建标［2013］44 号文将建筑安装工程费按费用构成要素划分为人工费、材料费、施工机具使用费、企业管理费、利润、规费和税金七个要素。为了指导工程造价专业人员计算建筑安装工程造价，将建筑安装工程费用按形成顺序划分为分部分项工程费、措施项目费、其他项目费、规费和税金五个部分。其中，要素中的人工费、材料费、施工机具使用费、企业管理费和利润包含在分部分项工程费、措施项目费和其他项目费用中。通常所说的施工图预算、招标标底价、投标报价和工程合同价都可以采用编制施工图预算的方法确定。

6.2.1　国内建筑安装工程费用计算方法及计价程序

1. 国内建筑安装工程费各项费用计算方法

本书第 2 章已经对人工费、材料费、施工机具使用费、企业管理费、利润、规费、税金各构成要素以及分部分项工程费、措施项目费、其他项目费、规费和税金造价形式进行了详细的阐述，本章不再详细列举各项费用的计算方法。

需要明确的是，分部分项工程费和《13 房建计量规范》规定应予计量的措施项目（如模板、脚手架、垂直运输等），应按照工程量×综合单价的方式计算。其中，综合单价包括人工费、材料费、施工机具使用费、管理费和利润五个构成要素，以及一定范围内的风险费用；《13 房建计量规范》不宜计量的措施项目（如安全文明施工费、冬雨期施工费等），应按照计算基数×费率的方式计算，其中，计算基数可以为定额基价（定额分部分项工程费＋定额中可以计量的措施项目费）、也可以是定额人工费或定额人工费和定额机械费之和，其费率由工程造价管理机构根据各专业工程的特点综合确定。夜间施工增加费和已完工程及设备保护费按照相应规定计算。

2. 国内建筑安装工程费计价程序（表 6-1）

建设单位工程招标控制价（施工企业投标报价）计价程序　　表 6-1

序号	内容	计算方法	金额(元)
1	分部分项工程费	按计价规定计算(自主报价)	
1.1			
1.2			
1.3			
1.4			
1.5			
……			
2	措施项目费	按计价规定计算(自主报价)	
2.1	其中:安全文明施工费	按规定标准计算	
3	其他项目费		
3.1	其中:暂列金额	按计价规定计算(按招标文件提供金额计列)	
3.2	其中:专业工程暂估价	按计价规定计算(按招标文件提供金额计列)	
3.3	其中:计日工	按计价规定计算(自主报价)	
3.4	其中:总承包服务费	按计价规定计算(自主报价)	
4	规费	按规定标准计算	
5	税金	(1＋2＋3＋4)×规定税率	
招标控制价(投标报价)合计＝1＋2＋3＋4＋5			

6.2.2　辽宁省建设工程费用计算方法及计价程序

1. 2017 年辽宁省建设工程费用计算方法

2017 年 5 月，辽宁省住房和城乡建设厅颁发了《辽宁省建设工程计价依据》，该计价依据中规定了建设工程的费用标准，凡是在辽宁省行政区域内的国有投资或国有投资资金为主的新建、扩建、改建房屋建筑与装饰工程、通用安装工程、市政基础设施工程均适用于该标准。该标准也是建设项目编制工程量清单、招标控制价、施工图预算、工程竣工结算的依据。

根据2017《辽宁省建设工程计价依据》，各项费用计算标准如下（按基础费率考虑）。

(1) 安全施工措施费：以建筑安装工程不含本项费用的税前造价为取费基数，房屋建筑工程基础费率为2.27%。

(2) 文明施工和环境保护费：《17辽宁房建计价定额》第1章、第16章以人工费与机械费之和的35%为取费基数，第2～15章、第17章以人工费和机械费之和为取费基数，基础费率为0.65%。

(3) 雨期施工费：《17辽宁房建计价定额》第1章、第16章以人工费与机械费之和的35%为取费基数，第2～15章、第17章以人工费和机械费之和为取费基数，基础费率为0.65%。

(4) 夜间施工增加费和白天施工需要照明费：夜间施工增加费为32元/工日，含夜餐补助费10元/工日和工效降低和照明设施折旧费22元/工日。白天施工需要照明为22元/工日。

(5) 二次搬运费：按批准的施工组织设计或签证计算。

(6) 冬期施工费：《17辽宁房建计价定额》第1章、第16章以人工费与机械费之和的35%为取费基数，第2～15章、第17章以人工费和机械费之和为取费基数，基础费率为3.65%。

(7) 已完工程及设备保护费：按批准的施工组织设计或签证计算。

(8) 市政工程施工干扰费：仅对符合发生市政工程干扰情形的工程项目或项目的一部分，方可计取该项费用，按对应工程量的人工费与机械费之和的4%计取该项费用。

(9) 企业管理费：《17辽宁房建计价定额》第1章、第16章以人工费与机械费之和的35%为取费基数，第2～15章、第17章以人工费和机械费之和为取费基数，基础费率为8.5%。

(10) 利润：《17辽宁房建计价定额》第1章、第16章以人工费与机械费之和的35%为取费基数，第2～15章、第17章以人工费和机械费之和为取费基数，基础费率为7.5%。

(11) 规费：招标工程，投标人在投标报价时，根据有关部门的规定及企业缴纳支出情况，自行确定；非招标工程，在施工合同中根据有关部门的规定及企业缴纳支出情况约定规费费率。

(12) 税金：按财税［2016］36号相关规定执行。

上述费用标准中的各项费用均不包含增值税可抵扣进项税额。其中企业管理费、利润、文明施工费、环境保护费、雨期施工费、冬期施工费、市政工程施工干扰费均为社会平均水平的基础费率，投标人在投标报价或非招标工程在签订施工合同时，应考虑工程复杂程度、工程规模、工期要求、风险等因素确定费率。

2. 2017年辽宁省建设工程费用计价程序（表6-2）

2017年辽宁省建设工程计价依据

辽宁省建设工程费用计价程序表　　表6-2

序号	费用项目	计算方法	金额
1	工程定额分部分项工程费、技术措施费合计	工程量×定额综合单价＋主材费	
1.1	其中人工费＋机械费		
2	一般措施项目费(不含安全施工措施费)		
2.1	环境保护和文明施工费	1.1×费率(按规定或施工组织设计或签证)	
2.2	雨期施工费	1.1×费率(按规定或施工组织设计或签证)	
3	其他措施项目费		
3.1	夜间施工增加费	按规定计算	
3.2	二次搬运费	按批准的施工组织设计或签证计算	
3.3	冬期施工费	1.1×费率	
3.4	已完工程及设备保护费	按批准的施工组织设计或签证计算	
3.5	市政工程干扰费	1.1×费率	
4	其他项目费		
4.1	暂列金额		
4.2	计日工		
4.3	总承包服务费		
4.4	暂估价		
5	工程定额分部分项工程费、措施项目费(不含安全施工措施费)、其他项目费合计	1＋2＋3＋4	
5.1	其中:企业管理费	1.1×费率	
5.2	其中:利润	1.1×费率	
6	规费		
6.1	社会保障费	1.1×费率	
6.2	住房公积金	1.1×费率	
6.3	工程排污费	按工程所在地规定计算	
7	安全施工措施费	(5＋6)×费率	
8	税费前工程造价合计	5＋6＋7	
9	税金	8×规定费率	
10	工程造价	8＋9	

6.3 施工图预算的编制和审查

施工图预算由单位工程施工图预算、单项工程施工图预算、建筑工程总预算三个层次组成，其中单位工程施工图预算的编制是核心。单项工程综合预算和建筑工程总预算则是在单位工程施工图预算的基础上，按三级预算的组成关系分别汇总计算。

6.3.1 单位工程施工图预算的编制

单位工程施工图预算包括建筑工程费、安装工程费和设备及工器具购置费。单位工程施工图预算中的建筑安装工程费应根据施工图设计文件、预算定额（或综合单价）、取费标准以及人工、材料及施工机具台班等价格资料进行计算。它的编制方法较为多样，主要编制方法有单价法和实物量法，其中单价法分为工料单价法和全费用综合单价法。在单价法中，使用较多的是工料单价法。不同的编制方法，在编制建筑安装工程费时有着不同的编制程序和内容。

工料单价法是用事先编制好的分项工程的单位估价表编制施工图预算的方法。全费用综合单价法是指根据招标人按照国家统一的工程量计算规则提供工程数量，采用全费用综合单价的形式计算工程造价的方法。实物量法是依据施工图纸和预算定额的项目划分及工程量计算规则，先计算出分项工程量，然后套用预算定额（实物量定额）编制施工图预算的方法。

1. 建筑安装工程费计算

（1）工料单价法

工料单价法便于技术经济分析，是目前编制建筑安装工程费时普遍采用的方法。它是将各分项工程（包含可计量措施项目）的单价作为工料单价，用分项工程量乘以对应工料单价得到该分项工程的人工费、材料费、施工机具使用费，并将所有的分部分项工程人材机汇总后形成该单位工程的人工费、材料费和施工机具使用费，再根据取费文件规定的计算方法计取企业管理费、利润、规费和税金，将上述费用汇总后得到该单位工程的建筑安装工程预算造价。工料单价法中的单价一般采用地区统一单位估价表中的各分项工程工料单价（定额基价）。

工料单价法计算公式为：

$$建筑安装工程预算造价=\sum(分项工程量\times分项工程工料单价)+企业管理费+利润+规费+税金 \tag{6-1}$$

工料单价法的编制步骤，如图 6-2 所示。

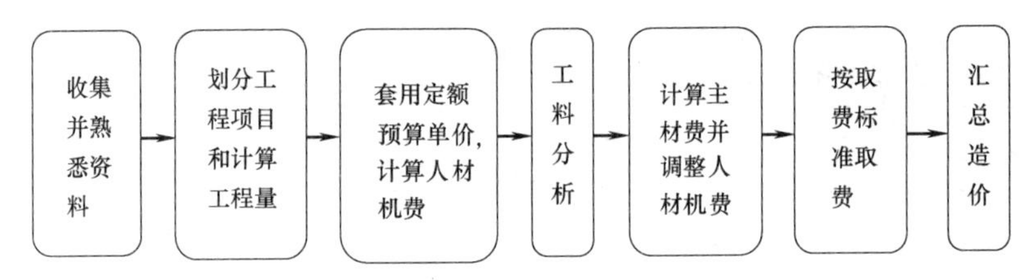

图 6-2 工料单价法编制步骤

1）收集并熟悉资料

① 全面收集编制施工图预算的编制依据，其中主要包括施工图纸、施工组织设计、施工方案、现行建筑安装定额、取费标准、工程量计算规则和地区材料预算价格以及市场材料价格等各种相关资料。资料收集清单如表 6-3 所示。

工料单价法收集资料一览表 **表 6-3**

资料分类	资料内容
国家规范	国家或省级、行业建设主管部门颁发的计价依据和办法
	预算定额

续表

资料分类	资料内容
地方规范	××地区建筑工程消耗量标准
	××地区建筑装饰工程消耗量标准
	××地区安装工程消耗量标准
建设项目有关资料	建设工程设计文件及相关资料，包括施工图纸等
	施工现场情况、工程特点及常规施工方案
	经批准的初步设计概算或修正概算
	工程所在地的劳资、材料、税务、交通等方面资料
其他有关资料	—

② 熟悉施工图纸、有关的通用标准图、图纸会审记录、设计变更通知等资料。检查施工图纸是否齐全，施工图与设计说明是否一致，施工图尺寸是否有误，了解设计意图、施工工艺、材料设备规格型号的选用等，提前了解工程全貌，若发现错误应及时纠正。

③ 全面分析各分部分项工程，了解施工组织设计和施工现场情况。充分了解施工组织设计和施工方案，如工程进度、施工方法、人员使用、材料消耗、施工机械、技术措施等内容，注意影响费用的关键因素；核实施工现场情况，包括工程所在地的地质、地形、地貌等情况，工程实地情况，当地水文资料、气象资料、当地材料供应地点及运距、水电供应情况等；了解工程布置、地形条件、施工条件、料场开采条件、场内外交通运输条件等。

2）划分工程项目和计算工程量

根据工程造价分部组合计价原理，首先将单位工程划分为若干分项工程，划分的项目必须和定额规定的项目一致，这样才能正确地套用定额。不能重复列项计算，也不能漏项少算。工程量应严格按照图纸尺寸和现行定额规定的工程量计算规则进行计算，工程量应遵循一定的顺序逐项计算，避免漏算和重算。工程量全部计算完成后，要对分项工程和工程量进行整理，即合并同类项，为下一步套用定额预算单价打下基础。

① 根据工程内容和定额项目，列出需计算工程量的分部分项工程和可以计量的措施项目，例如：脚手架工程量、混凝土模板与支架工程量等。

② 根据一定的计算顺序和计算规则，列出分部分项和可计量的措施项目的工程量的计算式，工程量计算口径必须与预算定额一致，不能将定额子目中已包含的工作内容另列子目计算。

③ 根据施工图纸上的设计尺寸及有关数据，代入计算式进行数值计算。

④ 对计算结果的计量单位进行调整，使之与定额中相应的分部分项工程的计量单位保持一致。

3）套用定额预算单价，计算直接费

工程量计算结果核对无误后，将各分项工程（包含可计量的措施项目）的定额基价乘以定额单位的工程量，即得出合价，汇总求出直接费。套用定额预算单价时需要注意以下几个问题：

① 分项工程的名称、规格、计量单位与预算单价或单位估价表中所列内容完全一致

时，可以直接套用预算单价。

② 分项工程的主要材料品种与预算单价或单位估价表中规定材料不一致时，不可以直接套用预算单价，需要按实际使用材料价格换算预算单价。

③ 分项工程施工工艺条件与预算单价或单位估价表不一致而造成人工、机具的数量增减时，一般调量不调价。

④ 分项工程采用新材料、新工艺或新结构，不能直接套用预算单价或单位估价表，也不能换算或调整时，应编制补充定额，在定额编号后加“补”字注明，以示区别，并报请当地建设主管部门批准，作为一次性定额纳入预算文件。

4）编制工料分析表

工料分析是按照各分项工程（包含可计量措施项目），依据定额或单位估价表，首先从定额项目表中分别将各分项工程消耗的每项材料和人工的定额消耗量查出；再分别乘以该工程项目的工程量，得到各分项工程（包含可计量措施项目）工料消耗量，最后将各分项工程工料消耗量加以汇总，得出单位工程人工、材料的消耗数量，即：

人工消耗量＝某工种定额用工量×某分项工程工程量(包含可计量措施项目) (6-2)

材料消耗量＝某种材料定额用量×某分项工程工程量(包含可计量措施项目) (6-3)

分项工程工料分析表如表 6-4 所示。

分项工程工料分析表 **表 6-4**

项目名称： 编号：

序号	定额编号	分项工程名称	单位	工程量	人工（工日）	主要材料			其他材料费(元)
						材料 1	材料 2	……	

编制人： 审核人：

材料按照其预算属性可分为两大类：第一类是需进行量差或价差调整的材料；第二类是不需要进行量差及价差调整的材料。从预算的角度讲，第一类材料必须进行材料分析才能进行相应的调整，而第二类材料无须进行材料分析。从承包商内部的角度讲，由于施工图预算是施工企业安排调配施工力量、组织材料供应的依据。所以，承包商一般对第二类材料也进行材料分析。

5）计算主材费并调整人、材、机费用

针对一些未计算主材费的定额子目，需要单独计算出主材费，主材费采用的是当时当地的市场价格。计算完成后将主材费的价差加入人、材、机费用之和。其他主要材料价差指主要工程材料执行期的市场价格与预算价格之差。

6）按计价程序和取费标准计取其他费用，并汇总造价

根据当地的取费文件和其他有关规定，分别计算不可计量的措施项目费，企业管理费、利润、规费和税金。并将上述费用累计后与直接费进行汇总，求出单位工程的施工图预算造价。与此同时，计算工程的技术经济指标，如单方造价等。

7）复核

对项目列项、工程量计算公式、计算结果、套用定额预算单价、取费基数、取费费

率、数字计算结果、数据精确度等进行全面复核，及时发现差错并修改，以保证预算的准确性。

8）填写封面、编制说明

封面应写明工程编号、工程名称、预算总造价和单方造价等，将封面、编制说明、单位工程取费表、单位工程预算表、分部分项工程工料分析表、单位工程人材机价差表等按顺序编排并装订成册，便完成了单位工程施工图预算的编制工作。

（2）全费用综合单价法

全费用综合单价法指完成一个规定计量单位的分部分项工程或可计量措施项目所需的人工费、材料费、施工机具使用费、企业管理费、利润、规费以及税金。采用全费用综合单价法编制单位工程施工图预算的程序与工料单价法大体相同，只是直接采用包含全部费用和税金等项在内的综合单价进行计算，过程更加简单，其目的是适应目前推行的全过程全费用单价计价的需要。

全费用综合单价法的编制步骤，如图 6-3 所示。

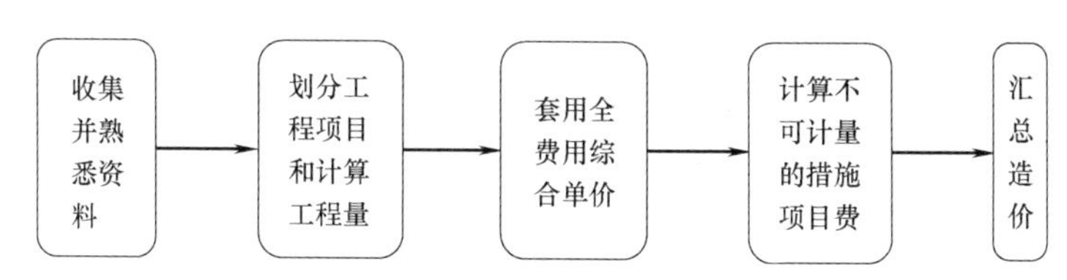

图 6-3　全费用综合单价法编制步骤

1）综合单价的计算

各子目的综合单价的计算可通过预算定额及其配套的费用定额确定。其中人工费、材料费、施工机具使用费应根据相应的预算定额子目的人材机要素消耗量，以及报告编制期人材机的市场价格（不含增值税进项税额）等因素确定；管理费、利润、规费、税金等应依据预算定额配套的费用定额或取费标准，并依据报告编制期拟建项目的实际情况、市场水平等因素确定。

2）综合单价的套用

各分部分项工程子目以及可计量措施项目的工程量按照预算定额的项目划分及其工程量计算规则计算，然后乘以各子目的综合单价，进行费用汇总。

（3）实物量法

实物工程量法（简称实物量法）是一种“量”与“价”分离的编制方法，其中“量”是各分项工程的实物工程量，“价”是当时当地的市场价格。即根据施工图和各地区、各部门编制的预算定额或者施工定额，按分部分项的顺序，先计算出各分项工程（包括可计量的措施项目）的工程量，各分项工程量分别乘以地区定额中人工、材料、施工机具台班的定额消耗量，分类汇总得出该单位工程所需的全部人工、材料、施工机具台班消耗数量，然后再分别乘以当时当地人工工日单价、各种材料单价、施工机具台班单价、施工仪器仪表台班单价，汇总得到人工费、材料费、施工机具使用费，再根据当时当地建筑市场供求情况以及取费规定计算出企业管理费、利润、规费和税金等，汇总得到建筑安装工程预算造价。

实物量法编制建筑安装工程预算的公式为：

单位工程人、材、机费用＝综合工日消耗量×综合工日单价＋∑(各种材料消耗量×相应材料单价)＋∑(各种施工机械消耗量×相应施工机械台班单价)＋∑(各施工仪器仪表消耗量×相应施工仪器仪表台班单价)　(6-4)

建筑安装工程预算造价＝单位工程人、材、机费用＋企业管理费＋利润＋规费＋税金　(6-5)

实物量法的编制步骤，如图 6-4 所示。

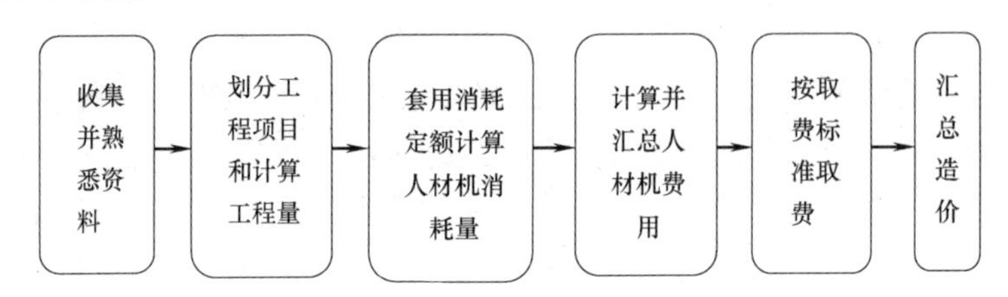

图 6-4　实物量法编制步骤

1）收集并熟悉资料

实物量法收集并准备资料时，除准备工料单价法的各种编制资料外，重点应全面收集工程造价管理机构发布的工程造价信息及各种市场价格信息，如人工、材料、机械台班、仪器仪表台班当时当地的实际价格，应包括不同品种、不同规格的材料单价，不同工种、不同等级的人工工资单价，不同种类、不同型号的机械和仪器仪表台班单价等，要求获得的各种实际价格应全面、系统、真实和可靠。

2）划分工程项目和计算工程量

具体工作内容与工料单价法相应步骤内容相同。

3）套用消耗定额，并计算人工、材料、机械台班消耗量

根据地方预算定额或者消耗量定额中的人工、材料、施工机具台班的定额消耗量，乘以各分项工程的工程量，分别计算出各分项工程所需的各类人工工日的数量、各类材料消耗数量和各类施工机具台班数量，然后汇总得到单位工程需要的人工、材料、施工机具台班的消耗量。

4）计算并汇总人工、材料、施工机具使用费

根据当时当地工程造价管理部门定期发布的或企业根据市场价格确定的人工工资单价、材料单价、施工机械台班单价、施工仪器仪表台班单价分别乘以人工、材料、施工机具台班的消耗量，汇总得到单位工程的人工费、材料费、施工机具使用费，即单位工程直接费。

5）按计价程序和取费标准计取其他费用，并汇总造价

具体工作内容与工料单价法相应步骤内容相同。

6）复核

对项目列项、工程量计算公式、计算结果、人工、材料、施工机具台班消耗量的数量、市场价格的合理性、取费基数、取费费率、数字计算结果、数据精确度等进行全面复核，及时发现差错并修改，以保证预算的准确性。

7）填写封面、编制说明

封面应写明工程编号、工程名称、预算总造价和单方造价等，将封面、编制说明、单

位工程取费表等按顺序编排并装订成册，便完成了建筑安装工程预算的编制工作。

工料单价法是目前国内编制施工图预算的主要方法，其优点是：计算简单、工作量小、编制速度快、便于工程造价管理部门集中统一管理；缺点是：由于预算定额的价格水平只能反映定额编制年份的价格水平，所以只能通过调价差进行调整。实物量法与工料单价法首尾部分的步骤基本相同，所不同的主要是中间两个步骤，即：①采用实物量法计算工程量后，套用相应人工、材料、施工机具台班预算定额消耗量，求出各分项工程人工、材料、施工机具台班消耗数量并汇总成单位工程所需各类人工工日、材料、施工机具台班的消耗量；②采用实物量法，采用的是当时当地的各类人工工日、材料、施工机械台班、施工仪器仪表台班的实际单价分别乘以相应的人工工日、材料和施工机具台班总的消耗量，汇总后得出单位工程的人工费、材料费、施工机具施工费。用实物量法编制施工图预算，能较好地反映实际价格水平，工程造价的准确性高。因此，实物量法是与市场经济体制相适应的预算编制方法。

请采用适当的编制方法完成下面的例题。

【例 6-1】 在车棚工程中，该地区土壤为二类土，经现场调查车棚建设位置有一个土坑，位于 6 轴与 8 轴之间，坑底位于 7 轴上的基础的正下方，土坑的表面积约为 $4m^2$，底面积约为 $2m^2$，坑深 2m，坑体积为 $7m^3$，其中标高－1.7m 以下的土坑体积是 $2m^3$，标高－0.3m 以上的土坑体积是 $1.5m^3$。经测量建筑物场地厚度在±10cm 以内。详细施工方案及相关信息扫码获得。请各小组分别以业主身份编制参考预算价，以承包商身份分别编制两份投标报价，请填写附表 B-6、附表 B-9、附表 B-3、附表 B-10。

【例 6-1】答案解析及相关资料

2. 设备及工器具购置费计算

设备及工器具购置费由设备原价和设备运杂费构成；未达到固定资产标准的工器具购置费一般以设备购置费为计算基数，按照规定的费率计算。设备及工器具购置费编制方法及内容可参照本书第 2 章相关内容。

单位工程施工图预算表

3. 单位工程施工图预算书编制

单位工程施工图预算由建筑安装工程费和设备及工器具购置费组成，将计算好的建筑安装工程费和设备及工器具购置费相加，即得到单位工程施工图预算，即

$$单位工程施工图预算＝建筑安装工程预算＋设备及工器具购置费 \tag{6-6}$$

2019 年 6 月部分材料市场价

单位工程施工图预算由单位建筑工程预算书和单位设备及安装工程预算书组成。单位建筑工程预算书主要由建筑工程预算表和建筑工程取费表构成；单位设备及安装工程预算书主要由设备及安装工程预算表和设备及安装工程取费表构成。具体表格形式请扫码查看。

【例 6-2】答案解析及相关资料

【例 6-2】 依据《17 辽宁房建计价定额》和《17 辽宁建设工程费用标准》，根据第 5 章例题【例 5-11】确定的预制板相关信息，结合本章节学习的内容，用工料单价法编制教研办公楼预制板工程的施工图预算。

提示：

(1) 阅读上述编制依据，确定本工程各项费用的费率（按基础费率执行）；

(2) 本工程不考虑其他措施项目费、其他项目费；

(3) 工程量可以直接读取【例 5-11】相关数据；

(4) 2019 年 6 月部分材料市场价扫码获取（人工费不予调整）。

6.3.2 单项工程综合预算的编制

单项工程综合预算由各个单位工程的建筑安装工程费和设备及工器具购置费汇总而成。

单项工程综合预算表

单项工程综合预算的公式为：

$$单项工程综合预算=\sum 单位工程施工图预算 \tag{6-7}$$

单项工程预算书主要由综合预算表构成，综合预算表格形式请扫码查看。

6.3.3 建设项目总预算的编制

建设项目总预算由组成建设项目的各个单项工程综合预算，以及经计算的工程建设其他费、预备费、建设期利息和铺底流动资金汇总而成。

流动资金与铺底流动资金的区别

采用三级预算编制形式的建设项目总预算由单项工程综合预算和工程建设其他费、预备费、建设期利息及铺底流动资金汇总而成，计算公式为：

$$建设项目总预算=\sum 单项工程综合预算+工程建设其他费+预备费+建设期利息+铺底流动资金 \tag{6-8}$$

采用二级预算编制形式的建设项目总预算由单位工程施工图预算和工程建设其他费、预备费、建设期利息及铺底流动资金汇总而成，计算公式为：

$$建设项目总预算=\sum 单位工程施工图预算+工程建设其他费+预备费+建设期利息+铺底流动资金 \tag{6-9}$$

建设项目总预算表

工程建设其他费、预备费、建设期利息及铺底流动资金的具体编制方法可参照本书第 2 章相关内容。以建设项目施工图预算编制时为界线，若上述费用已经发生，按合理发生金额列计；如果还未发生，按照原概算内容和本阶段的计费原则计算列入。

建设项目总预算表格形式请扫码查看。

6.3.4 施工图预算的审查

编制施工图预算要求编制人员具有较高的业务水平和良好的职业道德，但在实际工作中，可能会存在编制人员自身业务知识水平不足或者工作疏忽的情况，使得施工图预算有时不能真实反映工程实际造价，甚至严重违背工程实际造价。为了提高施工图预算的编制质量，正确反映设计的经济性，合理地确定工程造价，提高经济效益，在施工图预算编制后，必须对其进行认真审查。

1. 施工图预算审查的依据

审查施工图预算，有利于消除高估冒算、错算漏算，提高预算的准确性，审查施工图预算时参照的依据有：

① 施工图设计资料；

② 工程承发包合同或意向协议书；

③ 国家或省级、行业建设主管部门颁发的计价定额和计价办法；

④ 施工组织设计或技术措施方案；

⑤ 国家及省、市造价管理部门有关规定；

⑥ 与建设项目相关的标准、规范、技术资料；

⑦ 工程造价管理机构发布的工程造价信息；

⑧ 工程造价信息没有发布的，参考市场价格。

2. 施工图预算审查的内容

审查施工预算的重点，应放在工程量的计算、预算单价的套用是否正确，各项费用标准是否符合现行规定等方面。

(1) 工程量的审查

工程量的审查要根据设计图纸、工程量计算规则与已计算出来的工程量计算表进行审查。如发现错算、漏算、重算问题应及时进行纠正。

(2) 审查预算单价的套用是否正确

① 预算中所列的分项工程的名称、规格、计量单位和预算单价是否与预算定额相符；

② 对于换算的定额子目单价，审查定额是否允许换算，若允许换算，则审查换算是否正确；

③ 审查补充定额是否符合编制原则。

(3) 其他各项费用的审查

审查其他有关费用的计算基础、取费费率是否符合费用标准和有关部门的现行规定，有无多算和重复的现象。

3. 施工图预算的审查方法

(1) 全面审查法

全面审查法又称为逐项审查法，审核人根据施工图纸全面计算工程量，与审核对象的工程量逐一进行对比，并根据预算定额逐项检查审核对象的预算单价。该方法的优点是审查全面、细致、审查质量高，审查效果好，缺点是工作量大，因此适用于工程量比较小、工艺比较简单的工程。

(2) 标准预算审查法

对利用标准图样或者通用图样的工程，可以先编制标准预算，以此为标准来审查工程预算。按标准图样施工的工程，一般上部结构和做法相同，只是根据现场施工条件或地质情况不同，仅对基础部分做局部改变。此种工程以标准预算为准，对局部修改部分进行单独审核，不需要全面审核。该方法优点是时间短、效果好、易定案，缺点是适用范围比较小。

（3）分组计算审查法

分组计算审查法是将审核对象中相邻且由一定内在联系的分部分项工程进行编组，审查或计算同一组中某个分项工程量，利用工程量之间具有相同或相似计算基础关系，判断同组中其他几个分项工程量计算是否准确的一种方法。该方法的优点是审核速度快、工作量小。

（4）对比审查法

对比审查法是用已建成工程的预算或虽未建成但已审查修正的工程预算对比审查拟建的类似工程预算的一种方法。适用于设计相同，但建筑面积不同的两个工程；或者采用同一个施工图纸，但基础部分和现场条件不同的两个工程；或者建筑面积相同，但设计图纸不完全相同的两个工程等。

（5）筛选审查法

筛选审查法是统筹法的一种，也是一种对比方法。不同的建筑工程虽然建筑面积和高度会不同，但是它们的各分部分项工程的工程量、造价、用工量等在单位面积上的数值变化不大。通过归纳工程量、价格、用工三个方面基本指标来筛选各分部分项工程，对不符合条件的进行详细审查，若审查对象的预算标准与基本指标的标准不同，就要对其进行调整。该方法的优点是简单易懂，便于掌握，审查速度快，便于发现问题；缺点是不易发现问题产生的原因。

（6）重点抽查法

重点抽查法类似于全面审核法，但是与全面审核法的审核范围不同。该方法有侧重，一般选择工程量大或者造价较高、工程结构复杂的工程部位、补充的定额子目、计取的各项费用等。该方法的优点是重点突出、审查时间短、效果好。

（7）分解对比审查法

分解对比审查法是把一个单位工程按人工费、材料费、施工机具使用费之和与企业管理费和规费进行分解，然后再把人工费、材料费、施工机具使用费之和按工种和分部工程进行分解，分别与审定的标准预算进行对比分析的方法。

本章综合训练

（1）个人作业：

① 结合车棚工程说明编制施工图预算有哪些作用？

② 结合所学知识梳理车棚工程工程的施工图预算包括哪些内容？

③ 结合车棚工程分析编制施工图预算的计价程序。

④ 结合车棚工程土方背景材料，阐述用工料单价法编制单位工程施工图预算的步骤。

⑤ 通过对车棚工程土方工程施工图预算的编制，说明工料单价法、实物量法和综合单价法各自的特点。

⑥ 思考是否需要对车棚工程的施工图预算进行审查。如果需要审查，可以采用的审查方法有哪些？

（2）小组作业：

① 结合第 5 章例题【例 5-6】，用工料单价法编制教研办公楼图纸首层 B-C 轴/3-4 轴的男卫生间及其前室的砌筑工程的施工图预算，已知该工程填充墙采用蒸压粉煤灰加气混凝土砌块（600mm×190mm×240mm），干混砌筑砂浆 DM M5。

② 根据第 5 章例题【例 5-11】确定的预制板相关信息，结合本章节学习的内容，用实物量法编制教研办公楼预制板工程的施工图预算。其中，市场价格信息可以扫码参考 2019 年 6 月材料市场价，没有价格的可自行采用适当的方法进行询价，费率采用《17 辽宁建设工程费用标准》中的基础费率，不考虑其他措施项目费、其他项目费和规费。

本章总结与思考

通过回顾本章内容和教学目标，结合个人学习情况，思考下述目标你都实现了吗？

第 6 章　教学目标清单

类别	教学目标	是否实现(实现打√，没有打×)	未实现原因
知识目标	掌握施工图预算的编制与审查		
	熟悉建筑安装工程费用计算方法和计价程序		
	熟悉施工图预算的组成和内容		
	了解施工图预算的编制依据和原则		
能力目标	具有根据实际工程及相关文件确定预算工程量的能力		
	具有建安工程费及其他费用的计取能力		
	具有预算定额及其他相关文件的应用能力		
	具有运用现行文件和资料编制施工图预算的能力		
	具有施工图预算的审查能力		
其他	自行填写自己认为获得的其他知识、能力		

教学目标

（注：填写的教学目标清单扫码获取）

第7章

工程量清单编制及计价

节　标　题	内　　容
工程量清单概述	工程量清单计价制度
	工程量清单计价规范简介
	工程量清单计价规范中的常见术语
	工程量清单计价规范的一般规定
工程量清单的编制	工程量清单的组成及一般规定
	分部分项工程项目清单
	措施项目清单
	其他项目清单
	规费和税金项目清单
工程量清单计价	工程量清单计价的程序
	招标控制价的编制
	投标报价的编制
	定额计价模式与清单计价模式的区别
工程量清单计价主要表格	表格组成
	封面和扉页
	总说明
	工程量清单综合单价分析表

知识目标

- 掌握工程量清单计价规范的原则与规定；
- 掌握工程量清单计价规范的内容；
- 掌握工程量清单、招标控制价和投标报价的编制；
- 熟悉工程量清单计价程序；
- 了解定额计价模式与清单计价模式的区别。

专业能力目标

- 具有综合单价分析与组合能力；
- 具有结合工程实际进行工程量清单设计及清单计价能力；
- 具有结合工程实际进行工程量清单编制及审核的能力；
- 具有结合工程实际进行招标控制价和投标报价的编制及审核能力。

(1) 以教研办公楼案例为例，工程量清单计价方式和定额计价方式有哪些区别？列出该工程分部分项工程量清单。

(2) 以教研办公楼案例为例，如何采用《13 清单计量规范》对土方工程进行计价？请分别进行招标控制价编制和投标报价编制。

7.1 工程量清单概述

7.1.1 工程量清单计价制度

1. 工程量清单计价制度的依据

长期以来，我国的工程造价管理一直执行传统的定额计价模式，实行的是与高度集中的计划经济相适应的概预算定额管理制度。定额计价模式在相当长一段时期内对工程造价的确定与控制起过积极有效的作用，但是随着改革开放的深入，已经难以满足市场经济条件下建设市场的要求。为了规范建设工程造价计价行为，统一建设工程计价文件的编制原则和计价方法，住房城乡建设部与国家质量监督检验检疫总局于 2003 年联合发布了《建设工程工程量清单计价规范》GB 50500—2003，规定全部使用国有资金投资或国有资金投资为主的大中型建设工程应执行工程量清单计价；非国有资金投资的建设工程，鼓励采用工程量清单计价。这一规范的实施，标志着在建设工程计价领域实现了与国际接轨，彻底改变了我国实施多年的以定额为依据的计价管理模式。

在市场经济体制下，通过市场竞争形成工程价格，实现企业自主报价，便于使用国有资金投资的建设工程在国家有关规定和标准的基础上实现更有效的监管。对非国有资金投资的工程项目鼓励采用工程量清单计价方式，其是否采用工程量清单计价方式由投资者自主确定，这也符合我国《中华人民共和国招标投标法》和《中华人民共和国合同法》的立法精神。

2. 工程量清单计价的作用

(1) 提供一个平等的竞争条件

采用施工图预算进行投标报价，由于设计图纸的缺陷，不同施工企业的人员理解不一，计算出的工程量也不同，报价就更相去甚远，也容易产生纠纷。而工程量清单报价为投标者提供了一个平等竞争的条件，在招标阶段，招标工程量清单为投标人的投标竞争提供了一个平等和共同的基础。工程量清单将要求投标人完成的工程项目及其相应工程实体数量全部列出，为投标人提供拟建工程的基本内容、实体数量和质量要求等信息。这使所有投标人掌握的信息相同，体现了招标的公平性原则。相同的工程量，由企业根据自身的实力来填报不同的单价。投标人的这种自主报价，使得企业的优势体现到投标报价中，可以在一定程度上规范建筑市场秩序，确保工程质量。

(2) 满足市场经济条件下竞争的需要

招标投标过程就是竞争的过程，招标人提供工程量清单，投标人根据自身情况确定综合单价，利用单价与工程量逐项计算每个项目的合价，再分别填入工程量清单表内，计算出投标总价。单价成了决定性的因素，定高了不能中标，定低了亦要承担较大的风险。单价的高低直接取决于企业管理水平和技术水平的高低，这种局面促成了企业整体实力的竞争，有利于我国建设市场的快速发展。

(3) 有利于提高工程计价效率，能真正实现快速报价

采用工程量清单计价方式，避免了传统计价方式下招标人与投标人在工程量计算上的重复工作，各投标人以招标人提供的工程量清单为统一平台，结合自身的管理水平和施工方案进行报价，促进了各投标人企业定额的完善和工程造价信息的积累和整理，体现了现代工程建设中快速报价的要求。

(4) 有利于工程款的拨付和工程造价的最终结算

中标后，业主要与中标单位签订施工合同，中标价就是确定合同价的基础，投标清单上的单价就成了拨付工程款的依据。业主根据施工企业完成的工程量，可以很容易地确定进度款的拨付额。工程竣工后，根据设计变更、工程量增减等，业主也很容易确定工程的最终造价，可在某种程度上减少业主与施工单位之间的纠纷。

(5) 有利于业主对投资的控制

采用现在的施工图预算形式，业主对因设计变更、工程量增减所引起的工程造价变化不敏感。往往等到竣工结算时才知道这些变更对项目投资的影响有多大，但为时已晚。而采用工程量清单报价的方式则可对投资变化一目了然，在欲进行设计变更时，可以立刻知道它对工程造价的影响，业主就能根据投资情况来决定是否变更或进行方案比较，以决定最恰当的处理方法。

工程量清单计价是我国工程造价管理改革的一项制度设计，既有技术要求，还有管理要求。推行工程量清单计价是实现建筑产品市场调节价格属性的重要改革措施，有利于国有投资的透明交易、公平对价、有效监管，并可以在最大限度内防止腐败。

3. 工程量清单计价制度的实施程序

工程量清单计价制度是以招标时发布工程量清单为主要特征，投标人依据发布的招标工程量清单进行报价，据此择优确定中标人，并将该中标人的已标价工程量清单作为合同内容的一部分，其作用将贯穿工程施工及合同履行的全过程，包括以此进行合同价款的确定、预付款的支付、工程进度款的支付、合同价款的调整、工程变更和工程索赔的处理，以及竣工结算和工程款最终结清等。具体实施程序如下：

(1) 发包人委托咨询人编制招标工程量清单和最高投标限价，发包人随招标文件发布招标工程量清单和最高限价。

(2) 投标人或委托咨询人按工程量清单编制投标报价。

(3) 发包人与中标人依据投标报价签订施工合同（一般以单价合同为主)，发包人对工程量和项目特征描述负责，承包人对合同单价负责。

(4) 发包人依据合同支付预付款，依据工程进度进行工程计量，并乘以相应的合同单价，确定付款金额，支付工程进度款。

(5) 承包人依据施工图和工程变更等进行工程结算计量，依据合同单价和调整因素编制工程结算。

(6) 发包人委托工程造价咨询企业依据合同、施工图和设计变更等进行工程结算计

量，依据合同单价和调整因素审核工程结算，最后结算工程价款。

在《建设工程工程量清单计价规范》GB 50500 正式实施以后，结合不同类型工程的特点，以此为基础，我国又先后颁布了《水利工程工程量清单计价规范》《水运工程工程量清单计价规范》等一系列专业工程计价规范。此外，随着我国工程承包方式的不断发展，越来越多的工程采用总承包模式。为适应工程总承包模式的计价与计量，住房城乡建设部又起草了《房屋建筑和市政基础设施项目工程总承包计价与计量规范》，这些规范为工程量清单计价的全面实施提供了依据。

2008 年和 2013 年，住房城乡建设部先后对《建设工程工程量清单计价规范》GB 50500—2003 进行了两次修订，本章主要结合《建设工程工程量清单计价规范》GB 50500—2013 进行介绍，后续内容均为此规范内容。

7.1.2 工程量清单计价规范简介

1. 工程量清单的适用范围

工程量清单计价规范适用于建设工程发承包及实施阶段的计价活动。具体包括工程量清单的编制、招标控制价的编制、投标报价的编制、工程合同价款的约定、工程施工过程中计量与合同价款的支付、索赔和现场签证、竣工结算的办理、合同价款争议的解决以及工程造价鉴定等活动。

使用国有资金投资的建设工程发承包，必须采用工程量清单计价。对于非国有资金投资的工程建设项目，是否采用工程量清单计价方式由项目业主自行确定。如果采用工程量清单计价，则应当执行现行《工程量清单计价规范》；对于不采用清单计价的建设工程，除不执行工程量清单计价的专门性规定外，仍应执行现行计价规范规定的工程价款调整、工程计量和价款支付、索赔与现场签证、竣工结算以及工程造价争议处理等条文。

2. 工程量清单计价规范的组成

《建设工程工程量清单计价规范》GB 50500—2013 包括正文和附录两个部分。

正文共计 16 章，包括总则、术语、一般规定、工程量清单编制、招标控制价、投标报价、合同价款约定、工程计量、合同价款调整、合同价款期中支付、竣工结算与支付、合同解除的价款结算与支付、合同价款争议的解决、工程造价鉴定、工程计价资料与档案、工程计价表格。

附录分为 A、B、C、D、E、F、G、H、J、K、L 等 11 个。除附录 A 为物价变化合同价款调整方法外，其余均为工程计价表格，分别对招标控制价、投标报价、竣工结算的编制等使用的表格做了明确的规定。

3. 专业工程工程量计算规范

除现行国家标准《建设工程工程量清单计价规范》GB 50500 以外，还有 9 个规范与其相配合使用，分别是各专业工程的项目设置和工程量计算规则，具体包括：

(1)《房屋建筑与装饰工程工程量计算规范》GB 50854—2013（简称《13 房建计量规范》）中主要涉及房屋建筑与装饰工程工程量清单项目及计算规则。房屋建筑与装饰工程的实体项目包括土石方工程，地基处理与边坡支护工程，桩基工程，砌筑工程，混凝土及钢筋混凝土工程，金属结构工程，木结构工程，门窗工程，屋面及防水工程，保温、隔热、防腐工程，楼地面装饰工程，墙、柱面装饰与隔断、幕墙工程，天棚工程，油漆、涂料、裱糊工程，其他装饰工程，拆除工程。

(2)《仿古建筑工程工程量计算规范》GB 50855—2013 中主要涉及仿古建筑工程工程量清单项目及计算规则。仿古建筑工程的实体项目包括砖作工程，墙帽，石作工程，琉璃砌筑工程，混凝土及钢筋混凝土工程，木作工程，屋面工程，地面工程，抹灰工程，油漆彩画工程。

(3)《通用安装工程工程量计算规范》GB 50856—2013 中主要涉及通用安装工程工程量清单项目及计算规则。通用安装工程的实体项目包括机械设备安装工程，热力设备安装工程，静置设备与工艺金属结构制作安装工程，电气设备安装工程，建筑智能化工程，自动化控制仪表安装工程，通风空调工程，工业管道工程，消防工程，给水排水、采暖、燃气工程，通信设备及线路工程，刷油、防腐蚀、绝热工程。

(4)《市政工程工程量计算规范》GB 50857—2013 中主要涉及市政工程工程量清单项目及计算规则。市政工程的实体项目包括土石方工程，道路工程，桥涵护岸工程，隧道工程，市政管网工程，地铁工程，钢筋工程，拆除工程。

(5)《园林绿化工程工程量计算规范》GB 50858—2013 中主要涉及园林绿化工程工程量清单项目及计算规则。园林绿化工程包括绿化工程，园路、园桥、假山工程，园林景观工程。

(6)《矿山工程工程量计算规范》GB 50859—2013 中主要涉及矿山工程工程量清单项目及计算规则。矿山工程的实体项目包括露天工程和井巷工程。

(7)《构筑物工程工程量计算规范》GB 50860—2013 中主要涉及构筑物工程工程量清单项目及计算规则。构筑物工程的实体项目包括混凝土构筑物工程、砌体构筑物工程。

(8)《城市轨道交通工程工程量计算规范》GB 50861—2013 中主要涉及城市轨道交通工程工程量清单项目及计算规则。城市轨道交通工程的实体项目包括路基、围护结构工程，高架桥工程，地下区间工程，地下结构工程，轨道工程，通信工程，信号工程，供电工程，智能与控制系统安装工程，机电设备安装工程，车辆基地工艺设备，拆除工程。

(9)《爆破工程工程量计算规范》GB 50862—2013 中主要涉及爆破工程工程量清单项目及计算规则，爆破工程的实体项目包括露天爆破工程、地下爆破工程、硐室爆破工程、拆除爆破工程、水下爆破工程和挖装运工程。

上述九个专业工程的工程量计算规范均由总则、术语、工程计量、工程量清单编制和附录五个部分组成。

7.1.3　工程量清单计价规范中的常见术语

1. 工程量清单

工程量清单是指载明建设工程分部分项工程项目、措施项目、其他项目的名称和相应数量以及规费、税金项目等内容的明细清单。

工程量清单应由具有编制能力的招标人或受其委托，具有相应资质的工程造价咨询人依据现行国家标准《建设工程工程量清单计价规范》GB 50500，国家或省级、行业建设主管部门颁发的计价依据和办法，招标文件的有关要求，设计文件，与建设工程项目有关的标准、规范、技术资料和施工现场实际情况等进行编制。采用工程量清单方式招标，工程量清单必须作为招标文件的组成部分，其准确性和完整性由招标人负责。工程量清单是工程量清单计价的基础，应作为编制招标控制价、投标报价、计算工程量、支付工程款、调整合同价款、办理竣工结算以及工程索赔等的依据之一。

2. 招标工程量清单

计价规范中其他基本概念

招标人依据国家标准、招标文件、设计文件以及施工现场实际情况编制，随招标文件发布供投标报价的工程量清单。

3. 已标价工程量清单

构成合同文件组成部分的投标文件中已标明价格，经算术性错误修正（如有）且承包人已确认的工程量清单，包括对其的说明和表格。

4. 综合单价

工程量清单计价模式采用综合单价形式。综合单价是指完成一个规定清单项目所需的人工费、材料和工程设备费、施工机具使用费和企业管理费、利润以及一定范围内的风险费用。

5. 风险费用

风险费用是隐含于已标价工程量清单综合单价中，用于化解发承包双方在工程合同中约定内容和范围内的市场价格波动风险的费用。

7.1.4 工程量清单计价规范的一般规定

1. 有关计价方式的规定

国有资金投资的建设工程发承包，必须采用工程量清单计价。工程量清单应采用综合单价计价，不论分部分项工程项目、措施项目、其他项目，还是以单价或以总价形式表现的项目，其综合单价的组成内容应包括除规费、税金以外的所有金额。

措施项目中的安全文明施工费以及规费和税金必须按照国家或省级行业建设主管部门的规定计算，不得作为竞争性费用。

2. 有关发包人提供材料和工程设备的规定

发包人提供的材料和工程设备（以下简称甲供材料）应当在招标文件中按规定填写《发包人提供材料和工程设备一览表》，写明甲供材料的名称、规格、数量、单价、交货方式、交货地点等。

承包人投标时，甲供材料单价应计入相应项目的综合单价中，签约后，发包人应按合同约定扣除甲供材料款，不予支付。

发承包双方对甲供材料的数量发生争议不能达成一致时，应按照相关工程的计价定额同类项目规定的材料消耗量计算。如果发包人要求承包人采购已在招标文件中确定为甲供材料的，材料价格应由发承包双方根据市场调查确定，并应另行签订补充协议。

3. 有关承包人提供材料和工程设备的规定

除合同约定的发包人提供的甲供材料外，合同工程所需的材料和工程设备应由承包人提供，承包人提供的材料和工程设备均应由承包人负责采购、运输和保管。

4. 有关计价风险的规定

在工程施工中影响工程施工及工程造价的风险因素很多，但并非所有的风险都是承包人能预测、控制和应承担的。基于市场交易的公平性要求、工程施工过程中发承包双方权、责的对等性要求，发承包双方应合理分摊风险。为此《建设工程工程量清单计价规范》GB

50500—2013 明确规定，建设工程发承包，必须在招标文件、合同中明确计价中的风险内容及其范围，不得采用无限风险、所有风险或类似语句规定计价中的风险内容及范围。

根据我国工程建设的特点，投标人应完全承担的风险是技术风险和管理风险，如因承包人使用机械设备、施工技术以及组织管理水平等自身原因造成施工费用增加的，由承包人全部承担；应有限度承担的是市场风险，如因市场价格波动导致材料价格、施工机械使用费等增加，发承包双方应合理分摊；应完全不承担的是法律、法规、规章和政策变化的风险。

7.2　工程量清单的编制

7.2.1　工程量清单的组成及一般规定

1. 工程量清单的组成

工程量清单最基本的功能是作为信息的载体，以便使投标人能够对工程有全面而充分的了解，其内容应全面、准确、无误。一份完整的工程量清单应当由分部分项工程项目清单、措施项目清单、其他项目清单、规费与税金项目清单组成。在工程量清单计价方法下，工程量清单是形成建筑安装工程费的基础，如图 7-1 所示。

2. 编制工程量清单的一般规定

招标工程量清单应当由具有编制能力的招标人或受其委托、具有相应资质的工程造价咨询人员编制。招标工程量清单必须作为招标文件的组成部分，其准确性和完整性应由招标人负责。招标工程量清单是工程量清单计价的基础，应作为编制招标控制价、投标报价、计算或调整工程量、索赔等的依据之一。

编制招标工程量清单应当依据现行国家标准《建设工程工程量清单计价规范》GB 50500 和相关工程的工程量计算规范；国家或省级、行业建设主管部门办法的计价定额和办法；建设工程设计文件及相关资料；与建设工程有关的标准、规范、技术资料；拟定的招标文件；施工现场情况、地勘水文资料、工程特点及常规施工方案等相关资料。

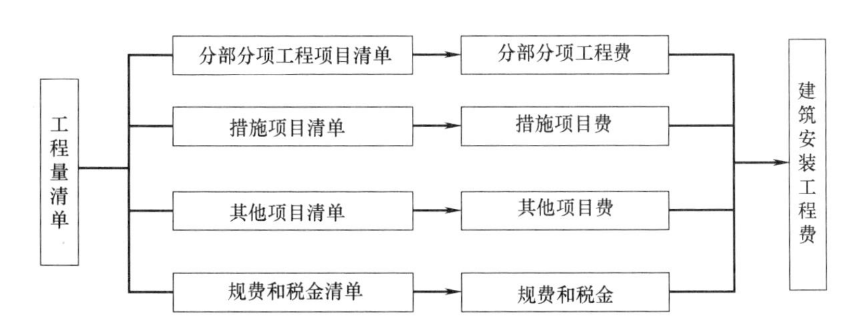

图 7-1　工程量清单与建筑安装工程费

7.2.2　分部分项工程项目清单

分部分项工程项目清单须载明项目编码、项目名称、项目特征、计量单位和工程量，这五个部分在分部分项工程项目清单的组成中缺一不可，具体格式如表 7-1 所示。在分部分项工程项目清单的编制过程中，由招标人负责前六项内容填列，金额部分在编制招标控制价或投标报价时填列。投标人对招标人提供的分部分项工程项目必须逐一计价，对清单所列内容不允许进行任何更改变动。投标人如果认为清单内容有不妥或遗漏，只能通过质疑的方式由清单编制人作统一的修改更正。

分部分项工程项目清单的编制方法已在本书第 4 章详细介绍，此处不再赘述。

分部分项工程项目清单与计价表 **表 7-1**

工程名称： 标段： 第 页 共 页

序号	项目编码	项目名称	项目特征描述	计量单位	工程量	金额		
						综合单价	合价	其中:暂估价
本页小计								
合计								

注：为计取规费等使用，可在表中增设其中："定额人工费"。

【例 7-1】答案解析及相关资料

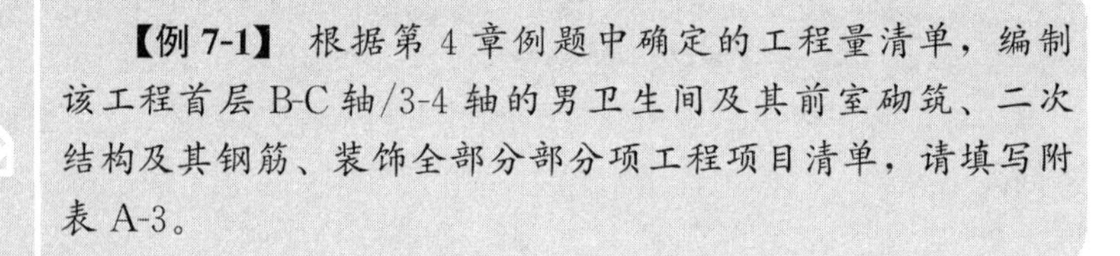

【例 7-1】 根据第 4 章例题中确定的工程量清单，编制该工程首层 B-C 轴/3-4 轴的男卫生间及其前室砌筑、二次结构及其钢筋、装饰全部分部分项工程项目清单，请填写附表 A-3。

7.2.3 措施项目清单

1. 措施项目清单的内容

措施项目清单为可调整清单，投标人对招标文件中所列项目，可根据企业自身特点做适当的变更增减。投标人要综合考虑拟建工程可能发生的措施项目和措施费用，投标文件中已标价的工程量清单被认为是包括所有应该发生的项目的全部费用。如果清单中没有列项，而实际施工过程中又可能发生的措施项目费用，招标人有权认为该部分费用已经包含在其他项目的单价中，未来发生该项费用支出时，投标人不得以任何要求提出索赔和调整。

现行国家标准《工程量计算规范》中将措施项目分为能计量和不能计量的措施项目两类。能计量的措施项目也可称为单价措施项目，如脚手架工程、混凝土模板及支架、垂直运输、超高施工增加、大型机械设备进出场及安拆、施工排水降水等；不能计量的措施项目称为总价措施项目，如安全文明施工费、夜间施工、非夜间施工照明、二次搬运、冬雨期施工、已完工程及设备保护等。

对于单价措施项目，其编制方式同分部分项工程项目清单，编制单价措施项目清单时应列出项目编码、项目名称、项目特征、计量单位，并按现行相关工程量计算规范规定，采用相应的工程量计算规则计算其工程量。

对于总价措施项目，措施项目清单中仅列出项目编码、项目名称，编制措施项目清单时，应按现行相关工程量计算规范附录中的规定执行。

2. 措施项目清单的格式

单价措施项目清单格式同表 7-1，编制工程量清单时必须列出项目编码、项目名称、项目特征、计量单位和工程量；对不能计算工程量的措施项目，则采用总价措施项目的方式，编制工程量清单时，应按规定的项目编码、项目名称确定，不必描述项目特征和确定计量单位，其标准格式如表 7-2 所示。

总价措施项目清单与计价表　　　　**表 7-2**

工程名称：　　　　标段：　　　　第　页　共　页

序号	项目编码	项目名称	计算基础	费率（%）	金额（元）	调整费率（%）	调整后金额（元）	备注
	011707001001	安全文明施工费						
	011707002001	夜间施工增加费						
	011707004001	二次搬运费						
	011707005001	冬雨期施工增加费						
	011707007001	已完工程及设备保护费						
		……						
合计								

注：1. “计算基础”中安全文明施工费可为“定额基价”“定额人工费”或“定额人工费＋定额机械费”，其他项目可为“定额人工费”或“定额人工费＋定额机械费”。

2. 按施工方案计算的措施费，若无“计算基础”和“费率”的数值，也可只填写“金额”数值，但应在备注栏说明施工方案出处或计算方法。

3. 措施项目清单的编制

措施项目清单的编制需考虑多种因素，除工程本身的因素外，还涉及水文、气象、环境、安全等因素。对于投标单位，措施项目清单应根据拟建工程的实际情况列项。若出现清单计价规范中未列的项目，可根据工程实际情况补充。

（1）措施项目清单的编制依据

措施项目清单编制时，应依据拟建工程的施工组织设计、拟建工程的施工技术方案、与拟建工程相关的工程施工规范和工程验收规范、招标文件和设计文件。

（2）措施项目清单设置时应注意的问题：

① 参考拟建工程的施工组织设计，以确定环境保护、安全文明施工、材料的二次搬运等项目，其中安全文明施工费必须按国家或省级、行业建设主管部门的规定计算，不得作为竞争性费用。

② 参考拟建工程的施工技术方案，以确定夜间施工、大型机械设备进出场及安拆、混凝土模板及支架、脚手架、施工排水、施工降水、垂直运输机械等项目。

③ 参阅相关的施工规范与工程验收规范，以确定施工方案没有表述，但为实现施工规范与工程验收规范要求而必须发生的技术措施。

④ 确定招标文件中提出的某些需要通过一定的技术措施才能实现的要求。

⑤ 确定设计文件中一些不足以写进施工方案，但要通过一定的技术措施才能实现的内容。

7.2.4 其他项目清单

1. 其他项目清单的格式

其他项目清单是指除分部分项工程量清单、措施项目清单所包含的内容以外，因招标人的特殊要求而发生的与拟建工程有关的其他费用项目和相应数量的清单。工程建设标准的高低、工程的复杂程度、工程的工期长短、工程的组成内容、发包人对工程管理要求等都直接影响其他项目清单的具体内容，其他项目清单按照表7-3的格式编制，出现未包含在表格中内容的项目，可根据工程实际情况补充。

其他项目清单与计价汇总表　　表7-3

序号	项目名称	金额(元)	结算金额(元)	备注
1	暂列金额			详见明细表
2	暂估价			
2.1	材料(工程设备)暂估价/结算价	—		详见明细表
2.2	专业工程暂估价/结算价			详见明细表
3	计日工			详见明细表
4	总承包服务费			详见明细表
5	索赔与现场签证	—		详见明细表
合计				—

注：材料（工程设备）暂估单价计入清单项目综合单价，此处不汇总。

2. 暂列金额

暂列金额是招标人在工程量清单中暂定并包括在合同价款中的一笔款项。无论采用何种合同形式，合同的价格等于最终的竣工结算价格是最理想的状态，或者至少两者应尽可能接近。我国规定对政府投资工程实行概算管理，经项目审批部门批复的设计概算是工程投资控制的刚性指标。即便是商业性开发项目也有成本的预先控制问题，否则，无法相对准确地预测投资的收益和科学合理地进行投资控制。但工程建设自身的特性决定了工程的设计需要根据工程进展不断地进行优化和调整，业主的需求可能会随着工程建设进展出现变化，工程建设过程还会存在一些不能预见、不能确定的因素。消化这些因素必然会影响合同价格的调整，暂列金额正是因这类不可避免的价格调整而设立，以便达到合理确定和有效控制工程造价的目标。

材料（工程设备）暂估单价及调整表、索赔与现场签证明细表

设立暂列金额并不能保证合同结算价格就不会再出现超过合同价格的情况，是否超出合同价格完全取决于工程量清单编制人对暂列金额预测的准确性，以及工程建设过程是否出现了其他事先没有预测到的事件。暂列金额应根据工程特点，按相关计价规定估算，具体格式可扫码阅读。

3. 暂估价

暂估价包括材料（工程设备）暂估价和专业工程暂估价。

暂估价类似于 FIDIC 合同条款中的 Prime Cost Items，在招标阶段预见肯定要发生，只是因为标准不明确或者需要由专业承包人完成，暂时无法确定价格。暂估价数量和拟用项目应当结合工程量清单中的“暂估价表”予以补充说明。为方便合同管理，需要纳入分部分项工程项目清单项目综合单价中的暂估价应只是材料、工程设备暂估单价，以方便投标人组价。

专业工程的暂估价一般应是综合暂估价，应当包括除规费和税金以外的人工费、材料费、施工机具使用费、企业管理费和利润。总承包招标时，专业工程设计深度往往是不够的。一般需要交由专业设计深入设计。国际上，从提高可建造性考虑，一般由专业承包人负责设计，以发挥其专业技能和专业施工经验的优势。这类专业工程交由专业分包人完成是国际工程的良好实践，目前在我国工程建设领域也已经比较普遍。公开透明地合理确定这类暂估价的实际开支金额的最佳途径就是通过施工总承包人与工程建设项目招标人共同组织的招标。

暂估价中的材料、工程设备暂估单价应根据工程造价信息或参考市场价格估算，列出明细表；专业工程暂估价应区分不同专业，按有关计价规定估算，列出明细表，具体格式可扫码阅读。

4. 计日工

计日工是为了解决现场发生的零星工作的计价而设立的。国际上常见的标准合同条款中，大多数都设立了计日工（day work）计价机制。计日工对完成零星工作所消耗的人工工时、材料数量、施工机械台班进行计量，并按照计日工表中填报的适用项目的单价进行计价支付。计日工适用的所谓零星工作一般是指合同约定之外的或者因变更而产生的、工程量清单中没有相应项目的额外工作，尤其是那些难以事先商定价格的额外工作。计日工明细表格式可扫码阅读。

5. 总承包服务费

总承包服务费是为了解决招标人在法律、法规允许的条件下进行专业工程发包以及自行供应材料、设备，并需要总承包人对发包的专业工程提供协调和配合服务，对供应的材料、设备提供收发和保管服务以及进行施工现场管理时发生并向总承包人支付的费用。招标人应预计该项费用并按投标人的投标报价向投标人支付该项费用。总承包服务费明细表格式可扫码阅读。

6. 索赔与现场签证

索赔是指在工程合同履行过程中，合同当事人一方因非己方的原因而遭受损失，按合同约定或法律法规规定应由对方承担责任，从而向对方提出补偿的要求。现场签证是指发包人现场代表（或其授权的监理人、工程造价咨询人）与承包人现场代表就施工过程中涉及的责任事件所做的签认证明。由于索赔与现场签证是在合同履行过程中才会发生的，因此在编制招标控制价和投标报价的过程中可不必考虑此项费用。索赔与现场签证明细表格式可扫码阅读。

7.2.5　规费和税金项目清单

规费项目清单应按照下列内容列项：社会保险费，包括养老保险费、失业保险金、医疗保险费、工伤保险费、生育保险费；住房公积金；工程排污费。出现未包含在上述规范中的项目，应根据省级政府或省级有关部门的规定列项。

税金项目清单应包括增值税。如国家税法发生变化，税务部门依据职权增加了税种，应对税金项目清单进行补充。规费、税金项目清单与计价表如表 7-4 所示。

规费、税金项目清单与计价表 **表 7-4**

工程名称：　标段：　　第　页　共　页

序号	项目名称	计算基础	计算基数	费率(%)	金额(元)
1	规费	定额人工费			
1.1	社会保险费	定额人工费			
(1)	养老保险费	定额人工费			
(2)	失业保险费	定额人工费			
(3)	医疗保险费	定额人工费			
(4)	工伤保险费	定额人工费			
(5)	生育保险费	定额人工费			
1.2	住房公积金	定额人工费			
1.3	工程排污费	按工程所在地环境保护部门收取标准，按实计入			
2	税金（增值税）	分部分项工程费＋措施项目费＋其他项目费＋规费－按规定不计税的工程设备金额			
合计					

编制人（造价人员）：　　复核人（造价工程师）：

7.3 工程量清单计价

7.3.1 工程量清单计价的程序

工程量清单计价的基本过程可以描述为：在统一的工程量清单项目设置的基础上，制定工程量清单计量规则，根据具体工程的施工图纸计算出各个清单项目的工程量，再根据各种渠道所获得的价格信息和经验数据计算得到工程造价。这一基本的计算程序如图 7-2 所示。

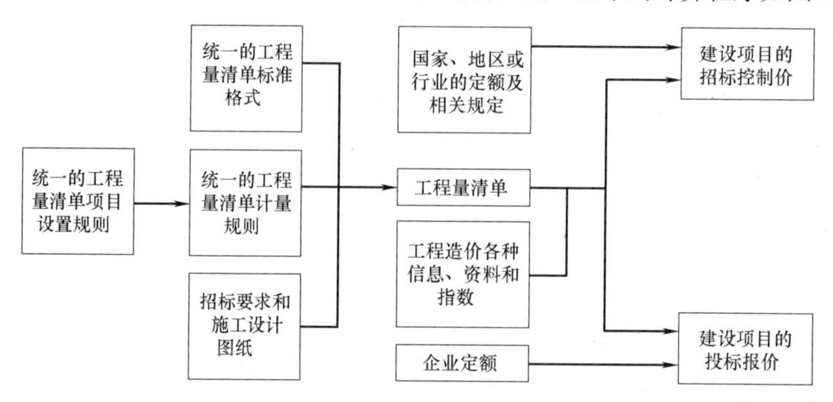

图 7-2　工程造价工程量清单计价程序示意图

从图7-2中可以看出，其编制过程可以分为两个阶段：工程量清单的编制、利用工程量清单确定建设项目的招标控制价或编制投标报价。

7.3.2　招标控制价的编制

1. 招标控制价概述

（1）招标控制价的含义

招标控制价是根据国家或省级建设行政主管部门颁发的有关计价依据和办法，依据拟定的招标文件和工程量清单，结合工程具体情况发布的招标工程的最高投标限价，也可称其为拦标价。

招标控制价是推行工程量清单计价过程中，对传统标底概念的性质进行界定后所设置的专业术语，它使招标时评标定价的管理方式发生了很大的改变。招标控制价设置了投标报价上限，尽量减少业主过分依赖评标基准价的弊端。采用招标控制价，可有效控制投资、防止投标人恶意哄抬标价；提高了招标投标的透明度，避免暗箱操作、寻租等违法活动的发生；可使投标人自主报价，不受标底的影响，符合市场规律。

（2）招标控制价的编制规定

国有资金投资的工程建设项目应编制招标控制价，投标人的投标报价若超过公布的招标控制价，则其投标为废标。

招标控制价应由具有编制能力的招标人或受其委托具有相应资质的工程造价咨询人编制。工程造价咨询人不得同时接受招标人和投标人对同一工程的招标控制价和投标报价的编制。

招标控制价应在招标文件中公布，不得进行上浮或下调。在公布招标控制价时，应公布招标控制价各组成部分的详细内容，不得只公布招标控制价总价。招标控制价超过批准的概算时，招标人应将其报原概算审批部门审核。招标人应将招标控制价及有关资料报送工程所在地工程造价管理机构备查。

2. 招标控制价的编制依据

招标控制价的编制依据是指在编制招标控制价时需要进行工程量计量、价格确认、工程计价的有关参数、率值的确定等工作时所需的基础性资料，主要包括：

（1）现行国家标准《建设工程工程量清单计价规范》GB 50500及各专业工程工程量计算规范。

（2）国家或省级、行业建设主管部门颁发的计价定额和计价办法。

（3）与建设项目相关的标准、规范、设计文件及其他的相关资料。

（4）招标文件及工程量清单。

（5）施工现场情况、工程特点及常规施工方案。

（6）工程造价管理机构发布的工程造价信息；没有发布工程造价信息的，参考市场价。

3. 招标控制价的编制方法

招标控制价的编制内容包括分部分项工程费、措施项目费、其他项目费、规费和税金。各部分有不同的计价要求。

（1）分部分项工程费的确定

招标控制价的分部分项工程费应由各单位工程招标工程量清单中的工程量乘以相应的综合单价汇总而成（式7-1）。招标文件要求投标人承担的风险费用，编制招标控制价时应综合考虑并计入综合单价。

$$\text{分部分项工程费} = \sum \text{分部分项工程量} \times \text{相应分部分项综合单价} \tag{7-1}$$

综合单价是形成分部分项工程费的基础，应按以下步骤确定：

1）核实清单项目的综合内容

计价定额中的定额子目一般是按照施工工序划分，而工程量清单项目一般是以一个“综合实体”划分的。因此两者之间的工程量计算规则、计量单位、项目内容不尽相同，可能会出现一个清单项目包括多项定额子目的情况。

例如“打预制钢筋混凝土方桩”项目，现行国家标准《13房建计量规范》规定打桩工程量按“设计图示尺寸以桩长计算，或按设计图示截面积乘以桩长以实体积计算，或按设计图示数量以根计算”，而2015年《房屋建筑与装饰工程消耗量定额》规定的工程量计算规则就是按照桩的实体积计算，如果工程量清单中采用长度或根数单位，两者计算出来的工程量则会存在差异。在工作内容方面，“打预制钢筋混凝土方桩”项目综合了工作平台搭拆、桩机竖拆及移位、沉桩、接桩、送桩等五项内容，而沉桩、接桩和送桩在计价定额中都是单独的项目。

因此确定综合单价首先需要将清单项目的工作内容与定额子目的工作内容进行比较，结合清单项目的特征描述，核实该清单项目综合了哪些定额子目，并按照相应定额规定的工程量计算规则依次计算每个定额子目的工程量。

2）确定消耗量

招标人编制招标控制价时，一般按照国家或省级、行业建设主管部门颁发的消耗量定额或计价定额中的消耗量指标确定人工、材料、机械的消耗量。

3）确定人工、材料、机械的单价

编制招标控制价时，可依据国家或省级、行业建设主管部门颁发的工程造价信息确定人工、材料、机械台班单价，并综合考虑工程项目具体情况及市场资源的供求状况，采用市场价格作为参考，并考虑一定的调价系数。招标文件提供了暂估单价的材料，应按暂估的单价计入综合单价。

4）计算清单项目的人工费、材料费和机械费

按照确定的分项工程人工、材料、机械的消耗量以及获得的人工、材料、机械台班单价，与相应的定额工程量相乘即可得到各定额子目的人工费、材料费和机械费，汇总后可得到清单项目的人工费、材料费和机械费。

$$\text{清单项目人工费} = \sum \text{计价工程量} \times \sum \text{人工消耗量} \times \text{人工单价} \tag{7-2}$$

$$\text{清单项目材料费} = \sum \text{计价工程量} \times \sum \text{材料消耗量} \times \text{材料单价} \tag{7-3}$$

$$\text{清单项目机械费} = \sum \text{计价工程量} \times \sum \text{机械台班消耗量} \times \text{机械台班单价} \tag{7-4}$$

5）计算清单项目的管理费、利润和风险费

编制招标控制价时，企业管理费和利润通常根据各地区规定的费率乘以规定的计算基数得出。

风险费则依据工程类别和施工复杂程度考虑，以人工费、材料费、机械费、企业管理费和利润之和为基数，乘以风险费率计算。根据我国工程建设的特点，投标人应完全承担

的风险是技术风险和管理风险，如管理费和利润；应有限度承担的是市场风险，如材料价格、施工机械使用费等的风险，根据工程特点和工期要求，一般建议承包人承担5%以内的材料价格风险、10%以内的施工机械使用费风险；由于法律、法规、规章和政策变化产生的风险，应完全由发包人承担。

6）计算清单项目的综合单价

将清单项目的人工费、材料费、机械费、企业管理费、利润和风险费汇总可得到该清单项目的合价，将清单项目合价除以该清单项目的工程量即可得到该清单项目的综合单价。

$$\text{综合单价}=\frac{\sum(\text{人工费}+\text{材料费}+\text{机械费}+\text{企业管理费}+\text{利润}+\text{风险费})}{\text{清单工程量}} \tag{7-5}$$

（2）措施项目费的确定

措施项目清单分为单价措施项目清单和总价措施项目清单两种。对于单价措施项目清单，应按分部分项工程量清单的方式采用综合单价计价；对于总价措施项目清单，应以“项”为单位，采用费率法按有关规定综合计取，采用费率法时需确定某项费用的计费基数及其费率，结果应包括除规费、税金以外的全部费用。

措施项目费中的安全文明施工费应当按照国家或省级、行业建设主管部门的规定标准计价，该部分不得作为竞争性费用。

$$\text{措施项目费}=\sum\text{单价措施项目工程量}\times\text{措施项目综合单价}+\sum\text{各总价措施项目费} \tag{7-6}$$

（3）其他项目费的确定

其他项目费包括暂列金额、暂估价、计日工和总承包服务费。在编制招标控制价阶段，其他项目费应按以下方式确定：

1）暂列金额可根据工程的复杂程度、设计深度、工程环境条件进行估算，一般可为分部分项工程费的10%～15%。

2）暂估价中的材料单价应按工程造价管理机构发布的工程造价信息中的材料单价计算，工程造价信息未发布的材料单价，可参考市场价格估算；暂估价中的专业工程暂估价应分不同专业，按有关计价规定估算。

3）计日工中的人工单价和施工机械台班单价应按省级、行业建设主管部门或其授权的工程造价管理机构公布的单价计算；材料应按工程造价管理机构发布的工程造价信息中的材料单价计算，工程造价信息未发布的材料，其价格应按市场调查确定的单价计算。

4）总承包服务费应按省级、行业建设主管部门的规定计算，在计算时可参考以下标准：

① 招标人仅要求对分包的专业工程进行总承包管理和协调时，应按分包的专业工程估算造价的1.5%计算；

② 招标人要求对分包的专业工程进行总承包管理和协调，并同时要求提供配合服务时，应根据招标文件列出的配合服务内容和提出的要求，按分包的专业工程估算造价的3%～5%计算；

③ 招标人自行供应材料的，应按招标人供应材料价值的1%计算。

综上：

$$其他项目费=暂列金额+暂估价+计日工+总承包服务费 \tag{7-7}$$

(4) 规费和税金的确定

规费和税金必须按国家或省级、行业建设主管部门的规定计算，不得作为竞争性费用。

(5) 招标控制价的确定

根据招标控制价的编制步骤可得：

$$单位工程招标控制价=分部分项工程费+措施项目费+其他项目费+规费+税金 \tag{7-8}$$

$$单项工程招标控制价=\sum 单位工程招标控制价 \tag{7-9}$$

$$工程项目招标控制价=\sum 单项工程招标控制价 \tag{7-10}$$

4. 编制招标控制价时应注意的问题

(1) 采用的材料价格应当是工程造价管理机构通过工程造价信息发布的材料价格，工程造价信息尚未发布材料单价的材料，其材料价格应当通过市场调查确定。未采用工程造价管理机构发布的工程造价信息时，需在招标文件或答疑补充文件中对招标控制价采用的与造价信息不一致的市场价格予以说明，采用的市场价格应通过调查分析确定，应当有可靠的信息来源。

(2) 施工机械设备的选型直接关系到综合单价水平，应根据工程项目特点和施工条件及常规的施工组织设计或施工方案，本着经济实用、先进高效的原则确定。

(3) 应该正确、全面地使用行业和地方的计价定额与相关文件。

【例 7-2】答案解析及相关资料

【例 7-2】 根据教研办公楼图纸和本书第 4 章例题确定的工程量清单，参考《17 辽宁房建计价定额》对工程首层 B-C 轴/3-4 轴的男卫生间及其前室楼地面工程编制招标控制价，请填写附表 A-1、附表 A-3、附表 A-4、附表 A-6、附表 A-11。

7.3.3 投标报价的编制

1. 投标报价概述

(1) 投标报价的含义

投标报价是投标单位根据招标文件中提供的工程量清单和有关要求，结合施工现场实际情况及拟定的施工方案，根据企业自身所掌握的各种价格信息、资料，结合企业定额编制得出的。投标价是投标人投标时为响应招标文件要求所报出的对已标价工程量清单汇总后得出的总价。

承包商的投标报价是确定中标单位的主要标准，也是业主和承包商进行合同谈判的基础，直接关系着承包商投标的成败，因此投标报价是工程投标的核心。投标报价过高会使承包商失去中标的机会，而过低的投标报价虽然会增加中标机会，但中标后会给承包商增加亏损的风险。因此编制合理的投标报价，是承包商能否中标并顺利完成工程的关键问题。

(2) 投标报价的编制原则

1) 投标报价由投标人自主确定，但必须执行现行国家标准《建设工程工程量清单计价规范》GB 50500 的强制性规定。投标价应由投标人或受其委托具有相应资质的工程造价咨询人员编制。

2）投标人的投标报价不得低于成本。我国《中华人民共和国招标投标法》第 41 条规定："能够满足招标文件的实质性要求，并且经评审的投标价格最低，但是投标价格低于成本的除外。"其他有关招标投标的部门规章、文件中，对此也有明确规定，因此投标人的投标报价不得低于成本。

3）投标报价应以招标文件中设定的发承包双方责任划分，作为考虑投标报价费用项目和费用计算的基础，发承包双方的责任划分不同，会导致合同风险不同的分摊，从而导致投标人选择不同的报价。

4）投标报价应以施工方案、技术措施等作为计算的基本条件；以反映企业技术和管理水平的企业定额作为计算人工、材料和机械台班消耗量的基本依据；充分利用现场考察、调研成果、市场价格信息和行情资料，编制投标报价。

2. 投标报价的编制依据

《建设工程工程量清单计价规范》GB 50500—2013 规定，投标报价应根据下述依据编制和复核：

（1）现行计价规范；

（2）企业定额、国家或省级、行业建设主管部门颁发的计价定额和计价办法；

（3）与建设项目相关的标准、规范等技术资料；

（4）招标文件、招标工程量清单及其补充通知和答疑纪要等；

（5）建设工程设计文件及相关资料；

（6）施工现场情况、工程特点及投标时拟定的施工组织设计或施工方案；

（7）市场价格信息或工程造价管理机构发布的工程造价信息；

（8）其他相关资料。

3. 投标报价的编制方法

投标报价应根据招标人提供的工程量清单编制分部分项工程项目清单计价表、措施项目清单计价表、其他项目清单计价表、规费税金项目清单计价表。计算完成后，汇总得到单位工程投标报价汇总表，再层层汇总，分别得出单项工程投标报价汇总表和工程项目投标报价汇总表。在编制过程中，投标人应按照招标人提供的工程量清单填报价格。填写的项目编码、项目名称、项目特征、计量单位、工程量必须与招标人提供的一致。

（1）分部分项工程项目清单与计价表的编制

承包人投标报价中的分部分项工程费应按招标文件中分部分项工程项目清单项目的特征描述确定综合单价计算。因此确定综合单价是分部分项工程项目清单与计价表编制过程中最主要的内容。

分部分项工程项目清单的综合单价包括完成单位分部分项工程所需的人工费、材料费、施工机具使用费、管理费、利润，并考虑风险费用的分摊。综合单价的计算方法与招标控制价中综合单价的确定方法相同，但是投标人确定综合单价时应注意以下几点：

1）以招标人提供的工程量清单中的项目特征描述为依据。项目特征是确定综合单价的重要依据之一，当出现招标文件中的分部分项工程项目清单项目特征描述与施工图不符时，投标人应以分部分项工程项目清单的项目特征描述为准。当施工中发生变更导致工程量清单项目特征描述与实际不一致时，发承包双方应按实际施工的项目特征，依据合同约定重新确定综合单价。

2）材料、工程设备暂估价的处理。招标文件中在其他项目清单中提供了暂估单价的材料和工程设备，应按其暂估的单价计入分部分项工程项目清单项目的综合单价中。

3）考虑合理的风险。招标文件中要求投标人承担的风险费用，投标人应考虑计入综合单价。在施工过程中，当出现的风险内容及其范围（幅度）在招标文件规定的范围（幅度）内时，综合单价不得变动，合同价款也不做调整。因此投标报价时应根据工程的实际情况考虑适当的风险费用。

(2）措施项目清单与计价表的编制

措施项目清单的内容应依据招标人提供的措施项目清单和投标人投标时拟定的施工组织设计或施工方案确定，报价时应遵循以下原则：

1）投标人可根据工程实际情况结合施工组织设计，自主确定措施项目费。由于招标人提供的措施项目清单是根据一般情况列项的，没有考虑不同投标人施工方案的差异，因此投标人可以根据自身编制的施工方案对招标人所列的措施项目进行调整或增补。投标人根据投标文件中的施工组织设计或施工方案调整和增补的措施项目应通过评标委员会的审核。

2）措施项目清单计价应根据拟建工程的施工组织设计，对于单价措施项目应采用分部分项工程项目清单方式的综合单价计价；对于总价措施项目可以“项”为单位的方式按照“率值”计价，应包括除规费、税金以外的全部费用。

3）措施项目清单中的安全文明施工费应按照国家或省级、行业建设主管部门的规定计价，不得作为竞争性费用。招标人不得要求投标人对该项费用进行优惠，投标人也不得将该项费用参与市场竞争。

(3）其他项目清单与计价表的编制

其他项目清单中主要包括暂列金额、暂估价、计日工和总承包服务费，投标报价时应按以下原则报价：

1）暂列金额应按照招标人提供的其他项目清单中列出的金额填写，不得变动。

2）暂估价按照招标人提供的其他项目清单中列出的金额填写，不得变动和更改。暂估价中的材料暂估价计入分部分项工程费用中的综合单价。材料暂估价和专业工程暂估价均由招标人提供，为暂估价格，在工程实施过程中，对于不同类型的材料和专业工程采用不同的计价方法。

3）计日工应按照其他项目清单列出的项目和估算的数量，自主确定各项综合单价并计算费用。

4）总承包服务费应根据招标人在招标文件中列出的分包专业工程内容和供应材料、设备情况，按照招标人提出的协调、配合与服务要求和施工现场管理需要自主确定。

(4）规费、税金项目清单与计价表的编制

规费和税金应按国家或省级、行业建设主管部门的规定计算，不得作为竞争性费用。

(5）投标报价的汇总

投标人的投标总价应当与组成工程量清单的分部分项工程费、措施项目费、其他项目费和规费、税金的合计金额一致，即投标人在进行工程量清单招标的投标报价时，不能进行投标总价优惠（或降价、让利），投标人对投标报价的任何优惠（或降价、让利）均应反映在相应清单项目的综合单价中。

【例 7-3】 根据教研办公楼图纸和本书第 4 章例题确定的工程量清单，对工程首层 B-C 轴/3-4 轴的男卫生间及其前室楼地面工程编制投标报价，请填写附表 A-2、附表 A-3、附表 A-4、附表 A-6、附表 A-11。

【例 7-3】答案解析及相关资料

4. 编制投标报价时应注意的问题

（1）投标报价的人、材、机消耗量应根据企业定额确定，若没有企业定额，可参考各省、自治区、直辖市的计价定额计算。

（2）投标报价的人、材、机单价应根据市场价格（暂估价除外）自主报价。

（3）工程量清单没有考虑施工过程中的施工损耗。编制综合单价时，材料消耗量要考虑施工损耗，以便准确计价。

（4）必须复核工程量清单中的工程量，应以实际工程量（施工量）计算工程造价，以招标人提供的工程量（清单量）进行报价。注意清单工程量计算规则与定额工程量计算规则的区别。

7.3.4　定额计价模式与清单计价模式的区别

定额计价模式是指应用国家、地方或行业主管部门统一颁布的计价定额或指标，对建筑产品价格进行计价的方法，即传统的工程概预算编制方法。定额计价模式需要按照概算定额或预算定额规定的定额子目，逐项计算工程量，套用概预算定额单价（或单位估价表）确定人工费、材料费和施工机具使用费，然后按规定的取费标准确定企业管理费和规费，再计算利润和税金，经汇总后即为工程概预算价值。

定额计价模式下与工程量清单计价模式下的单位工程价格形成过程分别如图 7-3、图 7-4 所示。

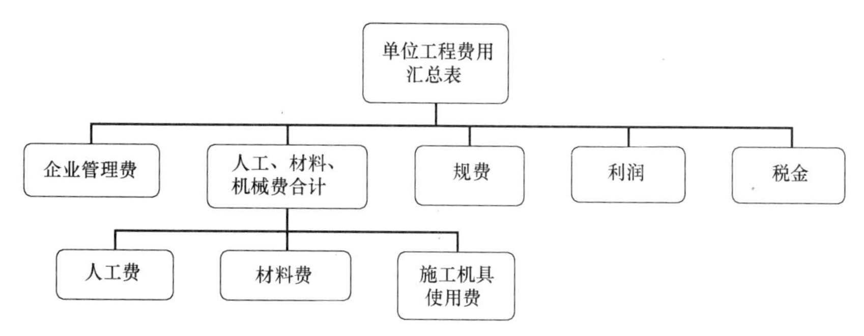

图 7-3　定额计价模式下单位工程价格形成过程

工程量清单计价方法与工程定额计价方法相比有明显不同，这些区别也体现出工程量清单计价方法的特点。

（1）两种模式的最大差别在于体现了我国建设市场发展过程中的不同定价阶段

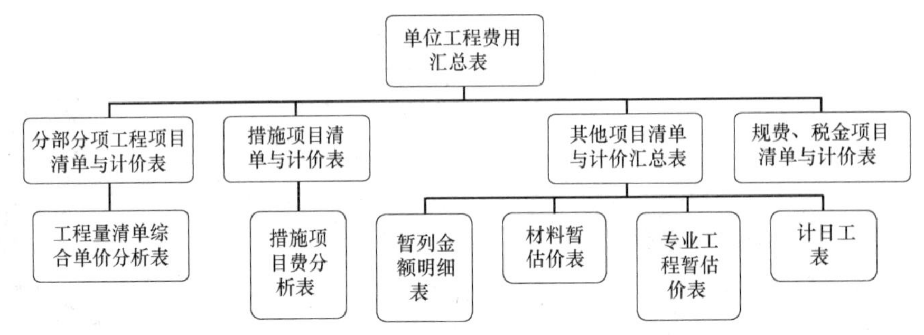

图 7-4 清单计价模式下单位工程价格形成过程

我国建筑产品价格市场化经历了“国家定价—国家指导价—国家调控价”三个阶段。传统的定额计价是以各级主管部门颁布的概预算定额、各种费用定额为基础依据，按照规定的计算程序确定工程造价的特殊计价方法。因此，利用工程定额计算工程造价，就价格形成而言，介于国家定价和国家指导价之间。在工程定额计价模式下工程价格或是直接由国家决定，或是由国家给出一定的指导性标准，承包商可以在该标准的允许幅度内实现有限竞争。例如在我国的招标投标制度中，曾严格限定投标人的报价必须在限定标底的一定范围内波动，超出此范围即为废标，这一阶段的工程招标投标价格即属于国家指导性价格，体现出在国家宏观计划控制下的市场有限竞争。

根据《住房城乡建设部关于进一步推进工程造价管理改革的指导意见》(建标［2014］142 号）的要求，工程定额的定位应为“对国有资金投资工程，作为其编制估算、概算、最高投标限价的依据；对其他工程仅供参考”。同时应充分发挥企业、科研单位、社会团体等社会力量在工程定额编制中的基础作用，提高工程定额编制水平，并鼓励企业编制企业定额。企业定额的编制与应用体现了目前建筑产品价格市场化的特点。

工程量清单计价模式则反映了市场定价阶段。在该阶段中，工程价格是在国家有关部门间接调控和监督下，由工程承包发包双方根据工程市场中建筑产品供求关系变化自主确定工程价格。其价格的形成可以不受国家工程造价管理部门的直接干预，而此时的工程造价是根据市场的具体情况，有竞争形成、自发波动和自发调节的特点。

(2) 两种模式的主要计价依据及其性质不同

工程定额计价模式的主要计价依据为国家、省、有关专业部门颁发的各种定额，其性质为指导性，定额的项目划分一般按施工工序分项，每个分项工程项目所含的工程内容一般是单一的。

工程量清单计价模式的主要计价依据为清单计价规范，其性质是含有强制性条文的国家标准，清单的项目划分一般是按“综合实体”进行分项的，每个分项工程一般包含多项工程内容。

(3) 编制工程量的主体不同

在定额计价方法中，建设工程的工程量由招标人和投标人分别按图计算。而在清单计价方法中，工程量由招标人统一计算或委托有关工程造价咨询资质单位统一计算，工程量清单是招标文件的重要组成部分。各投标人根据招标人提供的工程量清单，根据自身的技术装备、施工经验、企业成本、企业定额、管理水平自主填写单价与合价。

(4) 单价与报价的组成不同

定额计价法的单价包括人工费、材料费、机械费，而清单计价方法采用综合单价形式。综合单价包括人工费、材料费、机械费、管理费、利润，并考虑风险因素。工程量清单计价法的报价除包括定额计价法的报价外，还包括暂列金额、暂估价、计日工和总承包服务费等其他项目费。

（5）适用阶段不同

从我国现状来看，工程定额主要用于在项目建设前期各阶段对于建设投资的预测和估计；在工程建设交易阶段，工程定额通常只能作为建设产品价格形成的辅助依据，而工程量清单计价依据主要适用于合同价格形成以及后续的合同价格管理阶段。体现出我国对于工程造价的"一词两义"采用了不同的管理方法。

（6）合同价格的调整方式不同

定额计价方法形成的合同价格，其主要调整方式有：变更签证、定额解释、政策性调整。而工程量清单计价方法主要适用于单价合同，一般情况下单价是相对固定的，在合同实施过程中单价不做调整，按实际发生的工程量结算。通常情况下，如果清单项目的数量没有增减，能够保证合同价格基本没有调整，保证了其稳定性，也便于业主进行资金准备和筹划。

（7）工程量清单计价把施工措施性消耗单列并纳入竞争的范畴

定额计价未区分施工实体性损耗和施工措施性损耗；而工程量清单计价把施工措施与工程实体项目进行分离，突出了清单计价模式的市场竞争性。工程量清单计价规范的工程量计算规则的编制原则一般是以工程实体的净尺寸计算，也没有包含工程量合理损耗，这一特点也就是定额计价的工程量计算规则与工程量清单计价规范的工程量计算规则的本质区别。

【例7-4】 根据教研办公楼图纸和本书第4章例题确定的工程量清单，以及本书第5章例题确定的工程量及计价文件，对分区一土方工程分别进行定额计价与清单计价，请填写附表B-6、附表A-4。

【例7-4】答案解析及相关资料

7.4　工程量清单计价主要表格

7.4.1　表格组成

工程量清单采用统一格式编制，《建设工程工程量清单计价规范》GB 50500—2013将工程量清单表格与工程量清单计价表格合二为一，这种表现形式与国际上常见的工程量清单计价形式完全一致，极大降低了投标人因两表分设可能带来的出错概率。

工程量清单计价表格包括编制招标工程量清单、招标控制价、投标报价、工程计量、合同价款调整、合同价款结算与支付以及工程造价鉴定等各个阶段使用的五种封面和扉页以及22种表格，可以满足建设工程发承包及实施过程各阶段的计价需要。

7.4.2　封面和扉页

《建设工程工程量清单计价规范》GB 50500—2013中分别对工程计价文件中的招标工

程量清单、招标控制价、投标总价、竣工结算书和工程造价鉴定意见书规定了相应的封面与扉页的格式。

1. 封面

封面应按规定的内容填写、盖章。如委托工程造价咨询人编制，还应由其加盖相同单位公章，用于招标控制价的封面如图 7-5 所示。

教研办公楼工程

招标控制价

招标人：(单位盖章)

造价咨询人：(单位盖章)

年　月　日

图 7-5　招标控制价封面

2. 扉页

扉页即签字盖章页，应按规定的内容填写、签字、盖章，由造价员编制的工程量清单应由负责审核的造价工程师签字、盖章。受委托编制的工程量清单，应有造价工程师签字、盖章以及工程造价咨询人盖章，用于招标控制价的扉页如图 7-6 所示。

教研办公楼工程

招标控制价

招标控制价(小写)：

(大写)：

招标人：________　造价咨询人：________

(单位盖章)　(单位资质专用章)

法定代表人或其授权人：　法定代表人或其授权人：

(签字或盖章)　(签字或盖章)

编制人：　复核人：

(造价人员签字或盖专用章)　(造价工程师签字或盖专用章)

编制时间：　年　月　日　复核时间：　年　月　日

图 7-6　招标控制价扉页

7.4.3　总说明

工程量清单总说明表适用于工程计价的各阶段，具体格式如图 7-7 所示。在不同阶段，说明的内容有所差别，要求也有所不同。

1. 招标工程量清单总说明

在编制招标工程量清单时，总说明应包括以下内容：

（1）工程概况

工程概况中应对建设规模、工程特征、计划工期、施工现场实际情况、自然地理条件、环境保护要求等作出描述。其中，建设规模是指建筑面积；工程特征应说明基础及结构类型、建筑层数、高度、门窗类型及各部位装饰、装修做法；计划工期是指按定额计算的施工天数；施工现场实际情况是指施工场地的地表状况；自然地理条件是指建筑场地所处地理位置的气候及交通运输条件；环境保护要求是针对施工噪声及材料运输可能对周围环境造成的影响和污染所提出的防护要求。

（2）工程招标及分包范围

招标范围是指单位工程的招标范围，如建筑工程招标范围为“全部建筑工程”，装饰装修工程招标范围为“全部装饰装修工程”，或招标范围不含桩基础、幕墙、门窗等部分。工程分包是指特殊工程项目的分包，如招标人自行采购安装“铝合金拉闸窗”等。

（3）工程量清单编制依据

工程量清单编制的依据包括工程量清单计价规范、设计文件、招标文件、施工现场情况、工程特点及常规施工方案等。

（4）工程质量、材料、施工等特殊要求

工程质量的要求是指招标人要求拟建工程的质量应达到的标准；材料的要求是指招标人根据工程的重要性、使用功能以及装饰装修标准提出的，诸如对钢材的生产厂家、花岗岩的产地、品牌等的要求；施工要求一般只介绍项目中对单项工程的施工顺序等的要求。

（5）其他需要说明的事项

如果还有其他需要说明的问题，在此一并说明。

总说明

工程名称：　　　　　　　　　　　　　　　第　页　共　页

1. 工程概况：本工程…… 2. 工程招标范围：本次招标范围为…… 3. 工程量清单编制依据：…… 4. 工程质量要求：…… 5. 其他：……

图 7-7　工程计价总说明

2. 其他计价文件工程量清单总说明

除招标工程量清单外，其他计价文件的工程量清单总说明应包括的内容如图 7-8 所示。

招标控制价	投标报价	竣工结算	工程造价鉴定意见书
采用的计价依据； 采用的施工组织设计； 采用的材料价格来源； 综合单价中的风险因素与范围； 其他	采用的计价依据； 采用的施工组织设计； 综合单价中的风险因素与范围； 措施项目的依据； 其他	工程概况； 编制依据； 工程变更； 工程价款调整； 索赔； 其他	接受委托的基本情况； 鉴定的依据； 现场勘验说明； 特殊需要说明的问题； 其他

图 7-8　计价文件总说明

7.4.4　工程量清单综合单价分析表

1. 综合单价分析表的格式

投标人在投标报价时，需要根据企业的实际情况，形成每一个清单项目的综合单价。综合单价分析表反映了相应清单项目综合单价各个要素的价格及主要的“工、料、机”消耗量，是投标人投标报价时的阶段性成果文件，使综合单价的组价工作具备了可追溯性。

《建设工程工程量清单计价规范》GB 50500—2013 规定，投标人编制投标报价文件时，应按招标文件的要求，附工程量清单综合单价分析表。通过综合单价分析表中的数据可反映出投标单位综合单价以及管理费利润水平等数据的合理性。综合单价分析表的格式如表 7-5 所示。

综合单价分析表　　　　**表 7-5**

工程名称：　　　　标段：　　　　第　页　共　页

<table>
<tr><td colspan="2">项目编码</td><td colspan="2"></td><td colspan="2">项目名称</td><td></td><td>计量单位</td><td colspan="2"></td><td>工程量</td><td></td></tr>
<tr><td colspan="12">清单综合单价组成明细</td></tr>
<tr><td rowspan="2">定额编号</td><td rowspan="2">定额名称</td><td rowspan="2">定额单位</td><td rowspan="2">数量</td><td colspan="4">单价</td><td colspan="4">合价</td></tr>
<tr><td>人工费</td><td>材料费</td><td>机械费</td><td>管理费和利润</td><td>人工费</td><td>材料费</td><td>机械费</td><td>管理费和利润</td></tr>
<tr><td></td><td></td><td></td><td></td><td></td><td></td><td></td><td></td><td></td><td></td><td></td><td></td></tr>
<tr><td></td><td></td><td></td><td></td><td></td><td></td><td></td><td></td><td></td><td></td><td></td><td></td></tr>
<tr><td></td><td></td><td></td><td></td><td></td><td></td><td></td><td></td><td></td><td></td><td></td><td></td></tr>
<tr><td colspan="4">人工单价</td><td colspan="4">小计</td><td></td><td></td><td></td><td></td></tr>
<tr><td colspan="4">元/工日</td><td colspan="4">未计价材料费</td><td colspan="4"></td></tr>
<tr><td colspan="8">清单项目综合单价</td><td colspan="4"></td></tr>
<tr><td rowspan="5">材料费明细</td><td colspan="5">主要材料名称、规格、型号</td><td>单位</td><td>数量</td><td>单价（元）</td><td>合价（元）</td><td>暂估单价（元）</td><td>暂估合价（元）</td></tr>
<tr><td colspan="5"></td><td></td><td></td><td></td><td></td><td></td><td></td></tr>
<tr><td colspan="5"></td><td></td><td></td><td></td><td></td><td></td><td></td></tr>
<tr><td colspan="7">其他材料费</td><td>—</td><td></td><td>—</td><td></td></tr>
<tr><td colspan="7">材料费小计</td><td>—</td><td></td><td>—</td><td></td></tr>
</table>

注：1. 如不使用省级或行业建设主管部门发布的计价依据，可不填写定额编号、名称等。
2. 招标文件提供了暂估单价的材料，按暂估的单价填入表内“暂估单价”栏及“暂估合价”栏。

2. 综合单价分析表的填写说明

（1）综合单价分析表中第一行的项目编码、项目名称、计量单位、工程量为分部分项工程项目清单中所对应条目的内容。

（2）“定额编号”“定额名称”为所采用的定额计价依据中对应条目的编号和名称。“定额单位”为对应定额条目的单位，通常为扩大的单位。

（3）“数量”为相对数量，表明与每一单位清单工程量等价的定额工程量，可用式（7-11）计算。

$$数量=\frac{定额工程量}{清单工程量\times定额单位} \tag{7-11}$$

（4）“单价”一栏为“定额单位”工程量所消耗的人工、材料和机械的价格，如果不进行人材机价格的调整，即为定额基价中的人工费、材料费和机械费。

（5）“合价”一栏为“单价”一栏中的人工、材料、机械价格分别乘以“数量”所得到的结果。

（6）“管理费和利润”为人工、材料和机械价格之和乘以相应的费率。

（7）“清单项目综合单价”为“合价”中的人工、材料、机械、管理费和利润之和，并可考虑适当的风险费用。由此即可形成对应清单项目的综合单价。

【例 7-5】 根据【例 7-3】确定的投标报价，编制该项目综合单价分析表，请填写附表 A-4。

【例 7-5】答案解析及相关资料

【例 7-6】 根据教研办公楼图纸和本书第 4 章相关例题确定的工程量清单，结合本书第 6 章综合单价法，对男卫生间及其前室砌筑、二次结构及其钢筋、装饰工程编制投标报价，请填写附表 A-3、附表 A-6、附表 A-7、附表 A-11（加气混凝土砌块信息价为 197 元/m^3，商品混凝土信息价为 328/cm^3，圆钢筋 6.5～10，8～10 的市场价为 3590 元/t，带肋钢筋 12～14 的市场价为 3650 元/t，陶瓷锦砖市场价为 58.55 元/m^2，干混抹灰砂浆 DP M10 的市场价为 267 元/m^3）。

【例 7-6】答案解析及相关资料

【例 7-7】 根据【例 6-1】相关信息，对车棚工程土方工程编制投标报价，请填写附表 A-2、附表 A-3、附表 A-4、附表 A-6、附表 A-11（具体资料详见本书第 6 章例题，碎石的信息价为 75 元/m^3）。

【例 7-7】答案解析及相关资料

本章综合训练

（1）个人作业：

① 整理车棚工程的工程量计算结果，编制其工程量清单。

② 根据《17 辽宁房建计价定额》确定车棚工程土方工程中各分项工程的综合单价。

③ 按照规范要求填写车棚工程项目投标报价表格。

(2) 小组作业:

① 将教研办公楼案例中已计算工程量的项目按《建设工程工程量清单计价规范》GB 50500—2013 要求填入分部分项工程项目清单。

② 试编制教研办公楼工程的措施项目清单。

③ 对已编制部分的教研办公楼工程量清单进行报价。

④ 不同计价阶段其他项目费应如何确定?

⑤ 说明教研办公楼项目投标报价费用确定方法。

⑥ 说明教研办公楼项目可竞争性费用和不可竞争性费用有哪些?

⑦ 完成车棚工程项目投标报价文件。

⑧ 完成教研办公楼项目顶层的投标报价文件。

本章总结与思考

通过回顾本章内容和教学目标，结合个人学习情况，思考下述目标你都实现了吗?

教学目标

第 7 章　教学目标清单

类别	教学目标	是否实现(实现打√,没有打×)	未实现原因
知识目标	掌握工程量清单计价规范的原则与规定		
	掌握工程量清单计价规范的内容		
	掌握工程量清单、招标控制价和投标报价的编制		
	熟悉工程量清单计价程序		
	了解定额计价模式与清单计价模式的区别		
专业能力目标	有综合单价分析与组合能力		
	具有结合工程实际进行工程量清单设计及清单计价的能力		
	具有结合工程实际进行工程量清单编制及审核的能力		
	具有结合工程实际进行招标控制价和投标报价的编制及审核能力		
其他	自行填写自己认为获得的其他知识、能力		

(注：填写的教学目标清单扫码获取)

第8章

建筑工程投资估算与概算

节 标 题	内 容
投资估算	投资估算概述
	投资估算的编制
设计概算	设计概算的含义及内容
	单位工程概算的编制
	单项工程综合概算的编制
	建设项目总概算的编制

知识目标

- 熟悉投资估算和设计概算的编制；
- 熟悉投资估算和设计概算的含义及内容；
- 了解投资估算和设计概算的作用；
- 了解设计概算的审查方法。

专业能力目标

- 具有投资估算的编制能力；
- 具有概算定额和指标的运用能力；
- 具有设计概算的编制与审核基本能力。

导学与思考

（1）以教研办公楼案例为例，说明投资估算和设计概算的作用是什么？
（2）以教研办公楼案例为例，说明编制投资估算和设计概算的流程和内容。

8.1 投资估算

投资估算书是项目建议书或可行性研究报告的重要组成部分，是项目决策的重要依据之一。

8.1.1 投资估算概述

1. 投资估算的含义

投资估算是指工程项目在整个投资决策过程中，依据已有资料，对拟建项目全部投资费用进行的预测和估算。是在研究并确定项目的建设规模、产品方案、技术方案、工艺技术、设备方案、厂址方案、工程建设方案以及项目进度计划等的基础上，依据特定的方法，估算项目从筹建、施工直至建成投产所需全部建设资金总额并测算建设期各年资金使用计划的过程。投资估算的成果文件称作投资估算书，也简称为投资估算。

2. 投资估算阶段划分及其作用

投资估算是进行建设项目技术经济评价和投资决策的基础。在建设项目规划与项目建议书、预可行性研究、可行性研究阶段都应该编制相应的投资估算。不同阶段所具备的条件和掌握的资料不同，投资估算的准确程度也不同，不同阶段作用有所不同。

（1）建设项目规划与项目建议书阶段

该阶段主要进行投资机会选择，明确投资方向，提出初步项目投资建议，并编制项目建议书。该阶段投资估算依据的资料比较粗略，投资额通常是通过与已建类似项目对比得来的，投资估算的误差率控制在 30%以内。这一阶段的投资估算是作为相关管理部门审批项目建议书、初步选择投资项目的主要依据之一，对初步可行性研究及投资估算起指导作用。

（2）预可行性研究阶段

该阶段主要确定项目投资规模、工艺技术、厂址等情况，通过经济效益评价，判断项目的可行性，做出初步投资评价。该阶段估算的误差率一般要求控制在 20%以内。这一阶段估算是决定是否进行详细可行性研究的依据之一，对项目是否真正可行做出初步的决定。

（3）可行性研究阶段

该阶段是要评价选择拟建项目的最佳投资方案，对项目的可行性提出结论性意见。该阶段基础资料详尽，投资估算的误差率应控制在 10%以内。这一阶段的投资估算是确定项目可行性、选择最佳投资方案的主要依据，也是编制设计文件、控制初步设计及概算的主要依据。

投资估算作为论证拟建项目的重要经济文件，既是工程项目技术经济评价和投资决策的重要依据，又是该项目实施阶段投资控制的目标值。投资估算按投资决策各阶段进行编制，在工程项目的投资决策、造价控制、筹集资金等方面都有重要作用。

1）项目建议书阶段的投资估算，是项目主管部门审批项目建议书的依据之一，也是编制项目规划、确定建设规模的参考依据。

2）项目可行性研究阶段的投资估算，是项目投资决策的重要依据，也是研究、分析、计算项目投资经济效果的重要条件。

3）项目投资估算是设计阶段限额设计的依据，项目投资估算对工程设计概算起控制作用，设计概算不得突破经有关部门批准的投资估算，并应控制在投资估算额以内。

4）项目投资估算可作为项目资金筹措及制订建设贷款计划的依据，建设单位可根据批准的项目投资估算额，进行资金筹措和向银行申请贷款。

5）项目投资估算是核算建设项目固定资产投资需要额和编制固定资产投资计划的重要依据。

6）投资估算是工程项目设计招标、优选设计单位和设计方案的重要依据。在工程设计招标阶段，投标单位报送的投标书中包括项目设计方案、项目的投资估算和经济性分析，招标单位根据投资估算对各项设计方案的经济合理性进行分析、衡量、比较，在此基础上，择优确定设计单位和设计方案。

3. 投资估算的内容

投资估算文件一般由封面、签署页、编制说明、投资估算分析、总投资估算表、单项工程估算表、主要技术经济指标等内容组成。

（1）投资估算编制说明

① 工程概况；

② 编制范围；

③ 编制方法；

④ 编制依据；

⑤ 主要技术经济指标；

⑥ 有关参数、率值的选定；

⑦ 特殊问题的说明（包括采用新技术、新材料、新设备、新工艺）；必须说明价格的确定过程；进口材料、设备、技术费用的构成与计算参数；采用特殊结构的费用估算方法；安全、节能、环保、消防等专项投资占总投资的比重；建设项目总投资中未计算项目或费用的必要说明等；

⑧ 对投资限额和投资分解说明（采用限额设计的工程）；

⑨ 对方案比选的估算和经济指标说明（采用方案比选的工程）；

⑩ 资金筹措方式。

（2）投资估算分析

1）工程投资比例分析

一般民用项目要分析土建及装修、给水排水、消防、采暖、通风空调、电气等主体工程和道路、广场、围墙、大门、室外管线、绿化等室外附属/总体工程占建设项目总投资的比例；一般工业项目要分析主要生产系统（需列出各生产装置）、辅助生产系统、公用工程（给水排水、供电和通信、供气、总图运输等）、服务性工程、生活福利设施、厂外工程等占建设项目总投资的比例。

2）建筑工程费、设备购置费、安装工程费、工程建设其他费用、预备费占建设项目总投资比例分析；引进设备费用占全部设备费用的比例分析等。

3）影响投资的主要因素分析。

4）与类似工程项目的比较，对投资总额进行分析。

（3）总投资估算

总投资估算包括汇总单项工程估算、工程建设其他费用、计算预备费和建设期利息等。

（4）单项工程投资估算

单项工程投资估算应按建设项目划分的各个单项工程分别计算组成工程费用的建筑工程费、设备购置费及安装工程费。

（5）工程建设其他费用估算

工程建设其他费用估算应按预期将要发生的工程建设其他费用种类逐项详细计算其费用金额。

（6）主要技术经济指标

工程造价人员应根据项目特点，计算并分析整个建设项目、各单项工程和主要单位工程的主要技术经济指标。

8.1.2　投资估算的编制

1. 投资估算编制原则

投资估算是拟建项目可行性研究的重要内容，是经济效益评价的基础，是项目决策的重要依据。因此，在编制投资估算时应符合下列原则：

（1）深入开展调查研究，从实际出发，实事求是；

（2）合理利用资源；

（3）快速得到准确的估算结果；

（4）在资料收集、信息储存、处理、使用以及编制方法选择和编制过程应逐步实现计算机化、网络化，适应高科技发展。

2. 投资估算编制依据

工程项目投资估算编制依据是指在编制投资估算时所遵循的计量规则、市场价格、费用标准及工程计价有关参数、率值等基础资料，主要有以下几个方面：

（1）国家、行业和地方政府的有关法律、法规或规定；政府有关部门、金融机构等发布的价格指数、利率、汇率、税率等有关参数；

（2）行业部门、项目所在地工程造价管理机构或行业协会等编制的投资估算指标、概算指标（定额）、工程建设其他费用定额（规定）、综合单价、价格指数等；

（3）类似工程造价、各种技术经济指标和参数；

（4）工程所在地同期的人工、材料、机械市场价格，建筑、工艺及附属设备的市场价格和有关费用；

（5）与建设项目相关的工程地质资料、设计文件、图纸或有关设计专业提供的主要工程量和主要设备清单等；

（6）委托单位提供的其他技术经济资料。

3. 投资估算的步骤

根据投资估算的不同阶段，投资估算的编制一般包含静态投资部分、动态投资部分与流动资金估算三部分，主要包括以下步骤：

（1）分别估算各单项工程所需建筑工程费、设备及工器具购置费、安装工程费，在汇总各单项工程费用的基础上，估算工程建设其他费用和基本预备费，完成工程项目静态投资部分的估算；

（2）在静态投资部分的基础上，估算价差预备费和建设期利息，完成工程项目动态投资部分的估算；

（3）估算流动资金；

（4）估算建设项目总投资。

4. 投资估算方法

（1）固定资产投资的估算方法

1）静态投资部分的估算

① 生产能力指数法。根据已建成的类似项目生产能力和投资额，粗略估算同类但生产能力不同的拟建项目静态投资额的方法。本方法主要应用于设计深度不足，已设计定型并系列化，行业内相关指数和系数等基础资料完备的情况。其计算公式为：

$$C_2 = C_1 \left[\frac{Q_2}{Q_1}\right]^n f \tag{8-1}$$

式中 C_1——已建类似项目或装置的投资额；

C_2——拟建项目或装置的投资额；

Q_1——已建类似项目或装置的生产能力；

Q_2——拟建项目或装置的生产能力；

f——不同时期、不同地点的定额、单价、费用变更等的综合调整系数；

n——生产能力指数（$0 \leqslant n \leqslant 1$）。

若已建类似项目或装置的规模和拟建项目或装置的规模相差不大，生产规模比值为 0.5～2，则指数 n 的取值近似为 1。

若已建类似项目或装置的规模与拟建项目或装置的规模比值为 0.5～2，且拟建项目的扩大仅靠增大设备规格来实现时，则 n 取值为 0.6～0.7；若是仅靠增加相同规格设备的数量来达到时，则 n 的取值为 0.8～0.9。

采用该方法计算快捷，但要求类似工程的资料可靠，且与拟建项目条件基本相同，否则会增大误差。

② 系数估算法。系数估算法是以拟建项目的主体工程费或主要设备购置费为基数，以其他辅助配套工程费与主体工程费或设备购置费的百分比为系数，估算拟建项目静态投资的方法。本办法适用于设计深度不足，拟建建设项目与类似建设项目的主体工程费或主要设备购置费比重较大，行业内相关系数等基础资料完备的情况。包括设备系数法、主体专业系数法和朗格系数法。

A. 设备系数法。以拟建项目的设备购置费为基数，根据已建成的同类项目的建筑安装工程费和其他工程费等与设备价值的百分比，求出拟建项目建筑安装工程费和其他工程费，进而求出项目的静态投资。其计算公式为：

$$C = E \cdot (1 + f_1 P_1 + f_2 P_2 + f_3 P_3 + \cdots) + I \tag{8-2}$$

式中 C——拟建项目的静态投资；

E——拟建项目根据当时当地价格计算的设备购置费；

P_1、P_2、$P_3 \cdots$——已建项目中建筑安装工程费及其他工程费等与设备购置费的比例；

f_1、f_2、$f_3 \cdots$——不同建设时间、地点而产生的定额、价格、费用标准等差异的调整系数；

I——拟建项目的其他费用。

B. 主体专业系数法。指以拟建项目中投资比重较大，并与生产能力直接相关的工艺设备投资为基数，根据已建同类项目的有关统计资料，计算出拟建项目各专业工程与工艺设备投资的百分比，求出拟建项目各专业投资，然后合计即为拟建项目的静态投资。其计算公式为：

$$C = E' \cdot (1 + f_1 P'_1 + f_2 P'_2 + f_3 P'_3 + \cdots) + I \tag{8-3}$$

式中　　　　E'——与生产能力直接相关的工艺设备投资；

P_1'、P_2'、P_3'⋯——已建项目中各专业工程费用占工艺设备投资的百分比。

C. 朗格系数法。这种方法是以设备购置费为基数，乘以适当系数来推算项目的静态投资。其计算公式为：

$$C=E\cdot(1+\sum K_i)\cdot K_C \tag{8-4}$$

式中　K_i——管线、仪表、建筑物等项费用的估算系数；

K_C——管理费、合同费、应急费等间接费用在内的总估算系数。

静态投资与设备购置费之比为朗格系数 K_L，即：

$$K_L=(1+\sum K_i)\cdot K_C \tag{8-5}$$

朗格系数表

③ 比例估算法。比例估算法是根据已知的同类建设项目主要设备购置费占整个建设项目的投资比例，先逐项估算出拟建项目主要设备购置费，再按比例估算拟建建设项目相关投资额的方法。本办法主要应用于设计深度不足，拟建建设项目与类似建设项目的主要设备购置费比重较大，行业内相关系数等基础资料完备的情况。其计算公式为：

$$C=\frac{1}{K}\sum_{i=1}^{n}Q_iP_i \tag{8-6}$$

式中　C——拟建建设项目的投资额；

K——主要设备购置费占拟建建设项目投资的比例；

n——主要设备的种类数；

Q_i——第 i 种主要设备的数量；

P_i——第 i 种主要设备的购置单价（到厂价格）。

④ 指标估算法。根据有关部门编制的投资估算指标进行单位工程投资的估算。投资估算指标可用“元/m”“元/m^2”“元/m^3”等单位表示。利用这些投资估算指标，可以求出相应的土建工程、给水排水工程等各单位工程的投资额。汇总成某一单项工程的投资额，再估算工程建设其他费用等，即求得投资总额。指标估算法简便易行，但由于项目相关数据的确定性较差，投资估算的精度较低。

2）动态投资部分的估算

动态投资估算主要包括由价格变动可能增加的投资额，即价差预备费和建设期贷款利息，以及涉外项目中汇率的变化对投资的影响。

价差预备费的估算方法，一般根据国家规定的投资综合价格指数，以估算年份价格水平的投资额为基数，采用复利方法计算。建设期贷款利息需要考虑贷款发放时间，按复利计算。

（2）流动资金的估算方法

流动资金是保证项目投产后，能正常生产经营所需要的最基本的周转资金数额。流动资金估算方法如下。

1）扩大指标估算法

根据销售收入、经营成本、总成本费用等与流动资金的关系和比例估算流动资金。流动资金的计算公式为：

① 按产值（或销售收入）资金率估算：

$$流动资金额=年产值(或年销售收入额)\times产值(或销售收入)资金率 \tag{8-7}$$

② 按经营成本（或总成本）资金率估算：

$$流动资金额=年经营成本(或年总成本)\times经营成本(总成本)资金率 \tag{8-8}$$

③ 按固定资产价值资金率估算：

$$流动资金额=固定资产价值总额\times固定资产价值资金率 \tag{8-9}$$

④ 按单位产量资金率估算：

$$流动资金额=年生产能力\times单位产量资金率 \tag{8-10}$$

2）分项详细估算法

分项详细估算法是对构成流动资金的各项流动资产和流动负债分别进行估算。为简化计算，仅考虑存货、现金、应收账款和应付账款四项内容。

$$流动资金=流动资产-流动负债 \tag{8-11}$$

$$流动资产=现金+存货+应收账款 \tag{8-12}$$

$$流动负债=应付账款 \tag{8-13}$$

① 现金的估算公式为：

$$现金=\frac{年工资+年福利费+年其他费}{年现金周转次数} \tag{8-14}$$

② 存货的估算公式为：

$$存货=外购原材料+外购燃料+在产品+产成品 \tag{8-15}$$

③ 应收账款的估算公式为：

$$应收账款=\frac{年销售收入}{年应收账款周转次数} \tag{8-16}$$

④ 流动负债的估算公式为：

$$流动负债=应付账款=\frac{年外购原材料+年外购燃料动力费}{年周转次数} \tag{8-17}$$

5. 投资估算文件的编制

单独成册的投资估算文件应包括封面、签署页、目录、编制说明、有关附表等，与可行性研究报告（或项目建议书）统一装订的应包括签署页、编制说明、有关附表等。

按概算法编制的建设投资估算表

按形成资产法编制的建设投资估算表

（1）建设投资估算表的编制

按照费用归集形式，建设投资可按概算法或按形成资产法分类。

1）概算法。按照概算法分类，建设投资由工程费用、工程建设其他费用和预备费三部分构成。其中工程费用由建筑工程费、设备及工器具购置费（含工器具及生产家具购置费）和安装工程费构成；工程建设其他费用根据行业和项目的不同而有所区别；预备费包括基本预备费和价差预备费。

2）形成资产法。按照形成资产法分类，建设投资由形成固定资产的费用、形成无形资产的费用、形成其他资产的费用和预备费四部分组成。其中，固定资产费用是指项目投产时将直接形成固定资产的建设投资；无形资产费用是指将直接形成无形资产的建设投资，包括专利权、非专利技术、商标权、土地使用权和商誉等；其他资产费用是指建设投资中除形成固定资产和无形资产以外的部分。

（2）建设期利息估算表的编制

建设期利息估算表主要包括建设期发生的各项借款及其债券等项目，期初借款余额等于上年借款本金和应计利息之和，即上年期末借款余额；其他融资费用主要指融资中发生的手续费、管理费、信贷保险费等融资费用。

（3）流动资金估算表的编制

根据详细估算法估算的各项流动资金估算的结果，编制流动资金估算表。

（4）单项工程投资估算汇总表的编制

单项工程投资估算按建设项目划分的各个单项工程分别计算组成工程费用的建筑工程费、设备及工器具购置费和安装工程费。

建设期利息估算表

流动资金估算表

单项工程投资估算表

项目总投资估算表

（5）项目总投资估算汇总表的编制

将上述步骤估算的各类投资进行汇总，编制项目总投资估算汇总表。

8.2 设计概算

建设项目设计概算是设计文件的重要组成部分，是确定和控制建设项目全部投资的文件，是编制固定资产投资计划、实行建设项目投资包干、签订承发包合同的依据，是签订贷款合同、项目实施全过程造价控制管理以及考核项目经济合理性的依据。

8.2.1 设计概算的含义及内容

1. 设计概算的含义

设计概算是以初步设计文件为依据，按照规定的程序、方法和依据，对建设项目总投资及其构成进行的概略计算。设计概算投资一般应控制在立项批准的投资估算以内。如果设计概算值超过控制范围，必须修改设计或重新立项审批。设计概算批准后不得任意修改和调整，如需修改和调整，须经原批准部门同意，并重新审批。

设计概算的编制内容包括静态投资和动态投资两部分。静态投资由编制期价格、费率、利率、汇率等确定，作为考核工程设计和施工图预算的依据；动态投资由编制期到竣工验收前的工程价格变化等多种因素确定，作为项目筹措、供应和控制资金使用的限额。

2. 设计概算的编制内容

设计概算文件的编制应采用单位工程概算、单项工程综合概算、建设项目总概算三级概算编制形式。当建设项目为一个单项工程时，可采用单位工程概算、总概算两级概算编制形式。各级设计概算关系如图 8-1 所示。

（1）单位工程概算

单位工程是指具有独立的设计文件，能够独立组织施工，但不能独立发挥生产能力或

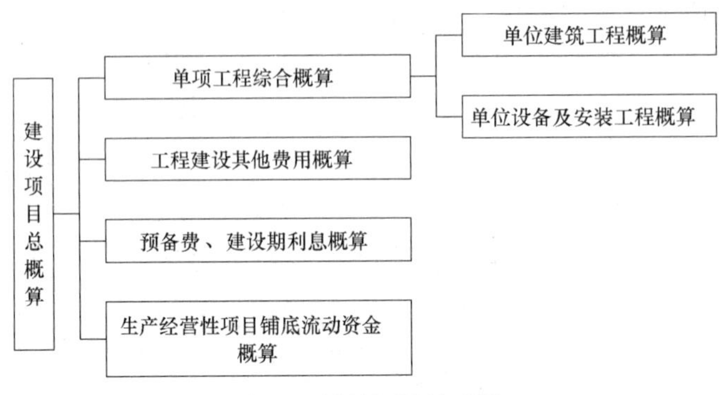

图 8-1 设计概算关系图

使用功能的工程项目，是单项工程的组成部分。单位工程概算是以初步设计文件为依据，按照规定的程序、方法和依据，计算单位工程费用的成果文件。单位工程概算是编制单项工程综合概算（项目总概算）的依据，是单项工程综合概算的组成部分。单位工程概算按其工程性质可分为建筑工程概算和设备及安装工程概算两大类。建筑工程概算包括土建工程概算、给水排水及采暖工程概算、通风及空调工程概算、电气照明工程概算、弱电工程概算、特殊构筑物工程概算等；设备及安装工程概算包括机械设备及安装工程概算、电气设备及安装工程概算、热力设备及安装工程概算、工器具及生产家具购置费概算等。

（2）单项工程综合概算

单项工程是指在一个建设项目中，具有独立的设计文件，建成后能够独立发挥生产能力或使用功能的工程项目。单项工程综合概算是以初步设计文件为依据，在单位工程概算的基础上汇总单项工程费用的成果文件。单项工程概算由单项工程中的各单位工程概算汇总编制而成，是建设项目总概算的组成部分。

（3）建设项目总概算

建设项目是按一个总体规划或设计进行建设的，由一个或若干个互有内在联系的单项工程组成的工程总和。建设项目总概算是以初步设计文件为依据，在单项工程综合概算的基础上计算建设项目概算总投资的成果文件。建设项目总概算一般包括工程费用、工程建设其他费用，预备费、建设期利息、铺底流动资金等。其中铺底流动资金是指生产经营性建设项目为保证投产后正常的生产营运所需，并在项目资本金中筹措的自有流动资金。

若干个单位工程概算汇总后成为单项工程概算，若干个单项工程概算和工程建设其他费用、预备费、建设期利息、铺底流动资金等概算文件汇总后成为建设项目总概算。可见，单位工程概算书是最基本的计算文件。若建设项目为一个独立单项工程，则单项工程综合概算书与建设项目总概算书可合并编制。

3. 设计概算的作用

设计概算是设计单位根据有关依据预估的工程建设费用，用于衡量建设投资是否超过前期的投资估算，并用于控制下一阶段的施工图预算。具体作用为：

（1）设计概算是确定和控制工程项目总投资的依据。设计概算包括建设项目从立项、可行性研究、设计、施工、试运行到竣工验收等全部建设费用。按照国家有关规定，编制年度固定资产投资计划，确定计划投资总额及其构成数额，要以批准的初步设计概算为依据，没有批准的初步设计文件及其概算，建设工程不得列入年度固定资产投资计划。

（2）设计概算是控制施工图设计和施工图预算的依据。经批准的设计概算是建设工程项目投资的最高限额。设计单位必须按批准的初步设计和总概算进行施工图设计，施工图预算不得突破设计概算。

（3）设计概算是衡量设计方案技术经济合理性和选择最佳设计方案的依据。利用概算对设计方案进行经济性比较，有利于提高设计质量。

（4）设计概算是签订建设工程合同、贷款合同以及实行财政监督的依据。合同法中明确规定，建设工程合同价款是以设计概预算价为依据，且总承包合同不得超过设计总概算的投资额。银行贷款或各单项工程的拨款累计总额不能超过设计概算。如果项目投资计划所列投资额与贷款突破设计概算时，建设单位需报请上级主管部门调整或追加设计概算总投资。未获批准之前，银行将不予拨付超支部分。

（5）设计概算是考核建设项目投资效果的依据。通过设计概算、施工图预算与竣工决算对比，可以分析和考核建设工程项目投资效果，验证设计概算的准确性。

（6）设计概算是编制招标控制价的依据。以设计概算进行招标投标的工程，招标单位以设计概算作为编制招标控制价的依据。

4. 设计概算的编制依据

编制设计概算需要依据以下几个方面：

（1）国家、行业和地方有关规定。

（2）相应工程造价管理机构发布的概算定额（或指标）。

（3）工程勘察与设计文件。

（4）拟定或常规的施工组织设计和施工方案。

（5）建设项目资金筹措方案。

（6）工程所在地编制同期的人工、材料、机具台班市场价格，以及设备供应方式及供应价格。

（7）建设项目的技术复杂程度，新技术、新材料、新工艺以及专利使用情况等。

（8）建设项目批准的相关文件、合同、协议等。

（9）政府有关部门、金融机构等发布的价格指数、利率、汇率、税率以及工程建设其他费用等。

（10）委托单位提供的其他技术经济资料。

5. 设计概算的编制要求

设计概算应按编制时项目所在地的价格水平编制，总投资应完整地反映编制时建设项目实际投资；设计概算应考虑建设项目施工条件等因素对投资的影响；设计概算应按项目合理建设期限预测建设期价格水平，以及资产租赁和贷款的时间价值等动态因素对投资的影响。

8.2.2　单位工程概算的编制

单位工程概算应按土建、装饰、采暖通风、给水排水、照明、通信、道路等专业分别编制。单位工程概算包括单位建筑工程概算和单位设备及安装工程概算两类。其中，建筑工程概算的编制方法主要有概算定额法、概算指标法、类似工程预算法；设备及安装工程概算的编制方法主要有预算单价法、扩大单价法、设备价值百分比法和综合吨位指标法。

1. 概算定额法

概算定额法又称扩大单价法或扩大结构定额法，用该方法编制建筑工程概算，适用条件为初步设计或扩大初步设计必须达到一定深度，建筑结构尺寸比较明确，基本能按照初步设计的平面图、立面图、剖面图纸计算出楼地面、墙身、门窗和屋面等分部分项工程或扩大结构构件等项目的工程量。计算步骤为：

（1）收集基础资料，熟悉设计文件，了解施工现场情况。

（2）按照概算定额子目，列出单位工程中分部分项工程项目名称并计算工程量。

按照概算定额中规定的工程量计算规则计算工程量，将计算所得各分部分项工程量按概算定额编号顺序，填入工程概算表内。

（3）计算分部分项工程费。

套用各子目综合单价，将其填入单位工程概算表和工料分析表中。如遇设计图中的分项工程项目名称、内容与采用的概算定额手册中相应的项目有某些不相符时，则按规定对定额进行换算后方可套用。

（4）计算措施项目费。

可以计量的措施项目费与分部分项工程费的计算方法相同。

综合计取的措施项目费以该单位工程的分部分项工程费和可以计量的措施项目费之和为基数乘以相应费率计算。

（5）计算汇总单位工程概算造价。

如采用全费用综合单价，计算公式为：

$$单位工程概算造价=分部分项工程费+措施项目费 \tag{8-18}$$

（6）编制工程概算书。

根据工程项目具体情况编制概算说明，内容包括工程概况、概算编制依据、方法等；建筑工程概算表如表 8-1 所示。

建筑工程概算表 **表 8-1**

单位工程概算编号： 单项工程名称： 共 页第 页

序号	项目编码	工程项目或费用名称	项目特征	单位	数量	综合单价（元）	合价（元）
一		分部分项工程					
（一）		土石方工程					
1	××	×××××					
（二）		砌筑工程					
1	××	×××××					
（三）		××工程					
1	××	×××××					

续表

序号	项目编码	工程项目或费用名称	项目特征	单位	数量	综合单价（元）	合价（元）
		分部分项工程费用小计					
二		可计量措施项目					
（一）		××工程					
1	××	×××××					
（二）		××工程					
1	××	×××××					
		可计量措施项目费小计					
三		综合取定的措施项目费					
1		安全文明施工费					
2		夜间施工增加费					
3		二次搬运费					
		综合取定措施项目费小计					
		合计					

2. 概算指标法

概算指标法是采用概算指标估算建筑安装工程费用的方法。概算指标是以成套设备装置的台（组）或以整个建筑物的建筑面积、体积为计量单位而规定的人工、材料、机械台班的消耗量标准和造价指标。对于一般民用工程和中小型通用厂房工程，在初步设计文件尚不完备、处于方案阶段，无法计算工程量时，可采用概算指标编制概算。

当拟建工程的建设地点与概算指标中的工程建设地点相同，拟建工程的工程特征和结构特征与概算指标中的工程特征、结构特征基本相同，拟建工程的建筑面积与概算指标中工程的建筑面积相似时，根据选用的概算指标内容，以指标中所规定的工程每 m^2 、每 m^3 的工料单价，根据管理费、利润、规费、税金的费（税）率确定该子目的全费用综合单价，乘以拟建单位工程建筑面积或体积，即可求出单位工程的概算造价。

$$单位工程概算造价=概算指标每\ m^2(m^3)综合单价\times拟建工程建筑面积(体积) \tag{8-19}$$

这种简化方法的计算结果参照的是概算指标编制时期的价格标准，未考虑拟建工程建设时期与概算指标编制时期的价差，所以在计算直接工程费后还应用物价指数另行调整。

当拟建工程结构特征与概算指标有局部差异时，必须对概算指标进行调整后方可套用。具体调整方法如下：

（1）调整概算指标中的每 m^2（m^3）综合单价。

根据拟建工程实际情况，将每 m^2（m^3）原概算指标中与其结构不同部分的造价扣除，并补充每 m^2（m^3）拟建工程该部分的造价。计算公式为：

$$结构变化修正概算指标(元/m^2)=I+Q_1P_1-Q_2P_2 \tag{8-20}$$

式中 I——原概算指标综合单价；

Q_1——概算指标中换入结构的工程量；

Q_2——概算指标中换出结构的工程量；

P_1——换入结构的综合单价；

P_2——换出结构的综合单价。

求出直接工程费后，再按照规定的取费方法计算其他费用，最终完成单位工程概算。

（2）调整概算指标中的人、材、机数量。

根据拟建工程实际情况，将每 100 m^2（1000m^3）原概算指标中与其结构不同部分的人、材、机消耗量扣除，并补充拟建工程每 100 m^2（1000m^3）建筑面积（体积）人、材、机数量。

将修正后的概算指标结合报告编制期的人、材、机价格的变化，以及管理费、利润、规费、税金的费（税）率确定该子目的全费用综合单价。

3. 类似工程预算法

类似工程预算法是利用技术条件与拟建工程相似的已完工程或在建工程的工程造价资料来编制拟建工程设计概算的方法。类似工程预算法的编制步骤为：

（1）根据拟建工程的各种特征参数，选择合适的类似工程预算。

（2）根据本地区现行的各种价格和费用标准，计算类似工程预算的人工费、材料费、施工机具使用费、企业管理费修正系数。

（3）根据类似工程预算修正系数和上述四项费用在预算成本中所占的比重，计算预算成本总修正系数。计算修正后的类似工程平方米预算成本，根据编制概算地区的利税率计算修正后的类似工程平方米造价。

（4）根据拟建工程的建筑面积和修正后的类似工程平方米造价，计算拟建工程概算造价。

采用类似工程预算编制概算，往往由于拟建工程与类似工程之间在基本结构特征上存在差异，而影响概算的准确性。因此，必须对建筑结构差异和价差进行调整。

（1）建筑结构差异的调整。

首先确定拟建工程与类似工程的差别部分，然后分别按每一项目算出结构构件的工程量和单位价格（按编制概算工程所在地区的单价），然后以类似工程中有差别部分的结构构件的工程数量和单价为基础，算出总差价。将类似预算的人、材、机费总额减去（或加上）这部分差价，得到换算后的人、材、机费，取费得到结构差异换算后的造价。

（2）价差调整。

类似工程造价的价差调整可以采用以下两种方法：

1）当类似工程造价资料有具体的人工、材料、机具台班的用量时，可按类似工程预算造价资料中的主要材料、工日、机具台班数量乘以拟建工程所在地的主要材料预算价格、人工单价、机具台班单价，计算出人、材、机费，再计算企业管理费、利润、规费和税金，即可得出所需的概算造价。

2）类似工程造价资料只有人工、材料、施工机具使用费和企业管理费等费用或费率时，可按以下公式调整：

$$拟建工程成本单价=类似工程成本单价\times K$$

$$K=a\%K_1+b\%K_2+c\%K_3+d\%K_4 \tag{8-21}$$

式中　K——成本单价综合调整系数；

$a\%$、$b\%$、$c\%$、$d\%$——类似工程预算的人工费、材料费、施工机具使用费、企业管理费占预算成本的比重；

K_1——拟建工程概算的人工费（或工资标准）/类似工程预算人工费（或地区工资标准）；

K_2——拟建工程概算的材料费/类似工程预算材料费；

K_3——拟建工程概算的施工机具使用费/类似工程预算的施工机具使用费；

K_4——拟建工程概算的企业管理费/类似工程预算的企业管理费。

4. 单位设备及安装工程概算编制

单位设备及安装工程概算包括单位设备及工器具购置费概算和单位设备安装工程费概算两大部分。

（1）设备及工器具购置费概算

设备及工器具购置费概算是确定购置设备及工器具所需的原价和运杂费而编制的文件。设备分为标准设备和非标准设备。标准设备的原价为各部、省、市、自治区规定的现行产品出厂价格；非标准设备是由采购单位先行设计委托制造的设备，原价由设计机构依据设计图样按照设备类型、材质、质量、加工精度、复杂程度等进行估价，逐项计算，主要由加工费、材料费、设计费组成。

设备购置费概算编制步骤为：

1）收集并熟悉有关设备清单、工艺流程图等基础参数资料；

2）确定设备原价（具体计算方法详见本书第 2 章）。

（2）设备安装工程费概算

设备安装工程费概算可根据初步设计深度和要求所明确的程度可以采用预算单价法、扩大单价法和概算指标法。

1）预算单价法。

当初步设计或扩大初步设计文件达到一定深度，有详细的设备清单时，可直接按照安装工程预算定额单价编制安装工程概算，概算编制程序与安装工程施工图预算的编制程序基本相同。

2）扩大单价法。

当初步设计深度不够，不具备设备清单，只有主体设备或成套设备重量时，可采用主体设备、成套设备的综合扩大安装单价编制概算。

3）设备价值百分比法。

当初步设计深度不够，只有设备出厂价而无详细规格、重量时，安装费可按占设备费的百分比计算，安装费率由相关管理部门制定或由设计单位根据已完类似工程确定，其计算公式为：

$$设备安装费=设备原价\times安装费率 \tag{8-22}$$

4）综合吨位指标法。

当初步设计提供的设备清单有规格和设备重量时，可采用由相关主管部门或由设计单位根据已完类似工程的资料确定的综合吨位指标编制概算，其计算公式为：

$$设备安装费=设备吨重\times每吨设备安装费指标(元/吨) \tag{8-23}$$

【例 8-1】教研办公楼概算编制

【例 8-1】 根据××教学实训楼相关工程信息和教研办公楼图纸，以及教学实训楼分部分项造价指标，参照《建设工程造价指标指数分类与测算标准》GB/T 51290—2018，计算教研办公楼概算值。

附件一　××教学实训楼相关工程信息及分部分项造价指标

附件二《建设工程造价指标指数分类与测算标准》GB/T 51290—2018

8.2.3　单项工程综合概算的编制

单项工程综合概算由建筑工程费用、安装工程费用和设备及工器具购置费用组成。

1. 单项工程综合概算的内容

单项工程综合概算是确定单项工程建设费用的综合性文件，它是由该单项工程所属的各专业单位工程概算汇总而成的，是建设项目总概算的组成部分。单项工程综合概算由建筑工程费用、安装工程费用和设备及工器具购置费用组成，它是由各单位工程概算和设备、工器具购置费用概算汇总而成的，具体内容包括：

（1）建筑工程概算

① 土建工程概算；

② 电气照明工程概算；

③ 给水排水工程概算；

④ 通风空调工程概算；

⑤ 工业管道工程概算；

⑥ 特殊构筑物概算。

（2）设备安装工程概算

① 机械设备及安装工程概算；

② 电气工程及安装工程概算；

③ 热力设备及安装工程概算；

④ 静置设备及安装工程概算；

⑤ 自动化控制装置及仪表工程概算。

（3）设备、工器具购置费用概算

① 设备（包括需安装和不需安装的设备）的购置费用概算；

② 工具、器具和生产家具（包括备品备件）的购置费用概算。

2. 单项工程综合概算的编制

单项工程综合概算文件一般包括编制说明和综合概算表两部分。当项目无须编制建设项目总概算时，应列出工程建设其他费用概算。

编制说明主要包括编制依据、编制方法、主要设备和材料的数量及其他需要说明的问题。

综合概算表是根据单项工程所辖范围内的各单位工程概算等基础资料，按照国家或部委所规定的统一表格进行编制。单项工程综合概算表如表 8-2 所示。

单项工程综合概算表 **表 8-2**

综合概算编号：工程名称（单项工程）： 单位：万元 共 页 第 页

序号	概算编号	工程项目或费用名称	设计规模或主要工程量	建筑工程费	设备购置费	安装工程费	合计	其中:引进部分		主要技术经济指标		
								美元	折合人民币	单位	数量	单位价值
一		主要工程										
1												
2												
二		辅助工程										
1												
2												
三		配套工程										
1												
2												
		单项工程概算费用合计										

编制人： 审核人： 审定人：

8.2.4 建设项目总概算的编制

建设项目总概算是以初步设计文件为依据，在单项工程综合概算的基础上计算建设项目概算总投资的成果文件。它是根据各个单项工程综合概算、工程建设其他费用、建设期利息、预备费及生产经营性项目铺底流动资金概算汇总编制而成的。

1. 建设项目总概算书的组成

总概算书一般由封面及目录、编制说明、总概算表、单项工程综合概算表、工程建设其他费用概算表、主要建筑安装材料汇总表组成。

（1）编制说明

1）工程概况。主要说明建设项目的建设规模、范围和性质、建设地点、建设条件、建设周期、生产能力、产品规格、公用设施及厂外工程情况等。

2）编制依据。国家及相关部门规定、设计文件、概算定额、概算指标、设备材料价格、费用标准等。

3）编制方法。说明编制设计概算是采用概算定额法或概算指标法等。

4）投资分析。主要分析各项投资的比例、各专业投资的比重等经济指标，并与类似工程分析比较，分析该设计的经济合理性等。

5）主要材料和设备数量。说明建筑安装工程主要材料，如钢材、木材、水泥等的数量，主要机械设备、电气设备的数量。

6）其他有关问题。主要说明编制概算文件过程中存在的其他有关问题等。

（2）总概算表

总概算表的项目按工程性质和费用构成划分为工程费用、工程建设其他费用、预备费、建设期利息及铺底流动资金。如表 8-3 所示。

总概算表 **表 8-3**

序号	概算编号	工程项目或费用名称	建筑工程费	安装工程费	其他费用	合计	其中:引进部分		占总投资比例(%)
							美元	折合人民币	
一		工程费用							
1		主要工程							
2		辅助工程							
3		配套工程							
二		工程建设其他费用							
1									
2									
三		预备费							
四		建设期利息							
五		铺底流动资金							
		建设项目概算总投资							

（3）工程建设其他费用概算表

工程建设其他费用概算按国家或地区或部委所规定的项目和标准确定，并按统一格式编制，如表 8-4 所示。

工程建设其他费用概算表 **表 8-4**

序号	费用项目编号	费用项目名称	费用计算基数	费率	金额	计算公式	备注
1							
2							
	合计						

2. 建设项目总概算书的编制

建设项目总概算书编制步骤为：

（1）收集编制总概算的相关资料。

（2）根据初步设计说明、建筑总平面图等资料，对各工程项目内容、性质、建设单位的要求，做初步了解。

（3）根据初步设计文件、单位工程概算书、定额和费用文件等资料，审核各单项工程综合概算书及其他工程与费用概算书。

（4）编制总概算表。

（5）编制总概算说明，并将总概算封面、总概算说明、总概算表等按顺序汇编成册，构成建设工程总概算书。

本章综合训练

小组作业：

① 讨论教研办公楼案例设计概算的精确程度和哪些因素有关？

② 教研办公楼案例设计概算对后期设计及施工有什么影响？

③ 完善教研办公楼设计概算。

④ 查找住宅楼、办公楼、商场等典型工程概算指标。

本章总结与思考

通过回顾本章内容和教学目标，结合个人学习情况，思考下述目标你都实现了吗？

第 8 章　教学目标清单

类别	教学目标	是否实现(实现打√,没有打×)	未实现原因
知识目标	熟悉投资估算和设计概算的编制		
	熟悉投资估算和设计概算的含义及内容		
	了解投资估算和设计概算的作用		
	了解设计概算的审查方法		
专业能力目标	具有工程投资估算编制能力		
	具有概算定额和指标的运用能力		
	具有设计概算的编制与审核的基本能力		
其他	自行填写自己认为获得的其他知识、能力		

（注：填写的教学目标清单扫码获取）

教学目标

第 9 章

工程合同价款结算与竣工决算

节　标　题	内　　容
工程结算	工程结算概述
	预付款、工程进度款、竣工结算
	合同价款索赔与变更
竣工决算	建设项目竣工决算概述
	竣工决算的编制与审核

知识目标

- 掌握工程结算的方式及内容；
- 熟悉竣工结算的编制与审核；
- 熟悉工程变更、工程索赔与合同价调整；
- 熟悉竣工决算的概念和内容；
- 了解竣工决算的原则及编制、审核程序。

专业能力目标

- 具备工程结算文件编制与审查的基本能力；
- 具备工程价款结算的基本能力；
- 具有工程变更和索赔管理的基本能力。

导学与思考

(1) 以教研办公楼案例为例，讨论工程结算的重点有哪些？如何进行工程价款的结算？如何进行工程变更和索赔管理？

(2) 如何编制车棚工程的工程竣工决算？需要做哪些准备工作？

9.1　工程结算

9.1.1　工程结算概述

1. 合同价格的形成与实现

自从《中华人民共和国招标投标法》颁布以来，我国建筑行业市场形成了完整的、严格的招标投标制度，发承包双方需要经过严格的招标、投标、评标等程序，发包方最终与中标人签订发承包合同。发承包双方在工程合同中约定的工程造价，包括分部分项工程费、措施项目费、其他项目费、规费、税金的合同总金额，即为签约合同价（合同价款）。

由于承发包双方在签约合同时不能完全预见施工过程中发生的所有风险，例如物价波动、设计变更、不可抗力等情况。上述情况可能导致承发包双方的权利、利益、责任失去平衡。为了提高合同的执行效率，承发包双方需要建立一些合理的机制来解决施工过程出现的风险以及破坏合同平衡的事项。签约合同价不能实现施工过程中发承包双方利益的再分配，需要在签约合同价的基础上加上（或者减去）施工过程中变化的价款调整值。因此，在合同价款调整因素出现后，发承包双方根据合同约定，对合同价款进行变动的提出、计算和确认，即为合同价款调整。

合同价格是指鉴于工程施工过程的复杂性，会有一些对签约合同价产生影响的因素，如工程变更，在结合变更因素之后根据合同履约情况支付承包人的金额。合同价款结算是合同价格实现的确定关键因素。

2. 建设工程价款结算

（1）概念与内容

《建设工程价款结算暂行办法》规定，建设工程价款结算（以下简称“工程价款结算”），是指对建设工程的发承包合同价款进行约定和依据合同约定进行工程预付款、工程进度款、工程竣工价款结算的活动。

《建设工程工程量清单计价规范》GB 50500—2013 规定，工程结算是指发承包双方根据合同约定，对合同在实施中、终止时、已完成后进行合同价款计算、调整和确认，包括期中结算、终止结算、竣工结算。根据规范中的合同价款结算的内容与流程详见图 9-1。

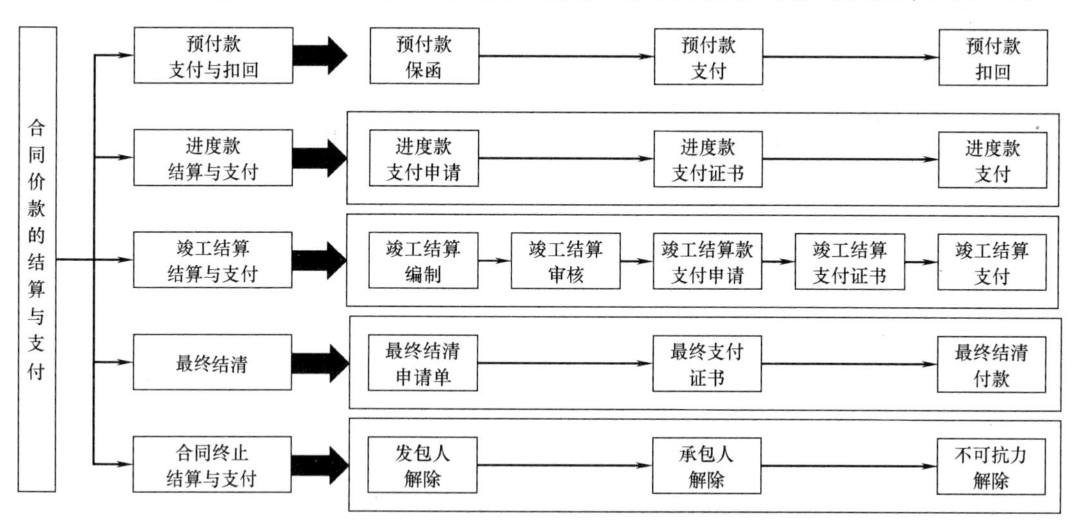

图 9-1 合同价款的结算与支付的内容

（2）工程价款结算的作用

1）通过工程价款结算办理已完成工程的工程价款，确定承包人的货币收入，补充施工生产过程中的资金消耗。

2）工程价款结算是统计承包人完成生产计划和建设单位完成建设投资任务的依据。

3）竣工结算是承包人完成该工程项目的总货币收入，是承包人内部编制工程决算，进行成本核算，确定工程实际成本的重要依据。

4）竣工结算是建设单位编制竣工决算的主要依据。

5）竣工结算的完成，标志着承包人和发包人双方所承担的合同义务和经济责任的结束等。

9.1.2　预付款、工程进度款、竣工结算

1. 预付款

施工企业承包工程，组织施工需要一定数额的备料资金，用于提前储备材料和订购配件，以保证施工的顺利进行。预付款金额应以保证施工所需材料和构件的正常储备、保证施工的顺利进行为原则。若数额过少、备料不足，可能造成施工生产停工待料；若预收款过多，则会造成资金积压和浪费，不利于施工企业管理和资金核算。

根据《建设工程价款结算暂行办法》，对工程预付款的额度作如下规定：包工包料工程的预付款的支付比例不得低于签约合同价（扣除暂列金）的 10%，不宜高于签约合同价（扣除暂列金）的 30%；对重大工程项目，按年度工程计划逐年预付。计价执行《建设工程工程量清单计价规范》GB 50500—2013 的工程，实体性消耗和非实体性消耗部分应在合同中分别约定预付款比例。

2. 工程进度款

工程进度款是指在合同工程施工过程中，发包人按照合同约定对付款周期内承包人完成的合同价款给予支付的款项，也是合同价款中期结算支付。

（1）工程进度款结算方式

1）按月结算与支付。即实行按月支付进度款，竣工后清算的办法。合同工期在两个年度以上的工程，在年终进行工程盘点，办理年度结算。

2）分段结算与支付。即当年开工、当年不能竣工的工程按照工程形象进度，划分不同阶段支付工程进度款。具体划分在合同中明确。

（2）工程进度款的申请内容

承包人应该在每个计量周期后的 7 天内，向发包人提交已完成工程进度款支付申请，一式四份，详细说明此周期认为有权得到的款额，包括分包人已完成工程的价款。支付申请应该包括以下内容：

1）累计已完成的合同价款。

2）累计已实际支付的合同价款。

3）本周期合计完成的合同价款。

① 本周期已完成单价项目的金额；

② 本周期应支付的总价项目的金额；

③ 本周期已完成的计日工价款；

④ 本周期应支付的安全文明施工费；

⑤ 本周期应增加的金额。

4）本周期合计应扣减的金额。

① 本周期应扣回的预付款；

工程进度款的审核与支付

② 本周期应扣减的金额。

3. 竣工结算

工程竣工结算是指工程项目完工并竣工验收合格后，发承包双方按照施工合同的约定对所完成的工程项目的合同价格的计算、调整和确认。

竣工结算编制的内容主要有建设项目竣工总结算（表 9-1）、单项工程竣工结算（表 9-2）、单位工程竣工结算（表 9-3）。

单位工程竣工结算由承包人编制，发包人进行审核；实行总承包的工程，单项工程竣工结算由具体承包人进行编制，在总承包人审核的基础上，发包人审核；单项工程竣工结算与建设项目总竣工结算由总承包人编制，既可以由发包人进行审核，又可以由发包人委托的具有相应资质的工程造价咨询机构进行审核；政府投资项目，由同级财务部进行审核。

工程项目竣工结算汇总表 **表 9-1**

序号	单位工程名称	金额/元	其中	
			安全文明施工费/元	规费/元
合计				

单项工程竣工结算汇总表 **表 9-2**

序号	单位工程名称	金额/元	其中	
			安全文明施工费/元	规费/元
合计				

竣工结算的编制和依据、支付、审核

单位工程竣工结算表 **表 9-3**

序号	汇总内容	金额/元
1	分部分项工程	
1.1		
1.2		
1.3		
2	措施项目	
2.1	其中:安全文明施工费	
3	其他项目	
3.1	其中:专业工程结算价	
3.2	其中:计日工	
3.3	其中:总承包服务费	
3.4	其中:索赔与现场签证	
4	规费	
5	增值税	
竣工结算总价合计=1+2+3+4+5		

4. 最终结清

所谓最终结清，是指合同约定的缺陷责任期终止后，承包人已按合同规定完成全部剩余工作且质量合格的，发包人与承包人结清全部剩余款项的活动。

（1）最终结清申请单

缺陷责任期终止后，承包人已按合同规定完成全部剩余工作且质量合格的，发包人签发缺陷责任期终止证书，承包人可按合同约定的份数和期限向发包人提交最终结清申请单，并提供相关证明材料，详细说明承包人根据合同规定已经完成的全部工程价款金额以及承包人认为根据合同规定应进一步支付的其他款项。发包人对最终结清申请单内容有异议的，有权要求承包人进行修正和提供补充资料，由承包人向发包人提交修正后的最终结清申请单。

（2）最终支付证书

发包人收到承包人提交的最终结清申请单后的规定时间内予以核实，向承包人签发最终支付证书。发包人未在约定时间内核实，又未提出具体意见的，视为承包人提交的最终结清申请单已被发包人认可。

（3）最终结清付款

发包人应在签发最终结清支付证书后的规定时间内，按照最终结清支付证书列明的金额向承包人支付最终结清款。承包人按合同约定接收竣工结算支付证书后，应被认为已无权再提出在合同工程接收证书颁发前所发生的任何索赔。承包人在提交的最终结清申请中，只限于提出工程接收证书颁发后发生的索赔。提出索赔的期限自接受最终支付证书时终止。发包人未按期支付的，承包人可催告发包人在合理的期限内支付，并有权获得延迟支付的利息。

【例 9-1】 已知教研办公楼主体一次结构、二次结构和屋面防水工程施工完成，总承包商根据施工合同需要向业主提交工程主体部分施工结算书，请根据以下资料（附件）编制该工程施工结算书，并填写附表 A-3、附表 A-4、附表 A-5、附表 A-7、附表 A-10、附表 A-13。其他未尽事宜详见合同约定。

附件一　教研办公楼主体一次结构、二次结构和屋面防水工程投标报价表

附件二　甲供材料表

附件三　已有签证

【例 9-1】答案解析及相关资料

9.1.3　合同价款索赔与变更

1. 工程变更

（1）工程变更的概念

工程变更是指施工合同履行过程中出现与签订合同时的预计条件不一致的情况，而需要改变原定施工承包范围内的某些工作内容。合同当事人一方因对方未履行或不能正确履行合同所规定的义务而遭受损失时，可向对方提出索赔。工程变更与索赔是影响工程价款

结算的重要因素。

（2）工程变更的范围和内容

工程变更包括工程量变更、工程项目变更（如建设单位提出增加或者删减工程项目内容）、进度计划变更、施工条件变更等。

除专用合同条款另有约定之外，合同变更的范围一般包括以下情形：

① 增加（或减少）合同中任何工作，或追加额外的工作。

② 取消合同中任何工作，但转由他人实施的工作除外。

③ 改变合同中任何工作的质量标准或其他特性。

④ 改变工程的基线、标高、位置和尺寸。

⑤ 改变工程的时间安排或实施顺序。

（3）工程变更价格调整

1）工程变更引起本项目和其他项单价或合价的调整。任何一项工程变更都有可能引起变更项目和有关其他项目的施工条件发生变化，以致影响本项目和其他项目的单价或合价时，雇主和承包商均可提出对单价或价格的调整。其调整原则为：

① 变更的项目与工程量清单中某一项目施工条件相同时，则采用该项目的单价。

② 如工程量清单中无相同的项目，则可选用类似项目的单价作为基础，修改合适后采用。

③ 如既无相同项目，也无类似项目，则应由工程师、雇主和承包商进行协商确定新的单价或价格。

④ 如协商不成，可由工程师确定合适的价格。

2）工程变更总值超过合同规定额引起的合同价格的调整，在竣工结算时，如发现所有合同变更的总金额和支付工程量与清单中工程量之差引起的金额之和超过合同价格（不包含暂定金）的15％或合同规定范围，除了上述单价或合价的调整外，还应对合同价格进行调整。调整的原则是：当变更值为增加时，雇主在支付时应减少一笔金额；当变更值为减少时，则支付中应增加一笔金额。这种调整金额仅考虑超过合同价格（不包括暂定金）15％或合同规定范围的部分。

2. 索赔

（1）索赔的概念

工程索赔是在施工合同履行中，当事人一方由于另一方未履行合同所规定的义务或者出现应当由对方承担的风险而遭受损失时，向另一方提出赔偿要求的行为。索赔主要包括发包人索赔和承包人索赔。

（2）发包人的索赔

按《建设工程施工合同（示范文本）》GF—2017—0201，发包人认为有权得到赔付金额和（或）延长缺陷责任期的，监理人应向承包人发出通知并附有详细的证明。

发包人应在知道或应当知道索赔事件发生后28天内通过监理人向承包人提出索赔意向通知书，发包人未在前述28天内发出索赔意向通知书的，丧失要求赔付金额和（或）延长缺陷责任期的权利。发包人应在发出索赔意向通知书后28天内，通过监理人向承包人正式递交索赔报告。

对发包人索赔的处理如下：

1）承包人收到发包人提交的索赔报告后，应及时审查索赔报告的内容、查验发包人证明材料。

2）承包人应在收到索赔报告或有关索赔的进一步证明材料后 28 天内，将索赔处理结果答复发包人。如果承包人未在上述期限内作出答复的，则视为对发包人索赔要求的认可。

3）承包人接受索赔处理结果的，发包人可从应支付给承包人的合同价款中扣除赔付的金额或延长缺陷责任期；发包人不接受索赔处理结果的，按第 20 条〔争议解决〕约定处理。

（3）承包人的索赔

按《建设工程施工合同（示范文本）》GF—2017—0201，承包人认为有权得到追加付款和（或）延长工期的，应按以下程序向发包人提出索赔：

1）承包人应在知道或应当知道索赔事件发生后 28 天内，向监理人递交索赔意向通知书，并说明发生索赔事件的事由；承包人未在前述 28 天内发出索赔意向通知书的，丧失要求追加付款和（或）延长工期的权利。

2）承包人应在发出索赔意向通知书后 28 天内，向监理人正式递交索赔报告；索赔报告应详细说明索赔理由以及要求追加的付款金额和（或）延长的工期，并附必要的记录和证明材料。

3）索赔事件具有持续影响的，承包人应按合理时间间隔继续递交延续索赔通知，说明持续影响的实际情况和记录，列出累计的追加付款金额和（或）工期延长天数。

4）在索赔事件影响结束后 28 天内，承包人应向监理人递交最终索赔报告，说明最终要求索赔的追加付款金额和（或）延长的工期，并附必要的记录和证明材料。

对承包人索赔的处理如下：

1）监理人应在收到索赔报告后 14 天内完成审查并报送发包人。监理人对索赔报告存在异议的，有权要求承包人提交全部原始记录副本。

2）发包人应在监理人收到索赔报告或有关索赔的进一步证明材料后的 28 天内，由监理人向承包人出具经发包人签认的索赔处理结果。发包人逾期答复的，则视为认可承包人的索赔要求。

3）承包人接受索赔处理结果的，索赔款项在当期进度款中进行支付；承包人不接受索赔处理结果的，按照争议解决约定处理。

9.2 竣工决算

9.2.1 建设项目竣工决算概述

1. 建设项目竣工决算的概念

建设项目竣工决算是指所有项目竣工后，项目单位按照国家有关规定在项目竣工验收阶段编制的竣工决算报告。竣工决算是以实物数量和货币指标为计量单位，综合反映竣工建设项目全部建设费用、建设成果和财务状况的总结性文件，是竣工验收报告的重要组成部分。竣工决算是正确核定新增固定资产价值，考核分析投资效果，建立健全经济责任制的依据，是反映建设项目实际造价和投资效果的文件。通过竣工决算，既能够正确反映建设工程的实际造价和投资结果；又可以通过竣工决算与概算、预算的对比分析，考核投资控制的工作成效，为工程建设提供重要的技术经济方面的基础资料，提高未来工程建设的投资效益。

2. 建设项目竣工决算的作用

（1）建设项目竣工决算是综合全面地反映竣工项目建设成果及财务情况的总结性文件。它采用货币指标、实物数量、建设工期和各种技术经济指标综合、全面反映建设项目自开始建设到竣工为止全部建设成果和财务状况。

（2）建设项目竣工决算是办理交付使用资产的依据。通过竣工决算反映交付使用资产的全部价值，包括固定资产、流动资产、无形资产和其他资产的价值；及时编制竣工决算可以正确核定固定资产价值并及时办理交付使用，可缩短工程建设周期，节约建设项目投资，准确考核和分析投资效果。可作为建设主管部门向企业使用单位移交财产的依据。

（3）建设项目竣工决算是分析和检查设计概算的执行情况，考核建设项目管理水平和投资效果的依据。竣工决算反映了竣工项目计划、实际的建设规模、建设工期以及设计和实际的生产能力，反映了概算总投资和实际的建设成本，同时还反映了所达到的主要技术经济指标。

3. 竣工决算的内容

根据财政部、国家发改委和住房城乡建设部的有关文件规定，竣工决算是由竣工财务决算说明书、竣工财务决算报表、工程竣工图和工程竣工造价对比分析四部分组成。其中竣工财务决算说明书和竣工财务决算报表两部分又称为建设项目竣工财务决算，是竣工决算的核心内容。竣工财务决算是正确核定项目资产价值、反映竣工项目建设成果的文件，是办理资产移交和产权登记的依据。

（1）竣工财务决算说明书

竣工财务决算说明书主要反映竣工工程建设成果和经验，是对竣工决算报表进行分析和补充说明的文件，是全面考核分析工程投资与造价的书面总结，是竣工决算报告的重要组成部分。

（2）竣工财务决算报表

建设项目竣工决算报表包括：基本建设项目概况表，基本建设项目竣工财务决算表，基本建设项目资金情况明细表，基本建设项目交付使用资产总表，基本建设项目交付使用资产明细表以及其他竣工财务决算报表（如：待摊投资明细表，待核销基建支出明细表，转出投资明细表等），以下对前面五类主要报表进行介绍。

1）基本建设项目概况表（表 9-4）。该表综合反映基本建设项目的基本概况，内容包括该项目总投资、建设起止时间、新增生产能力、主要材料消耗、建设成本、完成主要工程量和主要技术经济指标，为全面考核和分析投资效果提供依据。

2）基本建设项目竣工财务决算表（表 9-5）。竣工财务决算表是竣工财务决算报表的一种，建设项目竣工财务决算表是用来反映建设项目的全部资金来源和资金占用情况，是考核和分析投资效果的依据。该表反映竣工的建设项目从开工到竣工为止全部资金来源和资金运用的情况。它是考核和分析投资效果，落实结余资金，并作为报告上级核销基本建设支出和基本建设拨款的依据。在编制该表前，应先编制出项目竣工年度财务决算，根据编制出的竣工年度财务决算和历年财务决算编制项目的竣工财务决算。此表采用平衡表形式，即资金来源合计等于资金支出合计。

基本建设项目概况表　　　　**表 9-4**

<table>
<tr><td>建设项目
(单项工程)
名称</td><td colspan="2"></td><td>建设地址</td><td colspan="2"></td><td rowspan="10">基
建
支
出</td><td>项目</td><td>概算批准金额
(元)</td><td>实际完成金额
(元)</td><td>备注</td></tr>
<tr><td>主要设计
单位</td><td colspan="2"></td><td>主要施工企业</td><td colspan="2"></td><td>建筑安装工程</td><td></td><td></td><td rowspan="9"></td></tr>
<tr><td rowspan="3">占地面积
(m²)</td><td>设计</td><td>实际</td><td>总投资
(万元)</td><td>设计</td><td>实际</td><td>设备、工具、器具</td><td></td><td></td></tr>
<tr><td rowspan="2"></td><td rowspan="2"></td><td></td><td></td><td></td><td>待摊投资</td><td></td><td></td></tr>
<tr><td></td><td colspan="2"></td><td>其中:项目建设管理费</td><td></td><td></td></tr>
<tr><td rowspan="3">新增生产
能力</td><td colspan="3" rowspan="2">能力(效益)名称</td><td rowspan="2">设计</td><td rowspan="2">实际</td><td>其他投资</td><td></td><td></td></tr>
<tr><td>待核销基建支出</td><td></td><td></td></tr>
<tr><td colspan="2"></td><td></td><td></td><td></td><td>转出投资</td><td></td><td></td></tr>
<tr><td rowspan="2">建设起止
时间</td><td colspan="2">设计</td><td colspan="3">从　年 月 日至　年 月 日</td><td rowspan="2">合计</td><td rowspan="2"></td><td rowspan="2"></td></tr>
<tr><td colspan="2">实际</td><td colspan="3">从　年 月 日至　年 月 日</td></tr>
</table>

<table>
<tr><td>概算批准
部门及文号</td><td colspan="6"></td></tr>
<tr><td rowspan="3">完成主要
工程量</td><td colspan="2">建设规模</td><td colspan="4">设备(台、套、吨)</td></tr>
<tr><td>设计</td><td>实际</td><td colspan="2">设计</td><td colspan="2">实际</td></tr>
<tr><td></td><td></td><td colspan="2"></td><td colspan="2"></td></tr>
<tr><td rowspan="4">收尾工程</td><td>单项工程项目、
内容</td><td>批准概算</td><td>预计未完
部分投资额</td><td colspan="2">已完成
投资额</td><td>预计完成
时间</td></tr>
<tr><td></td><td></td><td></td><td colspan="2"></td><td></td></tr>
<tr><td></td><td></td><td></td><td colspan="2"></td><td></td></tr>
<tr><td>小计</td><td></td><td></td><td colspan="2"></td><td></td></tr>
</table>

基本建设项目竣工财务决算表　　　　**表 9-5**

资金来源	金额	资金占用	金额
一、基建拨款		**一、基本建设支出**	
1. 中央财政资金		(一)交付使用资产	
其中:一般公共预算资金		1. 固定资产	
中央基建投资		2. 流动资产	
财政专项资金		3. 无形资产	
政府性基金		**(二)在建工程**	
国有资本经营预算安排的基建项目资金		1. 建筑安装工程投资	
2. 地方财政资金		2. 设备投资	
其中:一般公共预算资金		3. 待摊投资	

续表

资金来源	金额	资金占用	金额
地方基建投资		4. 其他投资	
财政专项资金		(三)待核销基建支出	
政府性资金基金		(四)转出投资	
国有资本经营预算安排的基建项目资金		**二、货币资金合计**	
二、部门自筹资金(非负债性资金)		其中:银行存款	
三、项目资本金		财政应返还额度	
1. 国家资本		其中:直接支付	
2. 法人资本		授权支付	
3. 个人资本		现金	
4. 外商资本		有价证券	
四、项目资本公积		**三、预付及应收款合计**	
五、基建借款		1. 预付备料款	
其中:企业债券资金		2. 预付工程款	
六、待冲基建支出		3. 预付设备款	
七、应付款合计		4. 应收票据	
1. 应付工程款		5. 其他应收款	
2. 应付设备款		**四、固定资产合计**	
3. 应付票据		固定资产原价	
4. 应付工资及福利费		减:累计折旧	
5. 其他应付款		固定资产净值	
八、未交款合计		固定资产清理	
1. 未交税金		待处理固定资产损失	
2. 未交结余财政资金			
3. 未交基建收入			
4. 其他未交款			
合计		合计	

3）基本建设项目交付使用资产总表（表 9-6）。该表反映建设项目建成后新增定资产、流动资产、无形资产价值的情况和价值，作为财产交接、检查投资计划完成情况和分析投资效果的依据。

基本建设项目交付使用资产总表（元） **表 9-6**

序号	单项工程名称	总计	固定资产				流动资产	无形资产
			合计	建筑物及构筑物	设备	其他		

交付单位： 负责人： 接受单位： 负责人：

4）基本建设项目交付使用资产明细表（表 9-7）。该表反映交付使用的固定资产、流动资产、无形资产价值的明细情况，是办理资产交接和接收单位登记资产账目的依据，是使用单位建立资产明细账和登记新增资产价值的依据。编制时要做到齐全完整、数字准确，各栏目价值应与会计账目中相应科目的数据保持一致。

建设项目交付使用资产明细表（元）　　　　表 9-7

序号	单项工程名称	固定资产									流动资产		无形资产	
		建筑工程			设备、工具、器具、家具									
		结构	面积（m^2）	金额（元）	名称	规格型号	数量	金额（元）	其中：设备安装费（元）	其中：分摊待摊投资（元）	名称	金额（元）	名称	金额（元）

（3）建设工程竣工图

建设工程竣工图是真实地记录各种地上、地下建筑物和构筑物等情况的技术文件，是工程进行交工验收、维护、改建和扩建的依据，是国家的重要技术档案。全国各建设单位、设计单位、施工单位和各主管部门都要认真做好竣工图的编制工作。国家相关法规规定：各项新建、扩建、改建的基本建设工程，特别是基础、地下建筑、管线、结构、井巷、桥梁、隧道、港口、水坝以及设备安装等隐蔽部位，都要编制竣工图。为确保竣工图质量，必须在施工过程中（不能在竣工后）及时做好隐蔽工程检查记录，整理好设计变更文件。

（4）工程造价对比分析

对控制工程造价所采取的措施、效果及其动态的变化需要认真地进行比较对比，总结经验教训。批准的概算是考核建设工程造价的依据。在分析时，可先对比整个项目的总概算，然后将建筑安装工程费、设备工器具费和其他工程费用逐一与竣工决算表中所提供的实际数据和相关资料及批准的概算、预算指标、实际的工程造价进行对比分析，以确定竣工项目总造价是节约还是超支；并在对比的基础上，总结先进经验，找出节约和超支的内容和原因，提出改进措施。

9.2.2　竣工决算的编制与审核

1. 建设项目竣工决算的编制条件

编制工程竣工决算应具备下列条件：

（1）经批准的初步设计所确定的工程内容已完成。

（2）单项工程或建设项目竣工结算已完成。

（3）收尾工程投资和预留费用不超过规定的比例。

（4）涉及法律诉讼、工程质量纠纷的事项已处理完毕。

（5）其他影响工程竣工决算编制的重大问题已解决。

2. 竣工决算的编制依据

（1）完整的竣工结算送审报告。

（2）施工合同、招标文件、投标文件。

（3）建设工程设计文件及相关资料，包括工程施工图及经批准的施工组织设计。

（4）设计变更、工程洽商、索赔与现场签证，以及相关的会议纪要。

（5）发包人及监理现场相关指令及联系单。

（6）经批准的开、竣工报告或停、复工报告。

（7）工程材料及设备中标价或认价单。

（8）经批准的材料设备的采购合同和劳务分包合同。

（9）承包人的现场签证和得到发包人确认的索赔金额。

（10）现场踏勘复验记录。

（11）建设期影响合同价格的法律、法规和规范性文件。

（12）与竣工结算编制与审核相关的国务院建设行政主管部门以及各省、自治区、直辖市相关部门发布的建设工程造价计价标准、计价方法、计价定额、价格信息、相关规定等计价依据。

（13）其他相关依据。

3. 竣工决算的编制步骤

竣工决算的编制步骤分为前期准备、实施、完成和资料归档四个阶段。

（1）前期准备工作阶段的主要工作内容

1）了解编制工程竣工决算建设项目的基本情况，收集和整理基本的编制资料。在编制竣工决算文件之前，应系统地整理所有的技术资料、工料结算的经济文件、施工图纸和各种变更与签证资料，并分析它们的准确性。完整、齐全的资料，是准确而迅速编制竣工决算的必要条件。

2）确定项目负责人，配置相应的编制人员。

3）制定切实可行、符合建设项目情况的编制计划。

4）由项目负责人对成员进行培训。

（2）实施阶段主要工作内容

1）收集完整的编制程序依据资料。在收集、整理和分析有关资料中，要特别注意建设工程从筹建到竣工投产或使用的全部费用的各项账务，债权和债务的清理，做到工程完毕账目清晰，既要核对账目，又要查点库存实物的数量，做到账与物相等，账与账相符，对结余的各种材料、工器具和设备，要逐项清点核实，妥善管理，并按规定及时处理，收回资金。对各种往来款项要及时进行全面清理，为编制竣工决算提供准确的数据和结果。

2）协助建设单位做好各项清理工作。

3）编制完成规范的工作底稿。

4）对过程中发现的问题应与建设单位进行充分沟通，达成一致意见。

5）与建设单位相关部门一起做好实际支出与批复概算的对比分析工作。重新核实各单位工程、单项工程造价，将竣工资料与原设计图纸进行查对、核实，必要时可实地测量，确认实际变更情况；根据经审定的承包人竣工结算等原始资料，按照有关规定对原概预算进行增减调整，重新核定工程造价。

（3）完成阶段主要工作内容

1）完成工程竣工决算编制咨询报告、基本建设项目竣工决算报表及附表、竣工财务决算说明书、相关附件等。清理、装订好竣工图。做好工程造价对比分析。

2）与建设单位沟通工程竣工决算的所用事项。

3）经工程造价咨询企业内部复核后，出具正式工程竣工决算编制成果文件。

（4）资料归档阶段主要工作内容

1）工程竣工决算编制过程中形成的工作底稿应进行分类整理，与工程竣工决算编制成果文件一并形成归档纸质资料。

2）对工作底稿、编制数据、工程竣工决算报告进行电子化处理，形成电子档案。

将上述编写的文字说明和填写的表格经核对无误，装订成册，即建设工程竣工决算文件。将其上报主管部门审查，并把其中财务成本部分送交开户银行签证。竣工决算在上报主管部门的同时，抄送有关设计单位。

4. 竣工决算的审核

（1）审核程序

项目决算批复部门应按照“先审核后批复”的原则，建立健全项目决算评审和审核管理机制，以及内部控制制度。由财政部批复的项目决算，一般先由财政部委托财政投资评审机构或有资质的中介机构（以下统称评审机构）进行评审，根据评审结论，财政部审核后批复项目决算。委托评审机构实施项目竣工财务决算评审时，应当要求其遵循依法、独立、客观、公正的原则。项目建设单位可对评审机构在实施评审过程中的违法行为进行举报。由主管部门批复的项目决算参照上述程序办理。

根据《中央基本建设项目竣工财务决算审核批复操作规程》（财建［2018］2 号），主管部门、财政部收到项目竣工财务决算，一般可按照以下工作程序开展工作：

1）条件和权限审核。

① 审核项目是否为本部门批复范围。不属于本部门批复权限的项目决算，予以退回。

② 审核项目或单项工程是否已完工。尾工工程超过 5%的项目或单项工程，予以退回。

2）资料完整性审核。

① 审核项目是否经有资质的中介机构进行决（结）算评审，是否附有完整的评审报告。对未经决（结）算评审（含审计署审计）的，委托评审机构进行决算审核。

② 审核决算报告资料的完整性，决算报表和报告说明书是否按要求编制、项目有关资料复印件是否清晰、完整。决算报告资料报送不完整的，通知其限期补报有关资料，逾期未补报的，予以退回。需要补充说明材料或存在问题需要整改的，要求主管部门在限期内报送并督促项目建设单位进行整改，逾期未报或整改不到位的，予以退回。

其中，未经评审或审计署全面审计的项目决算，以及虽经评审或审计，但主管部门、财政部审核发现存在以下问题或情形的，应当委托评审机构进行评审：

① 评审报告内容简单、附件不完整、事实反映不清晰且未达到决算批复相关要求；

② 决算报表填写的数据不完整，存在较多错误，表间勾稽关系不清晰、不正确，以及决算报告和报表数据不一致；

③ 项目存在严重超标准、超规模、超概算，挤占、挪用项目建设资金，待核销基建支出和转出投资无依据、不合理等问题；

④ 评审报告或有关部门历次核查、稽查和审计所提问题未整改完毕，存在重大问题

未整改或整改落实不到位；

⑤ 建设单位未能提供审计署的全面审计报告；

⑥其他影响项目竣工财务决算完成投资等的重要事项。

3）评审机构进行决（结）算评审的项目决算，或审计署已经进行全面审计的项目决算，财政部或主管部门审核未发现较大问题，项目建设程序合法、合规，报表数据正确无误，评审报告内容翔实、事实反映清晰、符合决算批复要求以及发现的问题均已整改到位的，可依据评审报告及审核结果批复项目决算。审核中，评审发现项目建设管理存在严重问题并需要整改的，要及时督促项目建设单位限期整改；存在违法违纪的，依法移交有关机关处理。

4）审核未通过的，属于评审报告问题的，退回评审机构补充完善；属于项目本身不具备决算条件的，请项目建设单位（或报送单位）整改、补充完善或予以退回。

（2）审核依据

审核工作依据以下文件：

1）项目建设和管理的相关法律、法规、文件规定；

2）国家、地方以及行业工程造价管理的有关规定；

3）财政部颁布的基本建设财务管理及会计核算制度；

4）本项目相关资料；项目初步设计及概算批复和调整批复文件、历年财政资金预算下达文件；项目决算报表及说明书；历年监督检查、审计意见及整改报告，必要时，还可审核项目施工和采购合同、招标投标文件、工程结算资料以及其他影响项目决算结果的相关资料。

（3）审核方式

审核工作主要是对项目建设单位提供的决算报告及评审机构提供的评审报告、社会中介机构审计报告进行分析、判断，与审计署审计意见进行比对，并形成批复意见。

1）政策性审核。重点审核项目履行基本建设程序情况，资金来源、到位及使用管理情况，概算执行情况，招标履行及合同管理情况，待核销基建支出和转出投资的合规性，尾工工程及预留费用的比例和合理性等。

2）技术性审核。重点审核决算报表数据和表间勾稽关系、待摊投资支出情况、建筑安装工程和设备投资支出情况、待摊投资支出分摊计入交付使用资产情况以及项目造价控制情况等。

3）评审结论审核。重点审核评审结论中投资审减（增）金额和理由。

4）意见分歧审核及处理。对于评审机构与项目建设单位就评审结论存在意见分歧的，应以国家有关规定及国家批准项目概算为依据进行核定，其中：评审审减投资属工程价款结算违反承发包双方合同约定及多计工程量、高估冒算等情况的，一律按评审机构评审结论予以核定批复。

评审审减投资属于超国家批准项目概算、但项目运行使用确实需要的，原则上应先经项目概算审批部门调整概算后，再按调整概算确认和批复。若自评审机构出具评审结论之日起 3 个月内未取得原项目概算审批部门的调整概算批复，仍按评审结论予以批复。

（4）审核内容

审核的主要内容包括工程价款结算、项目核算管理、项目建设资金管理、项目基本建设程序执行及建设管理、概（预）算执行、交付使用资产及尾工工程等。

1）工程价款结算审核。主要包括评审机构对工程价款是否按有关规定和合同协议进行全面评审；评审机构对于多算和重复计算工程量、高估冒算建筑材料价格等问题是否予以审减；单位、单项工程造价是否在合理或国家标准范围内，是否存在严重偏离当地同期同类单位工程、单项工程造价水平问题。

2）项目核算管理情况审核，具体包括：①建设成本核算是否准确。对于超过批准建设内容发生的支出、不符合合同协议的支出、非法收费和摊派，无发票或者发票项目不全、无审批手续、无责任人员签字的支出以及因设计单位、施工单位、供货单位等原因造成的工程报废损失等不属于本项目应当负担的支出，是否按规定予以审减。②待摊费用支出及其分摊是否合理合规。③待核销基建支出有无依据、是否合理合规。④转出投资有无依据、是否已落实接收单位。⑤决算报表所填写的数据是否完整，表内和表间钩稽关系是否清晰、正确。⑥决算的内容和格式是否符合国家有关规定。⑦决算资料报送是否完整、决算数据之间是否存在错误。⑧与财务管理和会计核算有关的其他事项。

3）项目资金管理情况审核，主要包括：①资金筹集情况。如项目建设资金筹集是否符合国家有关规定；项目建设资金筹资成本控制是否合理。②资金到位情况。如财政资金是否按批复的概算、预算及时足额拨付项目建设单位；自筹资金是否按批复的概算、计划及时筹集到位，是否有效控制筹资成本。③项目资金使用情况。财政资金情况是否按规定专款专用，是否符合政府采购和国库集中支付等管理规定；结余资金情况，结余资金在各投资者间的计算是否准确，应上缴财政的结余资金是否按规定在项目竣工后 3 个月内及时交回，是否存在擅自使用结余资金情况。

4）项目基本建设程序执行及建设管理情况审核，主要包括：①项目基本建设程序执行情况。审核项目决策程序是否科学规范，项目立项、可研、初步设计及概算和调整是否符合国家规定的审批权限等。②项目建设管理情况。审核决算报告及评审或审计报告是否反映了建设管理情况；建设管理是否符合国家有关建设管理制度要求，是否建立和执行法人责任制、工程监理制、招标投标制、合同制；是否制定相应的内控制度，内控制度是否健全、完善、有效；招标投标执行情况和项目建设工期是否按批复要求有效控制。

5）概（预）算执行情况。主要包括是否按照批准的概（预）算内容实施，有无超标准、超规模、超概（预）算建设现象，有无概算外项目和擅自提高建设标准、扩大建设规模、未完成建设内容等问题；项目在建设过程中历次检查和审计所提的重大问题是否已经整改落实；尾工工程及预留费用是否控制在概算确定的范围内，预留的金额和比例是否合理。

6）交付使用资产情况。主要包括项目形成资产是否真实、准确、全面反映，计价是否准确，资产接受单位是否落实；是否正确按资产类别划分固定资产、流动资产、无形资产，交付使用资产实际成本是否完整，是否符合交付条件，移交手续是否齐全。

5. 竣工决算的批复

（1）批复范围

1）财政部直接批复的范围。

① 主管部门本级的投资额在 3000 万元（不含 3000 万元，按完成投资口径）以上的项目决算。

② 不向财政部报送年度部门决算的中央单位项目决算。主要是指不向财政部报送年度决算的社会团体、国有及国有控股企业使用财政资金的非经营性项目和使用财政资金占项目资本比例超过50%的经营性项目决算。

2）主管部门批复的范围。

① 主管部门二级及以下单位的项目决算。

② 主管部门本级投资额在3000万元（含3000万元）以下的项目决算。由主管部门批复的项目决算，报财政部备案（批复文件抄送财政部），并按要求向财政部报送半年度和年度汇总报表。

（2）批复内容

批复项目决算主要包括以下内容：

1）批复确认项目决算完成投资、形成的交付使用资产、资金来源及到位构成，核销基建支出和转出投资等。

2）根据管理需要批复确认项目交付使用资产总表、交付使用资产明细表等。

3）批复确认项目结余资金、决算评审审减资金，并明确处理要求。

① 项目结余资金的交回时限。按照财政部有关基本建设结余资金管理办法规定处理，即应在项目竣工后3个月内交回国库。项目决算批复时，应确认是否已按规定交回；未交回的，应在批复文件中要求其限时交回，并指出其未按规定及时交回问题。

② 项目决算确认的项目概算内评审审减投资，按投资来源比例归还投资方，其中审减的财政资金按要求交回国库；决算审核确认的项目概算内审增投资，存在资金缺口的，要求主管部门督促项目建设单位尽快落实资金来源。

4）批复项目结余资金和审减投资中应上缴中央总金库的资金，在决算批复后30日内，由主管部门负责上缴。

5）要求主管部门督促项目建设单位按照批复及基本建设财务会计制度有关规定及时办理资产移交和产权登记手续，加强对固定资产的管理，更好地发挥项目投资效益。

6）批复披露项目建设过程存在的主要问题，并提出整改时限要求。

7）决算批复文件涉及需交回财政资金的，应当抄送财政部驻当地财政监察专员办事处。

本章综合训练

（1）个人作业：

① 以教研办公楼案例为例，说明工程结算的流程和内容。

② 对教研办公楼进行竣工决算，需要进行哪些准备工作？

（2）小组作业

以教研办公楼为例，假设建设工程合同中约定工程预付款为建安工程费的10%，则根据前面章节计算出的主体结构、二次结构及屋面工程建安工程费，教研办公楼工程预付款为多少？

本章总结与思考

通过回顾本章内容和教学目标，结合个人学习情况，思考下述目标你都实现了吗？

第 9 章　教学目标清单

类别	教学目标	是否实现(实现打√,没有打×)	未实现原因
知识目标	掌握工程结算的方式及内容		
	熟悉竣工结算编制与审核		
	熟悉工程变更、工程索赔与合同价调整		
	熟悉竣工决算的概念和内容		
	了解结算文件的组成、编制依据和编制程序		
专业能力目标	具有工程变更和索赔管理的基本能力		
	具备工程价款结算的基本能力		
	具备工程结算文件编制与审查的基本能力		
其他	自行填写自己认为获得的其他知识、能力		

（注：填写的教学目标清单扫码获取）

教学目标

第 10 章

工程造价信息化

节　标　题	内　　容
工程造价信息化概述	信息化的概念与意义
	工程造价信息化及其主要任务
工程造价信息化发展概况	我国工程造价信息化发展历程
	工程造价信息化发展趋势
工程造价信息化应用简介	典型工程造价软件的应用
	BIM 在工程造价中的应用
	大数据在工程造价中的应用
	互联网＋云计算在工程造价中的应用

知识目标

- 熟悉典型工程计量与计价软件的应用；
- 了解工程造价信息化的有关概念及工程造价信息化的意义和发展概况；
- 了解工程造价信息化应用的整体情况；
- 了解 BIM、大数据和互联网＋云计算等信息技术在工程造价中的基本应用。

专业能力目标

- 具有对工程造价信息化总体框架的理解和认知能力。

导学与思考

（1）什么是信息化，信息化技术在工程管理和工程造价管理中的地位和作用是什么？
（2）BIM、大数据和互联网等信息化技术在工程造价中有哪些典型应用？
（3）工程造价信息化应用主要体现在哪些方面？其发展趋势如何？
（4）如何利用工程造价信息化平台（网站）进行造价相关信息的检索？

10.1　工程造价信息化概述

信息化管理已经成为建设工程项目管理的发展趋势。工程造价的确定与管理不仅涉及多方主体的参与，而且工程项目日趋大型化、复杂化及国际化，信息的交流与传递日趋频繁，以工具式造价软件应用为代表的传统信息管理模式及手段已经不能满足工程项目管理及工程造价管理的需要。通过工程造价信息化建设，不仅要开发和应用各类工程造价软件系统，更要开发和利用各种工程造价信息资源，构建各种类型的数据库和管理信息系统，普及和提高工程造价信息化应用水平，才能更有效地实施工程项目管理及工程造价管理。

10.1.1 信息化的概念与意义

1. 信息化的概念及特征

(1) 信息化的概念

信息化是充分利用信息技术，开发利用信息资源，促进信息交流和知识共享，提高经济增长质量，推动经济社会发展转型的历史进程（引自《2006—2020 国家信息化发展战略》）。

信息化本身就是一个过程，既是信息技术的发展过程，也是社会各领域发展到一定阶段后亟须利用信息技术提高效率和效益的过程。

(2) 信息化的基本特征

信息化是建立在计算机技术、网络技术、通信技术和数字化技术等现代信息技术基础上的。信息化的基本特征主要有信息处理数字化、信息采集自动化、信息存储电子化、信息交换网络化、信息检索工具化、信息利用科学化等。

(3) 信息化的基本构成要素

信息化的基本构成要素包括信息技术和应用领域，把两者结合起来的纽带是要实现或达到的目标要求。根据目标要求构建信息系统，并实现应用过程，如图 10-1 所示。

图 10-1 信息化的基本构成要素

2. 信息化的意义

信息化是当今世界发展的大趋势，是推动经济社会变革的重要力量。建筑业信息化是建筑业发展战略的重要组成部分，也是建筑业转变发展方式、提质增效、节能减排的必然要求，对建筑业绿色发展、提高人民生活品质具有重要意义。

(1) 信息化是国家战略。实施《国家信息化发展战略纲要》对增强建筑业信息化发展能力，优化建筑业信息化发展环境，加快推动信息技术与建筑业发展深度融合，充分发挥信息化的引领和支撑作用，塑造建筑业新业态具有重要作用。为此，我国住房城乡建设部制订了《2016—2020 年建筑业信息化发展纲要》，为建筑业的信息化发展指明了发展方向。

(2) 信息化是促进建筑业企业管理和生产水平提升的有效手段。随着现代工程建设项目规模的不断扩大，建筑技术难度与质量的要求不断提高，建设领域工程管理的复杂程度和难度也越来越高，传统的管理手段已无法适应快速发展的要求。迫切需要利用信息化手段来提效率、促效益，支撑战略落地，优化资源配置，增加管理跨度，缩短管理半径，提高企业核心竞争力。

（3）信息化是建筑行业进行产业结构升级，实现长远发展的必经之路。面对当前复杂的市场环境和主流发展趋势，更显示了实施信息化的必要性与紧迫性。建筑行业需要借助信息化的手段进一步推动监管服务水平的提高，提升公共信息资源的利用，推动行政流程的标准化和透明化，促进公平、公开、公正的建筑业市场的建立，推动产业升级与调整。建筑行业还应化挑战为机会，在行业主管部门的支持下，以信息化建设为契机，改变落后的管理模式、技术手段，打造与提高企业核心竞争力，探索出一条符合中国国情和行业发展趋势的信息化路径，走出一条“科技含量高、经济效益好、资源消耗低、绿色环保”的发展之路。

10.1.2　工程造价信息化及其主要任务

工程造价信息化属于工程管理信息化的范畴，因此，工程造价信息化建设并不是孤立的，它是工程管理信息化的一个方面。

1. 工程管理信息化与工程造价信息化

（1）工程管理信息化

工程管理信息化是信息化技术在工程管理领域和工程管理过程中的应用。工程管理信息化是指建设工程项目管理涉及的各方主体及在建设的各个阶段广泛应用信息技术、开发和利用信息资源，以促进建设工程项目管理水平不断提高的过程。

从工程管理的内容看，工程管理信息化主要包括工程质量管理信息化、工程进度管理信息化、工程造价（成本）管理信息化、工程合同管理信息化及安全与风险管理信息化等多个方面，从而形成了不同的工程管理信息（子）系统。

工程管理信息化的目的不仅意味着利用信息技术和手段代替传统手工方式的信息处理作业，更重要的是提高建设工程项目管理的经济效益和社会效益，以达到建设工程项目增值的目的，最终实现工程管理目标。

（2）工程造价信息化

工程造价信息化即信息化技术在工程造价确定和形成各阶段中的应用过程，是工程管理信息化的一个子分支或子系统。工程造价信息化是指在传统的建设工程造价管理的基础上，利用计算机技术、网络技术、通信技术等信息技术，开发和利用工程造价信息资源，建立和应用各种工程造价数据库、造价管理信息系统或造价决策支持系统等各类工程造价管理软件或信息系统，促进工程造价相关行业内各种资源、要素的优化与重组，提升工程造价的确定、控制和管理水平的过程，简称工程造价信息化。

工程造价信息化业务涉及政府建设主管部门对工程造价的管理和监控，各参建方对建设工程项目的造价管理和成本控制，工程造价咨询企业的造价咨询与服务，也包括有关软件开发企业对各类工程造价软件和信息系统的开发及提供的信息化服务等多方面。

2. 工程造价信息化的主要任务

工程造价信息化建设是一项系统工程，内容涉及工程造价信息化管理的法规体系、标准规范体系、定额体系、信息体系建设和企业管理信息系统的建设及应用等。从建筑行业和企业应用层面看，造价信息化建设主要任务包括有关工程造价软件的开发与利用、工程造价信息化平台的建设和工程造价信息的获取、传递及利用等方面。

（1）工程造价软件的开发与利用。包括工程计量与计价工具软件、工程项目管理软件、定额编制与管理软件、有关造价文件档案管理软件、造价信息管理系统及决策支持系统等。

(2) 工程造价信息化平台的建设与应用。主要包括国家建设工程造价数据监测平台或全国性的工程造价信息共享平台，行业和地方建设主管部门的工程造价信息采集及分析平台，行业和地方性的工程造价信息发布平台，有关组织或协会的工程造价信息服务平台，信息服务企业或服务商的工程造价信息服务平台，企业自用的工程造价信息平台等。

(3) 工程造价信息的获取、传递与利用。包括公开信息的获取，商用信息及服务的购买，企业对工程造价信息的加工、存储、交换与利用等方面。

3. 工程造价信息化的意义

工程造价信息化是时代发展的需要，其主要意义体现在以下几个方面：

(1) 满足造价信息资源开发与共享的需要。工程造价业务信息所涉及的法规、标准、定额及其他信息资源几乎全部需要数字化集成和共享。目前，编制各类工程计价文件可全面实现计算机化，造价信息初步达到局部共享，行业管理走向网络化、数字化。随着信息技术的不断发展，各建设主体对造价信息资源的开发与共享的需求将会更加强烈。

(2) 推进行业标准化、规范化的需要。行业标准化和规范化关系到整个行业的长远发展。工程造价信息化是推动行业标准化和规范化的重要手段，可以在更大范围和更大时间跨度里推动工程造价管理工作的互融互通，提高造价信息资源的利用价值。

(3) 提高行业管理和专业人员素质的需要。行业诚信管理、企业资质管理、专业人员执业注册管理、专业人员业务培训等已部分实现计算机化、网络化。但离真正的信息化管理还远远不够，需要不断借助信息技术来实现高效管理和有效管理。

(4) 企业提高自身“核心竞争力”的需要。对于企业而言，信息化的本质是要加强企业的“核心竞争力”。无论造价咨询企业还是建设单位、施工企业，拥有充分、准确、及时的工程造价信息都能提高其业务水平。工程造价信息化是取得竞争优势的必然选择。

总之，工程造价信息化已成为社会发展的必然要求，是全面提高工程造价管理水平的“垫脚石”。充分利用信息化管理手段，既是向国际接轨的需要，也是工程造价发展与变革的需要。

10.2 工程造价信息化发展概况

从20世纪50年代至今，我国工程造价管理事业从无到有、从小到大，经历了三次明显的变革，实现了跨越式发展。特别是近20年来，伴随着信息化技术的发展，工程造价信息化技术也得到了快速发展，出现了一些代表性的标志性事件。以BIM、大数据、云计算、移动互联等技术为代表的信息技术正在发生着快速的发展，并深刻影响着工程造价信息化的发展。

10.2.1 我国工程造价信息化发展历程

1. 我国工程造价信息化发展历程

我国的工程造价信息化起步较晚，在20世纪90年代之前，工程计量与计价的方式都是通过手工来实现。工程造价从业人员比重较少，高素质的专业人员缺乏。

20 世纪 90 年代初，出现了工具性计价软件，以单一功能的造价软件应用为主要特征，代表着我国造价管理信息化的初步阶段。可利用计算机代替手工编制工程概（预、结）算书，但仍然采用手工计算工程量。造价专业人员严重不足，特别是高素质的专业人员仍然缺乏，尚未出现专门从事造价咨询服务的企业。

20 世纪 90 年代中后期，实现了以“工具式软件＋互联网”初步应用为主要特征的造价信息化，开始出现社会化的造价信息数据服务。国内部分学校开始有造价相关专业毕业生，提高了造价从业人员的理论水平。特别是 1998 年开始在全国实施造价工程师执业资格考试，增强了我国对造价专业人员的重视度。开始出现专门从事工程造价咨询服务型企业。但既有理论水平又有实践经验的造价专业人员仍然严重缺乏。

21 世纪初，形成了以“工具式软件＋互联网＋造价集成管理软件/平台”为主的造价信息化，以计算机软件辅助计量和计价应用为主要特征。企业信息化应用水平不断提高，造价管理软件多样化，出现定额管理软件及服务于工程建设不同参建方的全过程工程造价管理软件。造价管理与进度管理、质量管理等信息系统初步协同应用。特别是近几年，以 BIM 和大数据应用为代表的现代信息技术在造价管理中的应用得到快速发展，造价信息化平台建设不断提高。造价相关专业的毕业生不断增多，造价专业人员队伍不断扩大，造价咨询服务型企业大量涌现。经过近 20 年的快速发展，我国造价行业已经发展成为建设领域的一支重要力量。

近几年，各级建设行政主管部门针对建设市场监管的几个关键环节分别开发了工程造价管理信息系统，如招标投标管理系统、基础数据资源信息化系统、建筑市场信用管理平台等。随着建设领域“四库一平台”的建设完成，各级建设行政主管部门也将利用信息化技术手段不断提高行业的监管和服务水平。通过各类信息化系统的建设应用，不仅提高了办事效率、提升了服务质量，也规范了市场行为，降低了政务成本。同时，这些信息化技术的应用进一步带动了行业信息化建设，促进了建筑行业的健康发展。

我国造价信息化发展各阶段的主要标志性事件可归纳如表 10-1 所示。

我国工程造价信息化发展主要标志性事件　　**表 10-1**

发展阶段	计量技术	计价技术	定额和行业管理	信息获取方式	全过程造价管理
20 世纪 90 年代初期	手工计算为主、辅以电子表格等工具性软件，如 Lotus1-2-3 等	手工计算、辅以电子表格软件计算，如 Lotus123 等，可集成部分预算定额	纸质介质为主，建设主管部门授权收集、分类、分析整理建材价格资料，发布建设工程的材料差价调整系数等文件	订阅纸质工程计价信息期刊和有关造价文件发布	可行性研究阶段的投资估算、初步设计概算、技术设计修正概算、施工图设计预算和施工结算独立。前一阶段成果作为控制下一阶段依据之一，重视施工阶段造价控制，对项目前期论证和设计阶段造价控制重视不够，“三超”现象严重
20 世纪 90 年代中后期	手工计算为主，辅以通用电子表格软件或专用工程量表格计算软件，如天仁表格算量软件、晨曦算量手稿等	专用计价软件如“神机妙算”等，集成了各地预算定额和有关资源信息	各省（市）《工程造价管理》期刊，定期向社会发布市场指导价、建筑安装工程造价指数和“三材”价格指数等	查阅电子期刊或网上查阅信息，以价格信息为主	

续表

发展阶段	计量技术	计价技术	定额和行业管理	信息获取方式	全过程造价管理
21世纪初至今	图形计量软件、钢筋计量软件；基于BIM的计量软件；通用BIM设计建模软件直接出工程量单或通过计量插件导出工程量或把BIM模型导入到其他计量软件里进行计量等	计价软件与定额管理软件普遍应用，可与图形计量软件等集成。支持清单计价与定额计价模式；向基于BIM和云计算的计价软件应用发展，云计价和云指标应用	省（市）定额管理软件、行业或企业定额管理信息系统。 政务管理：招标投标管理系统、基础数据资源信息化系统、建筑市场信用管理平台等网络化管理平台	政府造价主管部门和行业协会提供网络化造价信息发布、资源指导价或信息价单价发布查询、指标查询等；出现专业化、社会化的造价信息供应商	服务于工程建设各参与方的全程工程造价管理软件不断出现，向全过程、全要素、精细化造价管理过渡

2. 我国工程造价信息化建设存在的问题

我国工程造价信息化建设和应用水平整体不高，发展不均衡，有些企业还没有全面利用造价信息化手段，在BIM、大数据、云计算和人工智能等技术应用方面还比较欠缺，有些企业处于刚刚起步阶段，尚未达到知识管理、知识高度共享的水平。主要表现在：

（1）国家层面，虽然制定了《建设工程人工材料设备机械数据标准》GB/T 50851—2013等有关标准规范，奠定了工程造价信息化发展基础，但尚未形成统一完善的造价信息化法规和信息化标准体系，行业政策和标准规范不足，没有形成统一的计价依据。

（2）企业应用方面，工程造价有关企业和从业人员对信息化建设重视不够，投入不足。工程造价信息化技术人才缺乏，多数企业尚没有建立自己的企业定额和企业计价信息数据库。

（3）工程造价信息化平台建设方面，造价信息采集技术落后，信息发布、更新不够及时，工程造价信息尚未全面实现网络化、数字化、标准化。各地区的工程造价信息系统与智能化数据库有机结合工作虽然已经启动，但造价信息收集、整理、加工、发布等工作尚需人工辅助完成，还不能真实有效地反映造价信息实际动态，信息服务的时效性和覆盖面不足；企业信息化应用水平整体水平较低，多数企业尚未建立企业级造价管理信息系统。

（4）工程造价信息的加工、获取及传递方面，造价信息资源的收集和加工还停留在粗加工阶段，大量的信息资源被浪费。如市场价格信息、已完工程的造价信息和工程量清单计价信息等没有进一步加工整理形成更有价值的指标或指数数据库；造价信息全面性不足，信息准确性、真实性、时效性有待提高。特别是各地区的人、材、机等资源单价（信息价）信息不全，而且价格普遍偏高，与实际不符；工程造价有关政策法规、计价依据等政务信息发布不全，缺乏权威的造价指标指数体系和系列化的案例数据库等指导性信息；各阶段的工程造价信息互联互通性差，工程造价信息和数据的共享与交换性差，尚不能与工程计价软件完全对接。

（5）工程造价软件功能单一，系统性、连贯性不强。多数软件功能单一，主要针对某一建设阶段或某一参建方，工程造价管理软件不能满足全过程、全要素工程造价信息化管理的需要，具有明显的局限性。

（6）工程造价信息化的核心—数据库建设起步较晚，尚未形成工程造价大数据。各类计价定额、各类工程的造价指数、人材机和工程设备等各类资源价格信息等不完善，已完工程的造价信息资料的积累和利用率低，也没有权威和完善的造价管理信息系统。

10.2.2　工程造价信息化发展趋势

随着计算机技术、网络通信技术等信息技术的发展和我国造价管理领域的改革深入，造价管理正向着融合了各种现代技术为支撑的信息化方向发展，并将与企业其他信息化管理系统高度融合或集成。将促进实现工程项目管理的信息化，实现数字化建造与智能化建造。工程造价信息化发展趋势主要体现在以下几方面。

1. 工程计量与计价方面

工程计量与计价软件向智能化、集成化、个性化的方向全面发展。基于BIM的工程计量与计价软件系统高度发展并得到普遍应用。工程计量与设计阶段的BIM建模类软件集成或计量与计价软件系统高度集成；工程计价系统与BIM模型、价格信息系统及定额管理系统等高度集成；云计量、云计价和云指标等更趋于普及应用；可与企业其他管理信息系统（如资源供应管理、人力资源管理等）高度对接或融合，可实现全生命周期的工程造价管理与应用。

2. 计价依据管理方面

国家或行业有关计价的法律、规范和标准、各类计价定额等计价依据的发布与管理向网络化、动态化、时效性发展，形成全国性、地区性和行业性的工程造价大数据。工程量计量规范与定额规则统一化，不同行业间的定额规则、计量单位统一化；以企业工程造价数据库为支撑，建立企业定额数据库。定额管理的信息化、网络化、智能化将提升一个台阶。

3. 政府造价主管部门对行业的管理方面

加强宏观指导和行业自律，规范工程造价信息的上报和发布方式，建立工程造价信息平台、工程造价基础数据库、工程造价咨询企业和工程造价执业人员资料库等，提升造价信息服务质量。造价企业和人员资质管理、信用管理及有关计价政策法规发布等全面实现网络化、数字化。

4. 工程造价监管方面

进一步完善各级工程造价管理网站或信息系统，逐步与“国家建设工程造价数据监测平台（http：//cost.cecn.gov.cn/）”对接，对各地区和全国工程造价数据进行归集，测算和发布工程造价指标指数、要素指标、典型工程案例工程造价数据等，建立造价监测大数据，形成覆盖全国的工程建设市场价格监测系统，为政府宏观决策提供支持。

5. 造价信息获取方式方面

建立和完善国家工程造价大数据，行业协会及专业化、社会化的工程造价信息服务商进一步发展。政府主管部门购买信息服务、企业购买信息服务成为常态。造价信息与社会其他行业信息化——如采购与供应管理信息化、社会服务信息化等信息系统紧密联系或高度融合。BIM、大数据、云计算、移动互联网、物联网和人工智能等使工程造价数据的获取、分析、传递和共享更便捷。

6. 造价管理应用技术方面

工程造价软件向智能化、协同化、网络化方向发展，BIM、大数据、云计算、移动互联网、物联网和人工智能等现代技术在工程造价管理中将得到普遍应用，可实现全过程、全要素、动态的造价管理；工程造价管理与工程质量管理、进度管理、成本（投资）管理、合同管理等工程管理信息系统或企业级管理信息系统（如ERP系统或采购管理系统、财务管理系统、人力资源管理系统）等高度融合或集成。

上述技术的发展，造价管理信息化对造价咨询服务企业和造价从业人员的要求也将越来越高，也将给造价行业的发展带来深刻变革。相关企业的信息化水平将进一步提升，一部分企业将在市场竞争中脱颖而出，做大做强，能够提供全过程全方位的造价信息化服务。也有一部分造价咨询企业将走更专业化的道路，有针对性的提供某一领域、某一阶段或某一方面的专业化服务。造价行业将向着更加多元化、更专业化和高智能化方向发展。

10.3 工程造价信息化应用简介

随着科学技术的飞速发展，计算机技术、网络技术和BIM、大数据、云计算等现代信息化技术已开始深入应用到工程建设领域，特别是对于工程造价管理，打破了以往由于信息不对称而导致的交易成本费用高、工程采购成本不真实、过程动态管理效率低等弊端。基于信息化技术实现工程造价（成本）的智慧化管理已逐渐被普遍认知和推广。

工程造价信息化是立足于工程项目造价管理和企业定额管理等方面的专业管理技术，应充分利用BIM、大数据和云计算等信息化手段，运用基于互联网的各类造价管理信息系统，实现工程投资估算、设计概算、施工图预算（或招标控制价、投标报价、合同价）、工程结算各阶段的全过程造价管理信息化。对提高工程造价的编制水平和效率，合理确定工程造价，准确预控建造成本，对工程全过程成本进行动态管理、监督和控制，降低工程成本、提升工程价值等方面具有重要意义。

我国工程造价信息化的应用主要体现在行业管理的信息化、工程造价软件的普及应用和BIM技术、大数据及云计算等在工程造价中的应用等方面。

10.3.1 典型工程造价软件的应用

造价信息化方面的典型应用是工程造价软件的普及和应用。主要包括工程计量与计价软件的应用、定额编制与管理软件的应用和工程造价信息化平台建设与应用等方面。

1. 工程计量软件的应用

工程计量软件是能够利用计算机辅助进行工程量自动计算的一类软件的统称，简称计量软件或算量软件。大体经历了电子表格类计量软件、基于图形的计量软件（包括二维图形和三维图形计量软件）和基于BIM的计量软件三个发展阶段。应用这类软件可基本实现自动计算工程量的目的，大大提高了工程量计算的速度和准确率，是建筑企业信息化管理不可缺少的工具类软件。

（1）电子表格类计量软件。包括通用电子表格软件和计量专用电子表格软件，是通过手工输入工程图纸中各类构件等的几何信息实现自动计量和汇总的。需要人工识图提取图纸中的计量信息并手工输入到软件中，效率相对较低，准确率依赖于人的经验和效率。目前对于部分结构特别复杂难以图形计量或简单少量的工程内容仍可采用这种方式，达到事半功倍的效果。

（2）基于图形的计量软件。主要是指基于二维图形平台或基于CAD技术开发的三维计量软件。应用这类软件计量时，造价人员需要严格按照设计图纸在计量软件中以绘图方式重新翻模建立计量模型，软件可按照不同的工程量计算规则（如全国统一工程量清单计量规范模式、地方性工程量清单计量模式及各种定额计量模式等）自动完成工程量计算和汇总，计算结果是静态的。这类软件的基本操作是建立新工程后，需要在软件内先定义楼层、标高等基本信息并设置计量规则，然后按照施工图纸定义结构构（配）件等建筑基本单元，再通过拾取 CAD 图形的构件信息进行识别转换或依据建筑轴网及构件信息绘制图形等方式布置各类建筑构配件，最后汇总计算出各个构配件的工程量。

（3）基于 BIM 的计量软件。这类计量软件基于三维 BIM 建模技术为基础开发，可以创建 BIM 算量模型，可与三维 BIM 模型较好的衔接或利用设计阶段的 BIM 模型快速计算工程量。主要有基于 Revit 等国外软件平台开发的和国内自主知识产权开发的两类，详见后续章节的介绍。

工程计量软件按适用的专业类别或行业性质主要分为建筑与装饰工程类计量软件、通用安装工程类计量软件和市政工程类计量软件等类别。如广联达科技股份有限公司、上海鲁班软件公司和深圳斯维尔公司等均开发有不同专业类别的工程计量软件。

这类计量软件的特点是一般都内置了国内定额和工程量计量规范的工程量计算规则，通过建模后可直接完成工程量计算和统计汇总；可通过图形翻模或自建模型等方式自动计算工程量，而且工程量计算结果与计算图形同步定位跟踪、汇总结果具有反查功能，方便核对、检查工程量；部分软件也可通过表格等方式计算工程量；可将计量模型导入的 BIM 集成应用平台，便于施工阶段 BIM 应用和成本管理。但由于通用建筑构件等均是事先已经集成于软件中的，因此对于部分复杂构件类型往往难以定义，容易出现误差或可能无法建模计量。设计图纸仍然需要大量的手工二次输入建模，人为误差等不确定因素会导致计量成果准确性降低。而且二次建模劳动强度大，效率不高。

经过十多年工程实践的检验，这类计量软件在国内社会认可度高，对国内工程量清单规范和定额等计算规则集成度最好，完善程度高，得到广泛应用和普及。目前工程计量软件向着基于 BIM 技术的计量软件和计量与计价一体化方向发展。

2. 工程计价软件的应用

工程计价类软件的主要功能是代替部分手工完成工程量清单编制，能够按费用组成自动计算各类造价费用，完成建筑安装工程造价文件的编制，并可按需要输出各种造价报表。其成果文件符合国家和地区的“建设工程造价数据交换标准”格式。

国内计价软件的特点是均可挂接或内置有关计价定额库和工程量清单计价规范，可对计价依据、工料机等资源单价等各类造价数据进行有效管理，方便用户进行数据库系统维护，也可按用户要求定制计算规则和费用标准等，自动完成各类费用的汇总计算。可支持清单计价和定额计价两种模式，部分软件还提供清单计价模式与定额计价模式间的转换功能。可进行造价指标的计算和分析等。

全国约有 300 多家企业开发有关工程计价类商业化软件产品。许多计价软件属于重复性开发、软件功能单一、市场占有率不高，缺少对 BIM、云计算、大数据技术应用的支持和全生命周期造价费用管理的支持，软件间数据兼容性差。定额版本和计价数据更新不及时，造价信息等数据积累、分析功能薄弱，整体水平有待提高。仍然存在工作强度大，效率低的问题。造价专业人员需要花费大量时间进行构件属性信息与清单项目特征的描述和匹配工作，在计价、组价过程中仍然需要人工逐项、逐条地进行定额匹配等。

3. 工程定额编制与管理软件

21世纪初，为了顺应工程造价管理机构的工作需求，出现专为定额管理机构定额编制、修订和信息发布等使用的定额管理软件。借助该类软件，逐步实现定额的统一管理、原始数据自动积累、定额数据质量校验、定额单价实时汇总计算、与计价软件衔接快速实现定额测算、定额印刷排版等功能，建立了工程定额全息数据库。

目前市场上具有代表性的工程定额管理软件开发商有成都鹏业软件股份有限公司、广联达科技有限公司、上海神机软件有限公司等。

4. 工程管理及工程造价管理一体化软件

主要表现形式为“工具式软件＋互联网平台＋集成管理软件”，可与工程进度管理、工程质量管理、合同管理、成本管理和资源管理等其他管理信息系统进行整合形成项目综合管理系统。有些企业甚至和企业的采购管理系统、财务管理系统、办公自动化系统等相关联，构成功能较为完备的工程管理信息系统，实现企业管理与工程项目管理一体化相适应的软件系统。如建设工程多参与方协同工作网络平台 ePIMS＋、iwoak 工程造价咨询管理系统（简称 iECCMS)、全过程 BIM5D 管理系统等。

5. 工程造价管理信息化系统（平台）

工程造价管理信息化平台建设包括网络化造价管理软件系统和网络化造价管理信息系统（平台）两大类。网络化造价管理软件系统主要是指可以在网络环境下实现工程计量与计价及造价文件编制的软件系统，是造价软件的网络化。侧重于基于网络数据库、BIM和云计算等技术开发，可实现造价文件的网络化管理与远程协同应用，打破了造价管理的时空限制；网络化造价管理信息系统（平台）主要功能是工程造价信息的集成化管理，实现信息共享与信息服务，一般不具备具体的计量与计价的软件功能。下面主要介绍网络化造价管理信息系统。

（1）国家政府层面，我国在中国工程建设信息网的基础上建立了“中国建设工程造价信息网（http：//www. cecn. gov. cn)”，基本完成了住房城乡建设部发布的有关工程造价管理信息的建库工作。目前，该信息网主要包括综合新闻、政策法规、行政许可、各地信息、计价依据、造价信息、政务咨询、调查征集八个栏目。其中，政策法规数据库汇集了法律法规、部门规章、规范性文件地方政策法规；工程造价咨询企业管理系统和注册造价工程师管理系统用于工程造价咨询企业和造价工程师的资质、资格管理；计价依据数据库汇集了国家统一计价依据和地区计价依据；造价信息数据库汇集了全国各省份住宅建安成本和各工种人工成本。

（2）行业协会方面，由中国建设工程造价管理协会（网址 http：//www. ccea. pro/）主办的“工程计价信息网平台（http：//117.78.40.62/)”，建设中的包括“工程造价法律法规数据库”“《工程造价信息》数据库”“全国建筑材料市场价格查询平台”和“全国工程造价成果（数据）共享平台”四大模块。该网站通过定向数据采集和会员分享，向社会提供工程计价行为相关的政策法规及规范性文件、各地建筑材料价格信息、造价指标合同范本等查询服务。

部分行业造价协会或省级造价协会也都建立有造价信息服务系统（网站）。

（3）工程造价主管部门方面，省级和行业造价主管部门也建立了本地区或本行业的工程造价信息平台。但从整体上看，这类造价信息网站主要是政府主管部门发布政务公告、政策法规、计价依据为主，兼有价格信息发布、造价信息交流等功能。在造价指数、指标和典型工程案例栏目建设方面较为薄弱，缺少历史数据的累积。

(4) 企业方面，各类性质的造价信息库被开发出来，部分企业建立了内部造价管理信息系统和企业定额库、工艺工法库、成本数据库等各类数据库，自主开发或与第三方合作开发了工程造价管理及项目管理系统，为企业管理提供了基于云的协同中心、数据中心和业务中心，将企业业务信息在网络上共享，联通了集团、企业和项目各个层级、各个岗位，甚至实现了移动应用。实现不同专业应用数据、管理数据的收集、分析处理与及时分发，是业务工作突破地域、时间界限，降低沟通成本，提升协同效率，实现企业资源优化和配置。个别企业通过开发造价管理信息系统和信息化平台，将 BIM 技术、大数据技术和互联网技术等深度融合，发展成为新型科技企业，进一步拓展企业业务范围。

(5) 造价信息服务商方面，如广联达科技有限公司开发了各类工程计量计价软件基础上，进一步开发了基于云计算的计价平台和为建设各方提高造价信息的广材网 (www.gldjc.com)、广联达指标网 (http://www.gldzb.com/) 等应用平台，结合广联达成本信息服务平台及采购管理系统、施工企业项目管理系统、施工现场管理等各类全系列全方位造价服务平台。

鲁班软件公司从工程计量软件为主，发展成以 BIM 和大数据技术为核心的信息化管理平台—基建 BIM 系统。依托 BIM 技术积累的工程基础数据管理平台，将 BIM 技术应用到基建行业的项目管理全过程中。可对创建完成的 BIM 模型及地理信息模型进行自动解析，同时将海量的数据进行分类和整理，形成一个包含三维结构和地理模型的多维度、多层次造价信息数据库；基建 BIM 系统等多种应用客户端，可与移动应用紧密结合，适应工程行业移动办公特性强的特点。

华联世纪工程咨询股份有限公司建设了造价 168 服务平台 (http://www.cost168.com/) 和工程材料采购服务平台“材巴巴” (http://www.caibab.com/)，为建设行业主管部门、各类工程建设有关企事业单位、专业院校及工程造价人员等提供项目商机、计价软件、材价信息、造价指标及造价资讯等服务。造价管理信息系统呈多元化发展趋势。

但整体上看，我国造价管理信息系统处于发展上升期，对 BIM 和大数据、物联网、移动互联、智慧建造等技术发展前沿研究和投入不够。不仅缺少核心竞争性建模系统，而且工程造价管理类软件功能单一，缺乏与 BIM 技术、大数据的深度融合，造价信息化应用水平普遍不高。

10.3.2　BIM 在工程造价中的应用

1. BIM 在工程造价应用中的实现方法

在 BIM 模型中不仅可集成各类建筑与结构构（配）件和建筑设备系统等的三维几何信息，还可集成有关的特征信息、有关价格信息或成本信息等多维信息，为工程造价的确定和管理提供了先决条件。通过统一的 BIM 技术标准和基于 BIM 的工程计量软件与计价软件，可实现工程计量模型的创建、工程量的计算和计价软件方面的数据交换，减少计量与计价过程中的人工手动调整工作，降低了计量与计价的误差率。如果设计阶段建立好符合标准的参数化BIM模型，可快速实现计算机自动识别模型中的不同构件，并根据构件模型内嵌的几何信息和项目特征信息对各种构件的数量进行统计计算等工作。对于应用基于BIM的工程计量软件形成的BIM计量模型，其工程量计算更精确。在统一的数据交换标准下，BIM计量模型的工程量计算结果可以直接导入BIM计价软件进行计价、组价，并通过组价结果自动与BIM模型进行关联，最终形成造价模型，完成工程造价文件的编制，很好地解决了传统工程造价过程的上述问题。

2. BIM在工程造价中的应用价值

与传统的计算机辅助造价编制方式相比，基于BIM的工程计量与计价的计算方法得到全面地提升和完善，既可利用设计阶段的BIM模型成果，也可针对工程计量单独建模，工程计量与计价可实现一体化工作，并可应用于施工管理等后续阶段。其主要应用价值表现如下。

（1）降低了计量建模工作强度

基于BIM的工程计量可以复用基于IFC（Industry Foundation Class）等数据交换与储存标准的BIM设计模型，减少重复建模的工作，建模工作强度降低的同时也极大地降低了因计量产生的建模错误，从而导致工程量计算不准确的概率。

（2）工程量计算更准确

基于BIM的工程计量软件内置各种算法、工程量计算规则和各地区或行业定额及价格信息库，对关联的构件、异形构件的计算更准确。在进行基于BIM的工程造价文件编制时，模型中每一构件的构成信息和空间位置信息都精确记录，对构件交叉重叠部位的扣减和异形构件计算更科学，减少了工程造价编制中的漏项和缺项。

（3）提高工程造价文件的编制效率

BIM模型是参数化的，其所包含的参数信息不仅可以直接用来计算工程量，同时也可赋予计价定额消耗量和各种资源单价等计价信息，可实现计量与计价一体化。在BIM模型中依据构件本身的属性，可进行快速识别构件分类和工程量统计。同时，基于BIM技术的造价软件本身具有工程量清单项目智能匹配功能，清单计价和定额计价时能自动提取有关信息，实现模型与清单项目、定额子目的智能匹配，快速完成工程造价文件编制工作。

（4）为后续各阶段造价确定与管理奠定基础

基于BIM的造价确定与管理，不仅可应用于设计阶段的方案比选，招标投标阶段快速编制工程量清单和招标控制价。对投标人来讲，可利用造价信息库和历史大数据快速报价，不仅提高工作效率，更能增加报价的准确性。施工阶段可利用BIM技术，结合进度、质量、成本和工料机等资源管理，实现造价的动态管理，进一步发挥BIM技术的优势，优化资源，减少浪费，给管理者提供可信赖的综合分析与管理工具；对业主来讲可实现全过程的造价管理。

3. 基于BIM的计量软件简介

BIM计量模型的创建是工程造价文件编制的重要基础工作。通过创建BIM计量模型可快速汇总和计算工程量，为工程造价的确定奠定基础。基于BIM技术开发的可实现工程量自动计算的软件（简称BIM计量软件），大体可分为基于自主知识平台开发的专用BIM计量软件和基于Revit等国外软件平台二次开发的计量软件（或专用计量插件）以及具有工程量计算功能的 BIM 设计类软件三大类。专用插件是一种遵循一定规范的应用程序接口（API）或开放数据库互连（ODBC）标准等编写出来的小程序，只能在规定的相应软件或系统平台内运行，不能独立运行。

针对设计阶段 BIM 应用创建的 BIM 设计模型，由于建模目标主要侧重于设计表达和出施工图，虽然也可据此实现基本的工程量计算，但功能不够完善，一般需要通过专用计量插件转换后可实现对 BIM 设计模型的工程量计算。

(1) 自主开发的专用 BIM 计量软件

主要是指基于自主知识平台开发的专用 BIM 计量软件和兼有 BIM 计量功能的 BIM 设计软件。这类计量软件较好地结合了 BIM 建模功能，同时兼容国内计价定额和工程量计算规范中的工程量计算规则，可同时输出清单量、定额量和实物量，并保持传统计量的优点。也能够从 Revit 等设计模型文件中通过简单插件等处理快速导出工程量，较好地利用了 BIM 设计模型，避免二次重复建模和资源的浪费。典型代表有广联达公司的 GTJ 等。

基于 BIM 的计量软件是在 BIM 模型创建时就建立了模型和工程量的关联，能够直接地自动导入建筑、结构、钢结构、幕墙、装饰、通用安装工程等各专业的 BIM 设计模型。通过 BIM 模型快速实现对设计成果直接、全面的有效利用，不但可以快速地建立 BIM 计量模型和完成工程量的计算，而且能够避免可能产生的工程量计算错误等弊病，提高效率。模型成果支持施工阶段的 BIM 综合应用。

其主要功能特点如下：

1）三维图形和造价数据互动功能。内置国内工程量清单和定额工程量计算规则，提供三维图形浏览查阅功能，方便用户查阅构件与造价数据之间的关系，并支持交互式的数据修改。

2）智能匹配功能。根据已有或设置的工程属性进行智能判断，实现构件与造价数据的自动关联，包括定额与价格信息等自动关联，简化用户操作，实现智能化辅助功能。

3）设计变更自动识别处理功能。对新增、删除、修改等设计变更，软件可以自动对其识别并进行处理，从而辅助工程造价人员实现高效的设计变更造价处理。

4）标准造价数据交换功能。可导出基于 IFC 标准格式的数据交换文件，文件可包含构件几何数据、材质或材料数据、定额和造价数据等，方便下游软件（如施工阶段 BIM 项目管理软件、信息重用软件）利用。

(2) 基于 Revit 等平台二次开发的 BIM 计量软件（插件）

1）软件开发背景：BIM 设计建模软件种类很多，主要都是国外的。如 Revit、MagiCAD、Takla、Catia、Bentley、Rhino 等，参数化建模程度高，下游可继承数据平台多，广泛应用于设计阶段 BIM 建模等。虽然种类可通过明细表等方式计算工程量，但对国内工程量计算规则支持程度低，特别是不兼容国内的定额和工程量清单计量规则。因此利用好这类设计模型可避免重复建模，大大提高工程计量的速度。

由于设计阶段的建模人员只关注设计信息，往往不考虑造价信息，使得设计模型无法满足造价模型的需要。设计人员和造价人员工作的相对独立性导致模型相关信息传通断裂。例如，设计模型参数中通常仅包括构件的空间位置、几何尺寸和材质等信息，而工程造价编制不仅是由工程量和价格决定，还与工程施工方法、施工工序、施工条件等约束条件有关。这些信息在设计阶段往往难以确定下来。因此，若 BIM 计量模型创建时直接复用设计模型，设计过程就需要综合考虑计量模型的需求，统一设计建模规范和标准。针对上述问题，部分国产专用 BIM 计量软件厂商已针对 BIM 设计模型的数据复用技术，开发出支持 IFC 数据交换标准，并通过植入插件的方式实现模型复用，即通过国内开发的专用计量插件在相应建模软件中进行计量，能较好的解决这类问题。通过插件计量是 BIM 设计模型在计量应用中的主要方式之一。

2）软件简介：基于 Revit 等建模平台二次开发的 BIM 计量软件大体可分为两类。一类是通过对 Revit 的二次开发，实现可在相应软件环境中直接创建 BIM 计量模型。另一类是在相应软件中安装专用的计量插件，通过专用插件导出符合标准格式的模型数据文件，再把导出的模型数据文件导入到其他专用 BIM 计量软件平台中实现工程计量的目的。这类软件均必须先安装 Revit 等原始建模软件。

基于 Revit 平台二次开发的 BIM 计量软件可直接在 Revit 环境下自主建立 BIM 计量模型，也可直接利用 Revit 等设计模型通过插件的方式实现计量。二次开发的 BIM 计量软件专业化程度高，可根据我国工程量计量规范和各地区定额工程量计算规则，直接在 Revit 平台上完成工程量计算分析，快速输出计算结果，避免二次建模，实现一模多用。计算结果可供计价软件直接使用，软件能同时输出清单、定额、实物量等。一般只需在建模前做好工程设置、模型映射关系和套用做法的设置等，即可自动完成工程量计算。典型代表有斯维尔、晨曦、比目云等 BIM 计量软件。

典型 BIM 计量插件有鲁班万通插件，分为 Revit 版、Bentley 版和 Rhino 版等，导出 PDS 或 LBIM 格式文件再导入到鲁班土建计量软件中可实现计量的目的；广联达 Revit 插件，导出 GFC（Glodon Foundation Class）格式文件再导入至广联达 BIM 计量软件，可实现计量的目的。

需要说明的是，虽然通过上述方法可实现快速计量，但如果采用的是非标准化规则建立的 BIM 设计模型，通过模型导入计量软件或利用插件计量，难免出现数据格式不对应、数据丢失等现象，需要对模型做大量的修改和处理工作，目前还不能保证导入数据的准确性。因此，不如在二次开发的计量软件环境中直接创建的计量模型数据完整和可靠度高，应用受到了一定限制。这类插件有待进一步完善。

3）BIM 计量模型创建方法简介：BIM 计量模型的创建主要有 3 种方法，简介如下：

① 依据设计图纸（纸质施工图纸）在 BIM 计量软件中按 BIM 软件的建模方法和规则直接绘图输入，建立 BIM 计量模型。

② 在 BIM 建模软件中通过，通过拾取二维图形信息转换成三维 BIM 模型。导入二维“. dwg”格式的 CAD 设计文件，再利用 BIM 的计量软件提供的识图、转换图形等功能，将二维的数据转成 BIM 计量模型。

③ 直接利用或创建 BIM 设计模型，再通过插件转换实现 BIM 计量模型的创建。主要针对国外通用 BIM 软件创建的设计模型，然后通过插件导出模型数据交换文件，再导入至国产专用计量软件平台中进行处理完善后完成计量模型。

从基于 BIM 的设计软件中导出国际通用数据格式（例如 IFC 标准）的 BIM 设计模型，再将其导入 BIM 计量软件中进行复用。这种方法从整个 BIM 流程来看最为合理，可以避免重新建立计量模型带来的大量手工工作和可能产生的操作错误。

(3) BIM 正向设计软件同时兼有计量功能

这类软件主要功能是为了满足各类设计单位的基于 BIM 技术的正向设计。包括建筑设计、结构设计和设备设计等方面，同时兼有计算工程量功能，但计量功能往往较弱。典型代表有三类，一是具有我国自主知识产权的 BIM 设计类软件，如北京构力科技有限公司的 PKPM-BIM 系列软件。二是基于 Revit 等国外软件开发的设计类建模软件，如北京鸿业科技的 BIMSpace、装配式 BIM 软件等，均可实现设计阶段的建模，同时模型较好的支持后续计量和计价软件综合应用，可完成工程量计算功能等。三是国外 BIM 建模软件（平台），如 Revit 等，有简单材料表或量单功能。

这类软件主要针对设计阶段的 BIM 应用，以设计计算和出图为主。而且对计算机性能要求较高，而且价格也普遍较高，对其普及应用起到一定限制作用。但随着计算机性价比提高，基于 BIM 技术开发的全过程建筑信息模型应用（含计量功能）的软件也会越来越多。

4. 基于 BIM 的计价软件简介

基于 BIM 的计价软件一般是以全业务一体化为基础，以 BIM 模型为核心，通过集成有关造价信息，如工程量清单项目编码、项目特征和定额实物消耗量和资源单价等，完成造价文件的编制，实现工程计价功能，简称 BIM 计价软件。主要功能还包括可支持互联网和移动互联网应用，实现多端点应用，便于网络化共享应用成果；支持云计价平台技术和大数据技术，实现智能组价和数据分析；实现工程造价编制多人协同，自动汇总等功能。特点是工程造价文件编制中基于数字化的 BIM 计量模型，当设计图纸发生变化时只需修改 BIM 模型，BIM 计量软件即可按照原计量规则自动计算调整工程量，相应的 BIM 计价软件中相关联的工程量清单也会自动修改清单工程量，重新计算综合单价、合价等造价数据。

目前，有代表性的有广联达云计价平台 GCCP5.0、预算大师、神机妙算等计价为主的软件。广义上讲，BIM 一体化应用平台类软件，如 iTWO、上海鲁班的房建 BIM 系统（鲁班驾驶舱）和基建 BIM 系统等也具有 BIM 计价软件的部分特点和功能。

5. 基于 BIM 的造价软件的综合应用

基于 BIM 的造价软件能够实现工程计量和工程计价一体化应用。BIM 计量模型除了包含计算工程量所需的信息外，还集成了确定工程量清单特征及做法的大量信息。因此，基于 BIM 的计量软件通过构件上的属性信息，可以自动合并统计出工程量清单项目，实现模型与清单自动关联，并依据清单项目特征、施工组织方案等信息自动套取定额进行组价并计算汇总工程造价，也可与历史工程中所积累的相似清单项目的综合单价进行匹配实现快速组价，完成工程造价编制工作。与传统工程造价编制过程——由造价人员手动对清单项目套取定额或定额组价相比，基于 BIM 的工程造价编制中的计价效率得到极大提高。

基于 BIM 的造价软件还可结合进度管理、资源管理等实现综合管理，如施工阶段的 BIM 5D 应用。在施工阶段可实现进度支付、成本管理和造价信息汇总，编制已完成工程量清单和结算报表等功能。

10.3.3　大数据在工程造价中的应用

任何工程造价的确定都离不开造价信息和大数据的支撑。通过造价大数据建设与应用，可打破计价软件间的数据壁垒，实现数据共享，挖掘历史工程数据价值，节约企业成本，为企业提高造价管理水平带来更大的价值。

大数据在工程造价中的应用主要围绕造价信息大数据的采集、存储、管理和分析应用。利用现代网络技术、人工智能技术和云计算技术等建立工程造价大数据云平台或开发相应的应用软件系统。工程造价大数据云平台一般包括工程材料（设备）的价格信息采集分析系统（具有采集、分析发布各种工程材料和工程设备等资源的价格信息、历史价格查询、不同地区价格分析、供应商价格比对分析等）、建设工程造价大数据分析应用系统（如历史工程的含量分析、成本分析、造价指标分析与多工程对比分析等）、工程项目材料（工程设备）供应商大数据管理系统（可提供厂商信息、厂商信息价或供货价、合同价等）等，造价人员可查询检索价格信息和发布询价信息等，以及与同行分享与交流经验等。有些平台还提供政策法规、行业动态、政务信息等建设工程造价信息的查询、下载等服务。

主要应用方式分为个性化工具软件、政府工程造价主管部门和造价协会为主建立的造价大数据信息服务平台、造价信息供应商建立的社会化工程数据服务平台、企业定制的指标分析系统或企业私有造价信息化平台等多种形式。

下面简介大数据在工程造价中的几个典型应用。

1. 大数据用于信息价的编制

由于信息价具有区域性、多样性、专业性、系统性、动态性和时效性强等特点，收集和整理工作量大，更新和维护难度大。导致信息价发布效率低、数据来源不足、时效性差等，因此，在信息价编制过程中应用大数据技术，制定出适合我国信息价采集、编制、发布办法，可获取更多的数据资源，从而提升工程造价主管部门信息价编制水平。

大数据在信息价编制方面主要有以下几个方面的应用。

(1) 合理确定信息价发布的材料范围

1) 建立各种数据源的通道及数据管理中心。在互联网门户平台设立一个材料设备价格采集窗口，为所有外部数据源（建设方、施工方、造价咨询企业、材料及设备厂商、信息服务公司等）提供数据通道。

2) 按照不同收集渠道、时间、区域等维度为数据打标签以划分信息源，利用大数据清洗技术及时剔除质量差的信息源。例如，某地区基于当地建设工程计价备案数据分析发现，计价过程中不同工料机数据的应用分布差异变化较大，应用大数据技术之前定期采集发布 25 万余条数据，通过对应用数据分析后剔除应用次数为 0 次的数据，目前定期采集发布的数据量为 1.7 万余条，减少了 32%。

3) 整理交易备案工程数据，同时联合第三方专业信息服务平台，收集客户需求，结合该地区数据源，利用大数据的分析模型测算城市区域需求率（材料使用率），分析出需求率高的设备价格信息作为发布对象，以满足信息价发布的范围选择。

4) 建立有针对性的材价发布机制。与第三方平台合作，收集客户需求，结合该地区数据源，利用大数据的分析模型测算城市区域需求率（使用率）高的材料及设备价格信息作为发布对象，以满足需求对称及信息准确问题。

(2) 提高人材机等信息价格的准确度

通过应用大数据，建立科学的人、材、机价格测算模型，满足工程造价动态管控的需求。对确定发布的某类工程材料和工程设备的价格信息进行关联数据的测算分析，形成动态价格指数。利用大数据分析测算发布系统，定期将某一段时期内，收集并经过标准化的数据进行模式测算，形成季度、周或每日等动态价格发布指数。

借助互联网造价信息平台上提供模型工具，供用户上传造价成果文件，快速分析成果文件中的材料或工程设备价格质量缺陷及其原因，辅助用户找到差异与预警数据。同时支持用户上传造价文件，一键搜寻，实现自动配价。在造价信息平台上提供的展示材料及设备指数分析系统可以按不同维度（来源、时间、规模、区域、档次）进行统计分析，并与相关数据进行对比（同比分析、环比分析），形成统计报表（走势图、饼图、柱状图等各种图示方式展示分析显示）并导出，以便更直观地了解。平台还可支持根据某种材料在不同地区、时间的价格所做的统计及分析，预测下一阶段的价格变化趋势，用于采购指导，节省采购及库容成本，如图 10-2、图 10-3 所示。

通过造价信息服务平台的大数据，企业或行业可以建立人材机等资源价格信息库建设，不仅有效改善了信息价采编和发布效率，提高了信息价的时效性和数据准确性。

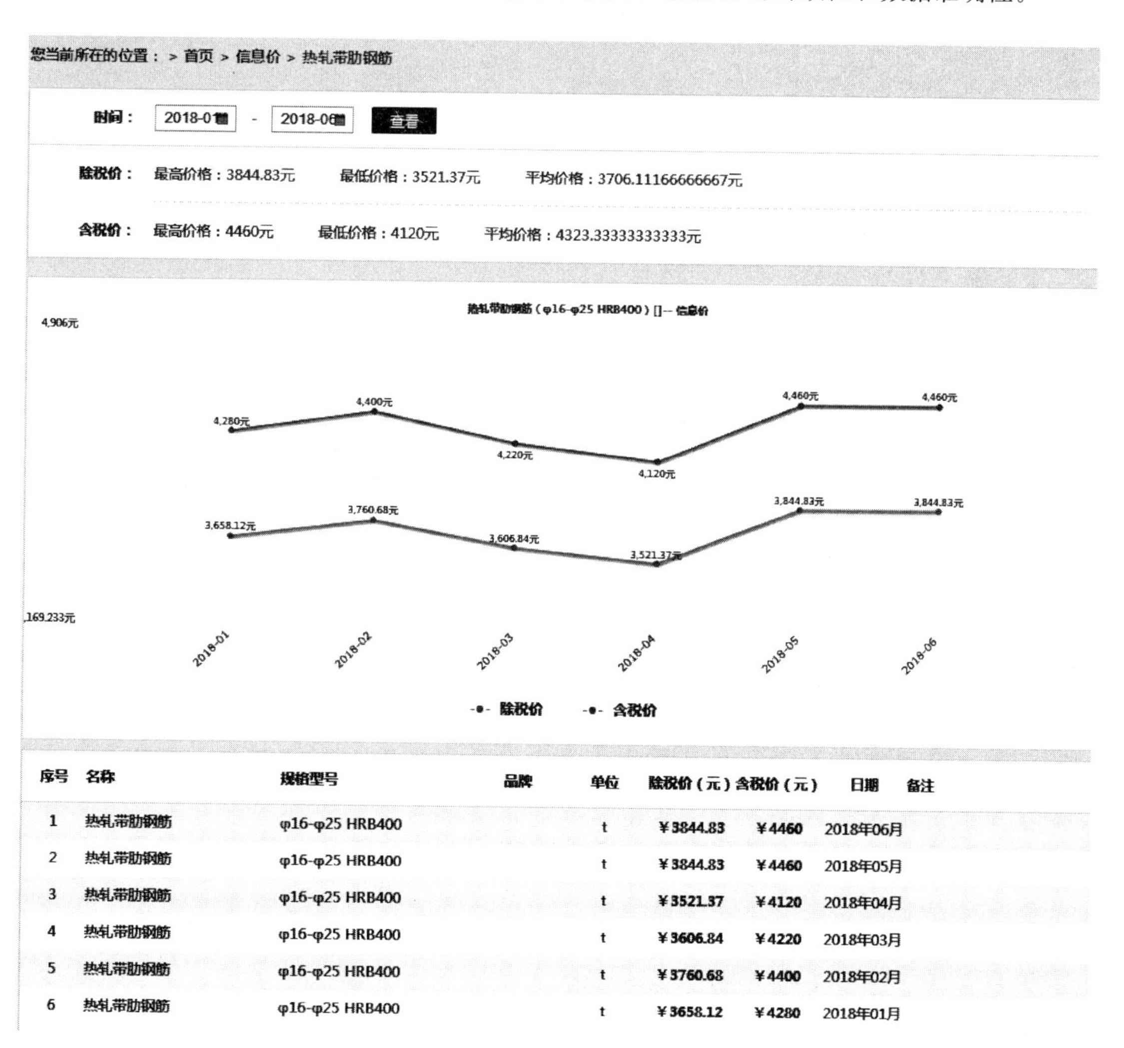

图 10-2　某平台上某种材料信息价查询比价（1）

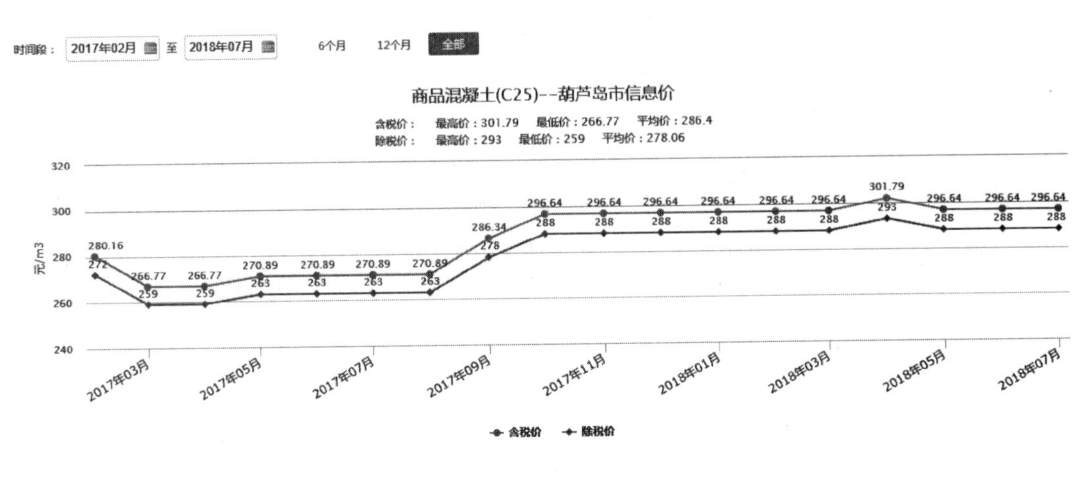

图 10-3　某平台上某种材料信息价查询比价（2）

2. 大数据在造价指标指数测算中的应用

造价大数据主要服务于企业或行业指标库的数据累积和建设管理，依托网络技术、云计算技术、人工智能和机器学习技术等构建造价大数据平台，可智能化分析计算各类工程造价指标、指数，数据可兼容不同类型的计价格式、可查看工程原始数据、可自定义指标结构、可分部分项逐级显示各级各类指标等功能。

通过语义标签生成技术等“语义识别”技术对工程特征、属性进行结构化描述，并最终形成各类工程的语义标签标准库，用来处理指标加工过程中的工程特征识别与分类；通过归集分类等“机器学习”技术，按符合国家标准的清单编码规则及系统内置的指标项计算模板，自动将原始工程量清单归集到对应的成本科目和工程量分类下，自动计算各指标项的值。通过云计算、云存储等信息技术对数据源进行处理分析，获得精细化、可视化造价指标数据成果，通过信息共享和应用，实现造价数据价值利用的最大化。

3. 基于大数据的扩大项目清单估算指标法编制工程估算

利用建立的工程造价大数据云平台，实现已完工程项目的工程量清单共享，通过对已完工工程的工程量清单大数据的处理，得到清单估算指标体系——扩大的分部分项工程量清单项目(以下简称“扩大项目清单”）的单位消耗量指标。根据工程量清单项目特征对已完工程清单项目进行分解，通过拟建项目特征与已完项目特征相似性对比和匹配，提取已完工程的清单项目分系统的指标量，经进行系统性分析处理，形成清单估算指标体系。该估算指标体系与清单项目的特征描述相对应且与已有造价数据相关联。该造价指标体系先是按清单项目特征系统进行项目划分并和既有造价数据相关联的。再通过对拟建工程的清单项目与已完工程的清单项目大数据库相似性进行匹配，提取出已完工程的清单项目工程量指标作为拟建工程清单项目的工程量指标，进而计算出拟建工程的“扩大项目清单”的工程消耗量和造价估算指标。通过大数据得到的扩大项目清单估算指标可以用于拟建项目工程估算，也可以用于方案比选、造价合理性审查等方面，提高工作效率。

4. 大数据在市场询价、投标报价和企业成本管控中的应用

打造供求信息高效共享的大数据开放平台，使得大数据在市场询价、投标报价中发挥作用。需求方可以在平台上发布查价、比价、选材、采购、知识学习等一系列需求信息，供给方可发布材料、项目、指标、知识经验、文档资料等供给信息，通过平台加工分析，实现供需的无缝互联及自动匹配，降低沟通成本，实现资源优化配置。

随着现代信息技术应用的不断深入，企业的数据和信息呈爆炸式增长。据不完全统计，单个建筑在整个建造过程中就会产生 10TB 级的数据。充分利用大数据技术，对既有工程数据进行采集、存储、分析和利用，形成企业的数据资产和重要的生产要素。在企业生产管理过程中充分利用这些大数据进行成本管控，使数据的价值得以发挥出来，并可转化成生产力，形成企业持续发展的动力。

5. 大数据在研判行业市场态势方面的应用

造价数据是建筑市场经济活动的重要组成部分，造价数据的变化可以反映当地建筑市场形势，据此进行诊断、分析、预测、预警，可为相关部门提前布局管理策略提供支持。

针对造价大数据，可以利用关联度、聚类、时序等算法，从不同维度对行业市场进行分析。例如，通过各地造价管理部门将合同备案数据进行汇聚，按照合同备案企业名称匹配外部工商管理部门开放的企业注册地信息，据此可以分析各年度哪些省的企业来本地的数量最多及各省企业所占市场份额。通过这些数据的分析，可以分析本地建筑市场的开放度，从而通过建筑市场趋势分析提供参考依据。

10.3.4　互联网＋云计算在工程造价中的应用

随着互联网的迅猛发展与普遍接入，大数据技术的成熟及 BIM 技术和云计算的快速发展，数字化技术已经催生了基于互联网模式下的造价信息管理与服务。互联网模式下的造价信息管理与服务从信息采集、加工、发布到信息的应用等方面都发生了显著的变化。大数据、云计算和互联网具有天然的血脉关联。这些技术的应用打破了行业信息的壁垒，为工程造价事业发展奠定了良好的基础，便捷、高效、低成本地获取造价信息、应用造价信息成为可能。无论是 BIM 技术还是大数据技术都会因互联网和云计算得以发挥更大的效能。

1. 基于互联网的造价信息服务模式

在互联网时代，企业要想获得造价信息服务，可以通过三种模式实现：一种是企业自建信息服务平台，需要企业搭建信息化平台或私有云平台，建立起自己的数据采集、数据加工、数据应用的封闭式信息管理与服务平台。另一种是借助造价管理部门、有关协会和第三方互联网企业提供的基于互联网公有云的造价信息服务平台。还有一种是把上述两种平台进行综合，建立符合企业发展需要的半开放式信息管理与服务平台，既有自己的数字化信息平台方便累积本企业的造价大数据，同时也接受社会化信息服务或与第三方合作，快速积累自己的造价大数据。前两种模式在应用工具、应用流程、投入成本上有很大的差异。而第三种模式把前两者的优缺点进行整合，既避免过分依赖外部资源，同时对企业累积自己的造价数据资源和未来发展具有重要意义。

2. 基于互联网的造价信息服务内容

提供造价信息服务的网络平台最基本的服务内容是造价指标、指数和信息价查询功能。因此，所有基于互联网的造价信息服务平台均应具有以下基本功能。

（1）数据标准维护

数据标准维护是平台的基础功能之一，目的是建立数据标准，统一数据口径。常见的数据标准库有工程分类标准库、指标分类标准库、标准化产品单元（Standard Product U-nit，SPU）库、项目特征标准库等。

（2）数据采集

数据采集就是将工程项目建设过程产生的原始项目资料收集汇总，形成源数据，录入到信息平台或信息系统中。这些源数据主要产生于工程项目的建设单位、咨询服务企业、施工承包企业和材料设备供应商等。工程造价信息有关数据包括政府发布的信息价，政府制定的项目控制性规划指标，项目在工程建设各阶段产生的估算、概算和预算数据，还包括设计指标、施工图纸、采购询价、工程编制说明、计量文件、招标控制价、投标价、合同价、材料采购价格、设备租赁价格、劳务费用、甲方指定乙方供应的材料价格、工程结算价等。也包括供应商产生的市场价、工程折扣价等。

源数据的存储载体多数为计量计价软件生成的原始造价文件、XML 格式文件、Excel 格式文件、Word 格式文件、CAD 图形文件等各类形式。数据采集需要具备导入功能，将原始文件快速导入系统，提高采集效率，减少人工录入工作量。

（3）数据加工

数据加工功能是将原始采集来的数据经过清洗、提炼、挖掘等一系列的加工过程，形成规范一致的数据结构的信息，存储在造价信息库中。常见的造价信息库有人材机价格数据库、造价指标库和工程量清单综合单价库三类。

1）人材机价格数据库主要包含历史采购价格、采购询价、实时市场信息价、历史预算价、品牌价格、材料价格指数等信息。

2）造价指标库按照不同的类型包含规划指标、计量指标、计价指标、工程量清单分项含量指标等各类造价指标指数数据库。可依据工程特征描述、图纸、计量计价文件及指标计算模板，自动匹配快速生成项目的造价指标。

3）工程量清单综合单价库是基于《建设工程工程量清单计价规范》GB 50500—2013 项目章节划分表及 9 位项目编码、清单特征属性标准化，把采集到的工程量清单数据进行标准化识别存储，按照项目特征、建造时间以及建设地区等因素形成工程量清单综合单价库。根据系统采集来的清单数据，按照平台定义的标准清单编码，分类整理录入综合清单库。

3. 基于互联网的信息服务方式

随着互联网技术的发展，可联网的各种终端设备越来越普及，借助个人电脑（PC）、智能手机和平板电脑等，数字化造价信息网站结合电子期刊和移动应用 APP 等为造价从业人员的日常工作和生产作业提供服务成为可能。造价信息服务和应用不再受时间和空间的限制。通过移动平台建设，将信息服务延展到移动终端上，将传统的“办公室信息化”扩展到任意地点，满足了工作时效性需求和空间性需求。

由于互联网平台的数据量大，在查询检索功能上需要能够依据项目特征、材料名称等关键词快速在海量数据中找到用户需要的信息。

4. 互联网＋云计算的其他应用

（1）云计量

基于 BIM 技术和云计算技术，将一个建设工程项目按专业或其他属性进行项目分解，通过造价专业人员分工协作的方式完成工程计量——即云协同方式建立 BIM 计量模型，结合云检查、云指标进行检查复核。工程工作分解可以按专业，也可以把一个专业按系统或楼层等进一步分解，放入“云端”后由各专业人员按工作分工分别建立计量 BIM 模型，各自独立完成后再进行综合汇总或合模，最后完成全部工程量的计量。

（2）云计价

在满足查询的基本功能后，为进一步高效地用好造价信息、提高工作效率和远程协作，开发出基于大数据、云计算等信息技术的造价应用软件——云计价。如在计量计价编制软件中嵌入信息查询及自动载价功能，用户可以在进行工程计价过程中直接查询价格、并自动将选择的价格写入造价软件的单价中。基于云计算的数据积累，可实现企业数据有效管理和数据复用。可以在对造价文件进行审核时，将工程计量计价文件直接生成指标数据，同时直接与企业内部历史工程项目及行业类似工程项目的造价指标进行对比，一步完成快速审核，完成“云审价”和远程协作应用。

（3）云询价

各种建筑材料和工程设备的不断出现，市场价格的瞬息万变，使工程造价从业人员准确获取工程造价信息变得越来越难。准确的人、材、机要素消耗量和要素价格信息的获取将成为影响造价工作成果质量的重要因素，可通过云询价快速解决该类问题。

一方面，工程造价从业人员、材料和工程设备供应商等将拥有的工程造价信息或所需的各要素消耗量和要素价格信息置入“云端”；另一方面，由造价信息服务商集成和管理云端的这些造价信息，又为造价信息需要方提供云服务，实现远程协同，双向互惠。

（4）移动终端应用

随着云技术的不断推进和移动终端的创新发展，可以结合 BIM 综合应用平台和借助智能手机和平板电脑等移动设备在现场或远程快速完成进度款支付、变更计价等工作。

延展阅读

我国工程造价信息化主要工作

辽宁省 2019 年 7 月价格信息说明

国外工程造价信息化发展概况

信息化平台典型应用

信息化关键技术

教研办公楼 Revit 模型

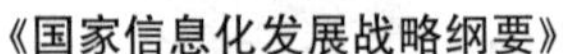

《国家信息化发展战略纲要》

《2016－2020 年建筑业信息化发展纲要》

本章总结与思考

通过回顾本章内容和教学目标，结合个人学习情况，思考下述目标你都实现了吗？

第 10 章　教学目标清单

类别	教学目标	是否实现(实现打√,没有打×)	未实现原因
知识目标	熟悉典型工程计量与计价软件的应用		
	了解工程造价信息化的有关概念及工程造价信息化的意义和发展概况		
	了解工程造价信息化应用交整体情况		
	了解 BIM、大数据和互联网＋云计算等信息技术在工程造价中的基本应用		
专业能力目标	具有对工程造价信息化总体框架的理解和认知能力		
其他	自行填写自己认为获得的其他知识、能力		

(注：填写的教学目标清单扫码获取)

教学目标

附录一　附　　表

附表 A　工程量清单编制及计价用表

A-1　单位工程招标控制价汇总表

A-2　单位工程投标报价汇总表

A-3　分部分项工程和单价措施项目清单与计价表

A-4　综合单价分析表

A-5　综合单价调整表

A-6　总价措施项目清单与计价表

A-7　其他项目清单与计价汇总表

A-8　暂列金额明细表

A-9　计日工表

A-10　总承包服务费计价表

A-11　规费、税金项目计价表

附表 B　施工图预算编制用表

B-1　工程量计算表

B-2　工程造价汇总表

B-3　单位工程取费表

B-4　直接工程费汇总表

B-5　单位工程造价汇总表

B-6　单位工程预算表

B-7　措施项目预算表

B-8　单位工程价差表

B-9　工料机分析表

B-10　人工、材料、机械台班（用量、单价）汇总表

B-11　资源汇总表

B-12　资源单价构成分析表

附表 C　其他用表

C-1　工程量清单计算底稿

C-2　清单定额对照表

★注：其余表格详见《建设工程工程量清单计价规范》GB 50500—2013。

附表 A

附表 B

附表 C

附录二　案例相关资料

案例一　　车棚工程

附件 1　案例说明

附件 2　案例图纸

案例二　教研办公楼

附件 1　案例说明

附件 2　案例图纸

附件 3　地勘报告

附件 4　施工组织设计

附件 5　合同

附件 6　签证

附件 7　标准图

附件 8　图例

车棚工程相关资料

教研办公楼相关资料

附录三　建设工程规范条文

(1)《关于印发〈建筑安装工程费用项目组成〉的通知》(建标 [2013] 44 号)。

(2)《住房城乡建设部关于进一步推进工程造价管理改革的指导意见》(建标 [2014] 142 号)。

(3)《关于全面推开营业税改征增值税试点的通知》(财税 [2016] 36 号)。

(4)《关于做好全面推开营改增试点准备工作的通知》(财税 [2016] 32 号)。

(5)《财政部国家发展改革委环境保护部国家海洋局关于停征排污费等行政事业性收费有关事项的通知》(财税 [2018] 4 号)。

(6)《关于 2017 年度辽宁省施工企业规费计取标准核定有关问题的通知》(辽建发 [2017] 2 号)。

(7)《建设工程质量保证金管理办法》(建质 [2016] 295 号)。

(8)《基本建设财务管理规则》(财政部令第 81 号)。

(9)《建设项目经济评价方法与参数(第三版)》(发改投资 [2006] 1325 号)。

(10)《进一步放开建设项目专业服务价格的通知》(发改价格 [2015] 299 号)。

(11)《基本建设项目建设成本管理规定》(财建 [2016] 504 号)。

建设工程规范条文

参 考 文 献

［1］ 全国造价工程师职业资格考试培训教材编审委员会．建设工程造价管理［M］．北京：中国计划出版社，2019：1-21.

［2］ 吴佐民．工程造价概论［M］．北京：中国建筑工业出版社，2019：17-150.

［3］ 李建峰．工程造价（专业）概论（第 2 版）［M］．北京：机械工业出版社，2017：58-78.

［4］ Ivor H. Seeley．建筑经济学［M］．南开大学出版社，2006：1-30.

［5］ 张建平．工程估价（第三版）［M］．北京：科学出版社，2014：1-107.

［6］ KennethK. Humphreys，LloydM English．项目成本工程师手册［M］．天津：南开大学出版社，2006：50-72.

［7］ 吴凯．工程估价（第二版）［M］．北京：化学工业出版社，2014：44-81.

［8］ 全国造价工程师职业资格考试培训教材编审委员会．建设工程计价［M］．北京：中国计划出版社，2019：33-303.

［9］ 李建峰．建设工程定额原理与实务［M］．北京：机械工业出版社，2013：1-75.

［10］ 严玲，尹贻林．工程计价学（第三版）［M］．北京：机械工业出版社，2017：48-144.

［11］ 张建平．建筑工程计量与计价［M］．北京：机械工业出版社，2015：36-80.

［12］ 李静．工程估价实务［M］．北京：高等教育出版社，2017：41-154.

［13］ 全国造价工程师职业资格考试培训教材编审委员会．建设工程技术与计量（土木建筑工程）［M］．北京：中国计划出版社，2019：330-427.

［14］ 谭大璐．工程估价（第四版）［M］．北京：中国建筑工业出版社，2014：93-212.

［15］ 刘元芳．建筑工程计量与计价［M］．北京：中国建材工业出版社，2009：134-335.

［16］ 辽宁省住房和城乡建设厅．辽宁省绿色建筑工程定额［M］．沈阳：辽宁人民出版社，2017：141-145.

［17］ 辽宁省住房和城乡建设厅．辽宁省装配式建筑工程定额（装配式混凝土结构工程定额）［M］．沈阳：辽宁人民出版社，2017：1-34.

［18］ 张国栋．建筑工程定额预算与工程量清单计价对照应用实例详解（第四版）［M］．北京：中国建筑工业出版社，2014：1-68.

［19］ 李建峰．建筑工程计量与计价［M］．北京：机械工业出版社，2017：94-240.

［20］ 严玲，王飞，盖秋月．工程量清单计价模式下施工方案对措施项目的影响研究［J］．工程管理学报，2014，28（05）：93-97.

［21］ 尹贻林，乔璐，李彪．工程量清单计价模式下业主应对不平衡报价的策略研究［J］．工程经济，2014（05）：48-53.

［22］ 刘晓文．对完善现行工程量清单计价模式的思考［J］．建筑经济，2014（04）：65-67.

［23］ 唐海荣，尹贻林，侯春梅，朱成爱．工程量清单项目特征描述不准确导致结算纠纷的预控措施研究［J］．工程管理学报，2012，26（05）：66-69.

［24］ 尹贻林，孙彤，赵进喜．工程量清单计价模式下费用索赔构成体系研究［J］．建筑经济，2012（08）：60-63.

［25］ 刘钟莹，俞启元．工程估价（第 3 版）［M］．南京：东南大学出版社，2016：207-235.

［26］ 中国建设工程造价管理协会．工程造价信息化建设战略研究报告［M］．北京：中国建筑工业出

版社，2017：20-198.

[27] 中国建筑施工行业信息化发展报告（2014）：BIM应用与发展［M］. 北京：中国城市出版社，2014：3-40.

[28] 中国建筑施工行业信息化发展报告（2016）：互联网应用与发展［M］. 北京：中国城市出版社，2016：6-53.